住房和城乡建设领域专业人员岗位培训考核系列用书

质量员考试大纲·习题集
（设备安装）

江苏省建设教育协会　组织编写

中国建筑工业出版社

图书在版编目（CIP）数据

质量员考试大纲·习题集（设备安装）/江苏省建设教育协会组织编写．—北京：中国建筑工业出版社，2014.5
住房和城乡建设领域专业人员岗位培训考核系列用书
ISBN 978-7-112-16867-5

Ⅰ．①质…　Ⅱ．①江…　Ⅲ．①建筑工程-质量管理-岗位培训-习题集②房屋建筑设备-设备安装-质量管理-岗位培训-习题集　Ⅳ．①TU712-44

中国版本图书馆CIP数据核字（2014）第100661号

本书是《住房和城乡建设领域专业人员岗位培训考核系列用书》中的一本，依据《建筑与市政工程施工现场专业人员职业标准》编写。全书共分三部分，包括专业基础知识考试大纲及习题、专业管理实务考试大纲及习题和一套模拟试卷。本书可作为设备安装专业质量员岗位考试的指导用书，又可作为施工现场相关专业人员的实用手册，也可供职业院校师生和相关专业技术人员参考使用。

*　　*　　*

责任编辑：刘　江　岳建光　万　李
责任设计：董建平
责任校对：李美娜　党　蕾

住房和城乡建设领域专业人员岗位培训考核系列用书
质量员考试大纲·习题集
（设备安装）
江苏省建设教育协会　组织编写
*
中国建筑工业出版社出版、发行（北京西郊百万庄）
各地新华书店、建筑书店经销
霸州市顺浩图文科技发展有限公司制版
环球印刷（北京）有限公司印刷
*
开本：787×1092毫米　1/16　印张：12¾　字数：309千字
2014年9月第一版　2015年6月第四次印刷
定价：**34.00**元
ISBN 978-7-112-16867-5
（25342）

住房和城乡建设领域专业人员岗位培训考核系列用书

编审委员会

出版说明

为加强住房城乡建设领域人才队伍建设，住房和城乡建设部组织编制了住房城乡建设领域专业人员职业标准。实施新颁职业标准，有利于进一步完善建设领域生产一线岗位培训考核工作，不断提高建设从业人员队伍素质，更好地保障施工质量和安全生产。第一部职业标准——《建筑与市政工程施工现场专业人员职业标准》（以下简称《职业标准》），已于2012年1月1日实施，其余职业标准也在制定中，并将陆续发布实施。

为贯彻落实《职业标准》，受江苏省住房和城乡建设厅委托，江苏省建设教育协会组织了具有较高理论水平和丰富实践经验的专家和学者，以职业标准为指导，结合一线专业人员的岗位工作实际，按照综合性、实用性、科学性和前瞻性的要求，编写了这套《住房和城乡建设领域专业人员岗位培训考核系列用书》（以下简称《考核系列用书》）。

本套《考核系列用书》覆盖施工员、质量员、资料员、机械员、材料员、劳务员等《职业标准》涉及的岗位（其中，施工员、质量员分为土建施工、装饰装修、设备安装和市政工程四个子专业），并根据实际需求增加了试验员、城建档案管理员岗位；每个岗位结合其职业特点以及培训考核的要求，包括《专业基础知识》、《专业管理实务》和《考试大纲·习题集》三个分册。随着住房城乡建设领域专业人员职业标准的陆续发布实施和岗位的需求，本套《考核系列用书》还将不断补充和完善。

本套《考核系列用书》系统性、针对性较强，通俗易懂，图文并茂，深入浅出，配以考试大纲和习题集，力求做到易学、易懂、易记、易操作。既是相关岗位培训考核的指导用书，又是一线专业人员的实用手册；既可供建设单位、施工单位及相关高、中等职业院校教学培训使用，又可供相关专业技术人员自学参考使用。

本套《考核系列用书》在编写过程中，虽经多次推敲修改，但由于时间仓促，加之编者水平有限，如有疏漏之处，恳请广大读者批评指正（相关意见和建议请发送至JYXH05@163.com），以便我们认真加以修改，不断完善。

本书编写委员会

第一部分　专业基础知识

主　　编：陈从建

副 主 编：严　莹

编写人员：陈从建　严　莹　顾红军　徐筱枫　金　强

第二部分　专业管理实务

主　　编：金孝权

副 主 编：冯　成

编写人员：金孝权　冯　成　沈中标　许　斌　林建国

前　言

为贯彻落实住房城乡建设领域专业人员新颁职业标准，受江苏省住房和城乡建设厅委托，江苏省建设教育协会组织编写了《住房和城乡建设领域专业人员岗位培训考核系列用书》，本书为其中的一本。

质量员（设备安装）培训考核用书包括《质量员专业基础知识（设备安装）》、《质量员专业管理实务（设备安装）》、《质量员考试大纲·习题集（设备安装）》三本，反映了国家现行规范、规程、标准，并以国家质量检查和验收规范为主线，不仅涵盖了现场质量检查人员应掌握的通用知识、基础知识和岗位知识，还涉及新技术、新设备、新工艺、新材料等方面的知识。

本书为《质量员考试大纲·习题集（设备安装）》分册。全书包括质量员（设备安装）专业基础知识和专业管理实务的考试大纲，以及相应的练习题并提供参考答案和模拟试卷。

本书既可作为质量员（设备安装）岗位培训考核的指导用书，也可供职业院校师生和相关专业技术人员参考使用。

目　　录

第一部分

专业基础知识

一、考 试 大 纲

第一篇　工程识图、房屋构造与结构体系、设备安装工程测量

第1章　工 程 识 图

1. 了解建筑给水排水工程施工图的组成及其特点；
2. 熟悉建筑给水排水工程施工图的管道表达方法及常用图例；
3. 掌握建筑给水排水工程施工图的识读及绘制方法；
4. 了解空气调节的概念及系统分类；
5. 熟悉通风空调施工图图例；
6. 掌握通风空调施工图的识读及绘制方法；
7. 了解建筑电气图分类；
8. 熟悉供配电系统、动力及控制系统、电气照明系统保安系统及建筑电气图常用符号；
9. 掌握常用动力设备的配电，电动机的控制，建筑电气图识读及绘制方法。

第2章　房屋构造和结构体系

1. 了解建筑构造、建筑结构的基本知识；
2. 熟悉房屋建筑地基与基础、房屋内外的装修构造；
3. 掌握墙体、楼地层、楼梯、门窗、屋架和屋盖构造；
4. 了解常见建筑结构体系的特点及使用范围。

第3章　设备安装工程测量

1. 了解设备安装工程测量的基本知识；
2. 熟悉设备安装工程测量的前期准备工作；
3. 熟悉经纬仪、全站仪、水准仪等常用测量仪器的使用方法；
4. 掌握设备安装施工测量工作。

第二篇　工程力学、电工学基础与设备安装工程材料

第4章　工 程 力 学

1. 熟悉静力学的基本概念与原理、平面力系的平衡条件；

2. 掌握约束与约束反力的概念及其力学性质；

3. 了解材料在轴向拉伸与压缩、剪切、平面弯曲变形时的力学性质及其变形特点；

4. 了解流体力学的研究内容，流体的基本物理性质；

5. 熟悉流体的物理性质，流体机械能的特性；

6. 掌握流体流动阻力的影响因素。

第5章　电工学基础

1. 了解电路的组成，正弦交流电的基本概念，三相交流电路的联接方法；

2. 熟悉基尔霍夫定律，电气设备的额定值、电路的三种状态，RLC串联电路，自动控制；

3. 熟悉系统类型、组成和自动控制的方式；

4. 掌握变压器的工作原理，三相异步电动机的工作原理，电气设备。

第6章　设备安装工程材料

1. 掌握给水管道工程常用材料的种类、特点及用途；掌握给水管件的分类及特性；

2. 熟悉排水水管道工程常用材料的种类、特点及用途；

3. 了解常用的卫生陶瓷及配件种类及用途；

4. 掌握建筑电气工程材料的种类、特点及用途；

5. 掌握通风空调工程常用设备的种类、特点及用途；

6. 熟悉评价材料、设备质量的相关知识。

第三篇　设备安装工程施工技术

第7章　建筑给水排水工程施工技术

1. 熟悉建筑给水、消防给水、建筑排水、热水供应系统管道布置、敷设原则；

2. 掌握建筑给水、消防给水、建筑排水、热水供应系统施工安装技术要点；

3. 了解中水系统、游泳池管道系统、氧气管道系统、垃圾处理管道系统及建筑燃气系统的组成与敷设安装；

4. 了解管道及设备常用绝热与防腐材料、施工方法。

第8章　建筑电气安装工程施工技术

1. 了解架空配电线路构造及施工技术要点；

2. 了解户外电缆敷设施工；

3. 掌握室内配电线路施工技术；

4. 熟悉低压电器安装、电气照明装置安装、电气设备安装、备用电源安装、电动机安装技术；

5. 掌握建筑物的防雷与接地装置安装技术。

第9章　通风与空调工程施工技术

1. 了解风管、部件的加工制作方法；

2. 掌握通风空调系统风管、部件、设备的安装；

3. 熟悉掌握通风空调系统制冷系统、水系统的安装；

4. 熟悉通风与空调、空气洁净系统的试运行及试验调整。

第10章　智能建筑工程施工技术

1. 掌握通信网络系统、信息网络系统、综合布线系统、火灾自动报警及消防联动控制系统施工技术；

2. 熟悉安全防范系统、建筑设备自动监控系统施工技术；

3. 掌握住宅（小区）智能化系统要求。

第11章　电梯安装工程技术

1. 熟悉轿厢式电梯井道测量施工要求；

2. 掌握轿厢式电梯导轨支架和导轨、轿厢及对重、厅门、机房曳引装置及限速器装置、井道机械设备、钢丝绳、电气装置安装施工及施工注意事项；

3. 熟悉轿厢式电梯调试、试验运行；

4. 熟悉自动扶梯桁架的组装方法；

5. 熟悉自动扶梯减速机安装、导轨类安装、挂扶手带、梯级链引入、配管、配线、梯级梳齿板安装技术；

6. 了解自动扶梯调试、调整技术；

7. 了解电梯的日常维护保养知识。

第四篇　设备安装工程施工项目管理

第12章　设备安装工程施工项目进度管理

1. 熟悉横道图进度计划的编制方法；

2. 熟悉双代号网络计划基础知识；

3. 掌握关键工作和关键路线的概念。

第13章　设备安装工程项目施工质量管理

1. 掌握施工质量管理知识点；

2. 熟悉施工质量控制的知识点；

3. 掌握机电工程施工质量验收的相关知识；进行工程质量检查、验收、评定；

4. 熟悉参与编制施工项目质量计划的相关知识；

5. 熟悉参与调查、分析质量事故，提出处理意见的相关知识。

第14章　设备安装工程安全管理

1. 掌握机电工程施工安全管理的概念；
2. 掌握安全生产责任制，施工安全技术交底相关知识；
3. 熟悉施工安全检查的相关知识；
4. 掌握建设工程职业健康安全事故处理的相关知识。

第五篇　设备安装工程信息化技术管理

第15章　信息化技术管理概述

1. 了解机电安装工程施工项目管理的特点与信息化管理的必要性；
2. 掌握施工项目信息化管理的要求；
3. 了解计算机辅助制图、计算机辅助进度控制、计算机辅助档案管理常用技术软件的种类及特点。

第六篇　法律基础与职业道德

第16章　工程建设相关的法律基础知识

1. 熟悉《建筑法》及《安全生产法》相关知识；
2. 掌握《建设工程安全生产管理条例》及《建设工程质量管理条例》相关知识；
3. 熟悉《劳动法》及《劳动合同法》相关知识。

第17章　职 业 道 德

1. 熟悉建设行业从业人员的职业道德相关知识；
2. 掌握建设行业职业道德的核心内容；
3. 掌握建设行业职业道德建设的现状、特点与措施。

二、习　题

第一篇　工程识图、房屋构造与结构体系、设备安装工程测量

第1章　工程识图

一、单项选择题

1. 室内给水，其任务是将水自城镇给水管网输送到生产、生活和消防用水设备处并满足各用水点对（　　）的要求。

A. 水质、水速、水压　　B. 水质、水量、水色

C. 水质、水量、水压　　D. 水源、水量、水压

2. 给水排水工程施工图中，虚线通常为相应宽度实线所描述物体的（　　）轮廓线。

A. 不可见　　B. 可见　　C. 外围　　D. 周边

3. 对于无缝钢管、焊接钢管、铜管、不锈钢管等，公称直径用（　　）表示。

A. *DN* 公称直径　　B. *D* 管道内径　　C. *De* 管道外径　　D. ϕ 外径×壁厚

4. 管径尺寸标注的位置应注意：水平管道的管径尺寸应注在管道的上方，垂直管道的管径尺寸应注在管道的左侧，斜管道的尺寸应平行标注在管道的（　　）。

A. 斜上方　　B. 斜下方　　C. 斜正上方　　D. 斜正下方

5. 当管径尺寸无法按规定位置标注时，可再找适当位置标注，但应用（　　）示意该尺寸与管段的关系。

A. 索引线　　B. 引申线　　C. 引下线　　D. 引出线

6. 压力管道所注的标高未予说明时表示（　　）标高。

A. 管顶　　B. 管底　　C. 管内底　　D. 管中心

7. 给水排水工程施工图中，符号“——═══——”代表（　　）。

A. 伸缩器　　B. 补偿器　　C. 滑动支架　　D. 钢套管

8. 给水排水工程施工图中，符号“[符号]”代表（　　）。

A. 闸阀　　B. 截止阀　　C. 角阀　　D. 延时自闭冲洗阀

9. 给水排水工程施工图中，符号“[符号]”代表（　　）。

A. 单口消火栓　　B. 双口消火栓　　C. 室内消火栓　　D. 室外消火栓

10. 在识读给水排水平面图时，应重点阅读以下内容。错误的答案是（　　）。

A. 给水用具、卫生器具、立管等平面布置位置及尺寸关系

B. 与室内给水相关的室外电缆引入管、水表节点、加压设备等平面位置

C. 与室外排水相关的室外检查井、化粪池、排出管等平面位置

D. 消防给水系统中消火栓的布置、口径大小以及消防水箱的形式与设置

11. 在识读给水排水轴测图时，应重点阅读以下内容。答案错误的是（　　）。

A. 系统编号和立管编号，与平面图中的编号进行对照

B. 建筑标高、给水排水管道标高、卫生设备标高、管件标高、管径变化处的标高，电缆的埋深等

C. 分区供水、分质供水情况

D. 雨水排水管道的走向，雨水斗、落水井与排水管道的连接方式和空间关系

12. 给水排水系统原理图表达的内容与系统轴测图基本相同，主要有以下不同。错误的是（　　）。

A. 以立管为主要表达对象，按管道类别分别绘制立管系统原理图

B. 以平面图左端立管为起点，逆时针方向自左向右按编号依次顺序排列，不按比例绘制

C. 夹层、跃层、同层升降部分应以楼层线反映，在图样上注明楼层数和建筑标高

D. 管道附件、各种设备、构筑物等均应示意绘出

13. 敷设在地下的风道，应避免与工艺设备及建筑物的基础相冲突，也应与其他各种地下管道和电缆的敷设相配合，此外尚需设置必要的（　　）。

A. 检查井　　B. 观测井　　C. 隔离井　　D. 检查口

14. 对开多叶调节阀外形类似活动百叶风口，可通过调节叶片的（　　）来调节风量。

A. 大小　　B. 方向　　C. 角度　　D. 间距

15. 风机是输送气体的机械，常用的风机有离心式和（　　）两种。

A. 空心式　　B. 一体式　　C. 轴流式　　D. 滑脱式

16. 当风道不能避免穿越分区或变形缝时，在风道上要设置防火、防烟（　　）。

A. 阀门　　B. 隔离　　C. 隔断　　D. 风门

17. 通风空调工程施工图中，符号“ 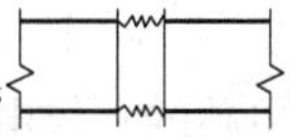 ”代表（　　）。

A. 柔性风管　　B. 塑料风管　　C. 软质风管　　D. 风管接头

18. 通风空调工程施工图中，符号“ 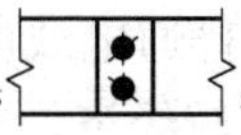 ”代表（　　）。

A. 对开式调节阀　　B. 对开式多页调节阀

C. 手动对开式多页调节阀　　D. 调节阀

19. 型号为№6 的风机，叶轮外径等于（　　）。

A. 60000mm　　B. 60mm　　C. 6000mm　　D. 600mm

20. 轴流风机与离心风机在性能上的差别，主要在于（　　）。

A. 前者产生的静压小，后者产生的静压较大

B. 前者产生的全压小，后者产生的全压较大

C. 前者产生的动压小，后者产生的动压较大

D. 前者产生的负压小，后者产生的负压较大

21. 空调工程施工图的系统轴测图识读包括该系统中设备、配件的型号、尺寸、定位尺寸、数量以及连接于各设备之间的管道在空间的曲折、交叉、走向和尺寸、定位尺寸等。系统轴测图上还应注明该系统的（　　）。

A. 名称　　B. 代号　　C. 编号　　D. 平面位置

22. 通风空调系统平面图主要说明通风空调系统的设备、系统风道、冷热媒管道、凝结水管道的平面布置。以下不属于平面图识读的内容是（　　）。

A. 风管系统　　B. 水管系统　　C. 空气处理设备　　D. 标高

23. 母线是指汇集和分配电能的金属导体，用于变电所的配电装置，一般为矩形铝排或铜排，故又称（　　）。

A. 电流排　　B. 汇流排　　C. 聚流排　　D. 引流排

24. 美国智能化建筑学会（American Intelligent Building Institute，缩写 AIBI）定义"智能化建筑"是将（　　）、系统、服务、运营相互联系、全面综合并达到最佳组合以获得高效率、高功能与高舒适的建筑物。

A. 主体　　B. 工程　　C. 安装　　D. 结构

25. 电气工程施工图中，符号"●⟋"的意思是：（　　）。

A. 安装三级开关　　B. 暗装三级开关　　C. 明装三级开关　　D. 明装单级开关

26. 电气工程施工图中，符号"▬"的含义是：（　　）。

A. 暗装电箱　　B. 明装电箱　　C. 照明配电箱　　D. 电力配电箱

27. 表示为 2 号照明线路，导线型号为铜芯塑料绝缘线，3 根导线截面 2.5mm^2，穿钢管敷设，管径为 15mm，沿墙暗敷是下面的（　　）选项。

A. WL2-BV（3×2.5）SC15. WC　　B. 2WL-BV（3×2.5）SC15. WC

C. WL2-BLV（3×2.5）SC15. WC　　D. WL2-LV（3×2.5）SC15. WC

28. 由各种开关电器、电力变压器、母线、电力电缆、移相电容器等电气设备，依一定次序相连接的接受和分配电能的电路称为（　　）。

A. 变电所的主结线　　B. 变配电所的主结线

C. 配电所的主结线　　D. 变配电所的次结线

29. 消防用电设备应采用专用（即单独的）供电回路，配电线路应按（　　）来划分。

A. 防火分区　　B. 使用分区　　C. 建筑分区　　D. 结构分区

30. 消防设备的配电线路可以采用普通电线电缆，但应穿在金属管或阻燃塑料管内，并应埋设在不燃烧结构内，这是一种比较经济、安全可靠的敷设方法。当采用明敷时，应在金属管或金属线槽上涂（　　）。

A. 防火涂料　　B. 防水涂料　　C. 防导电涂料　　D. 防损害涂料

31. 电话通信系统由（　　）组成。

A. 电话站、交接箱、分线箱、话机出线插座和电话机

B. 电话站、分线箱、话机出线插座和电话机

C. 电话站、话机出线插座和电话机

D. 交接箱、分线箱、话机出线插座和电话机

32. 有线电视线路室内采用暗管敷设，但不得与照明线、电力线（　　）安装。

A. 同出线盒（中间有隔离的除外）、同连接箱

B. 同线槽、同连接箱

C. 同连接箱

D. 同线槽、同出线盒（中间有隔离的除外）、同连接箱

二、多项选择题

1. 室内给水系统一般由（　　）部分组成。

A. 立管　　B. 附属的室外连接附件

C. 升压、用水设备　　D. 水表节点

E. 引入管（进户管）

2. 消火栓消防给水系统是最基本的消防给水系统，由（　　）组成。

A. 储水箱　　B. 消防管道

C. 消火栓　　D. 高压水枪

E. 水泵

3. 自动喷洒消防给水系统由（　　）组成。

A. 洒水喷头　　B. 供水管网

C. 储水箱　　D. 控制信号阀

E. 排水设备及手动报警器

4. 建筑排水系统分为（　　）。

A. 生活污水系统　　B. 生产废水系统

C. 雨水排水系统　　D. 工业污水系统

E. 工业废水系统

5. 为了使室内排水管系统与大气相通，尽可能使管内压力接近大气压力，以保护水封不遭受破坏，同时排放管道内的有害腐气，应安装通气管。常用的通气管有（　　）。

A. 伸顶通气管　　B. 钻地通气管

C. 环形通气管　　D. S形通气管

E. 专用通气管

6. 建筑给水排水工程施工图主要用于表达建筑室内外管道及其附属设备、水处理构筑物、存储设备的（　　）以及有关技术要求等，是给水排水工程施工的主要技术依据。

A. 结构形状　　B. 大小

C. 位置　　D. 材料

E. 方向

7. 给水排水工程所需的图样包括（　　）、轴测图、原理图和大样详图。

A. 图样目录　　B. 设计说明

C. 平面图　　D. 图纸目录

E. 设计施工说明

8. 在识读给水排水平面图时，应重点阅读（　　）内容。

A. 给水用具、卫生器具、立管等平面布置位置及尺寸关系

B. 与室内给水相关的室外引入管、水表节点、加压设备等平面位置

C. 与室外排水相关的室外检查井、化粪池、排出管等平面位置

D. 消防给水系统中消火栓的布置、口径大小以及消防水箱的形式与设置

E. 管道系统图的剖切符号、投射方向

9. 在识读给水排水轴测图时，应重点阅读（　　）内容。

A. 系统编号和立管编号，与平面图中的编号进行对照

B. 管段管径

C. 建筑标高、给水排水管道标高、卫生设备标高、管件标高、管径变化处的标高等

D. 分区供水、分区回水情况

E. 与给水相关设施的空间位置

10. 由于建筑物的层数越来越多，按原来绘制轴测图的方法绘制管道系统的轴测图很难表达清楚，而且效率低。所以在新标准中增加了系统原理图，可以代替系统轴测图，这时对卫生间等管道集中的地方要绘制轴测图。系统原理图表达的内容与系统轴测图基本相同，主要有以下（　　）不同。

A. 以立管为主要表达对象，按管道类别分别绘制立管系统原理图

B. 以平面图左端立管为起点，顺时针自左向右按编号依次顺序排列，不按比例绘制

C. 横管以首根立管为起点，按平面图的连接顺序，水平方向在所在层与立管连接

D. 夹层、跃层、同层升降部分应以楼层线反映，在图样上注明楼层数和建筑标高

E. 管道附件、各种设备、构筑物等根据需要绘出

11. 粉尘是指能在空气中浮游的固体微粒。来源主要有以下（　　）方面。

A. 固体物料的机械粉碎和研磨

B. 粉状物料的混合、筛分、包装及运输

C. 物质的燃烧

D. 物质被加热时产生的蒸汽在空气中的氧化和凝结

E. 远方漂流物

12. 粉尘粒径的大小是危害人体的一个因素。它主要表现在（　　）方面。

A. 粉尘粒径小，粒子在空气中不易沉降，也难于被捕集，造成空气长期污染，同时易于随空气进入人的呼吸道深部

B. 粉尘粒径小，其化学活性增大，表面活性也增大，加剧了人体生理效应的发生与发展

C. 粉尘还能大量吸收太阳紫外线短波部分，严重影响儿童的生长发育

D. 粉尘的表面可以吸附空气中的有害气体、液体以及细菌和病毒等微生物

E. 污染物质的媒介物和空气中的二氧化硫联合作用，加剧对人体的危害

13. 根据有害蒸汽和气体对人体危害的性质，可将它们概括为（　　）几类。

A. 麻醉性的　　B. 窒息性的

C. 刺激性的　　D. 腐蚀性的

E. 灼伤性的

14. 工业有害物对人体的危害程度取决于下列（　　）因素。

A. 有害物本身的物理、化学性质对人体产生有害作用的程度，即毒性的大小

B. 有害物与人体持续接触的轻重程度

C. 有害物在空气中的含量，即浓度的大小

D. 有害物与人体持续接触的时间

E. 车间的气象条件以及人的劳动强度、年龄、性别和体质情况等

15. 人体最适宜的空气环境，除了要求一定的清洁度外，还要求空气具有一定的（　　），人体的舒适感是三者综合影响的结果。

A. 温度　　B. 相对湿度

C. 流动速度　　D. 均匀度

E. 换气次数

16. 药品工业、食品工业以及医院的病房、手术室则不仅要求一定的空气温湿度，还需要控制空气洁净度与含菌数。说明（　　）。

A. 对于现代化生产来说，工艺性空调是必不可少的

B. 大多数空调房间，主要是空气的温度和相对湿度进行调节

C. 空气调节系统的任务是对空气进行加热、冷却、加湿、干燥和过滤等处理

D. 工艺性空调往往需要同时满足工作人员的舒适性要求，因而二者又是关联、统一的

E. 工艺性空调一般来说对温度、湿度、洁净度的要求比舒适性空调高，而对新鲜空气量没有特殊的要求

17. 为减小风机的噪声，可采取下列（　　）措施。

A. 选用高效率、低噪声形式的风机，并尽量使其运行工作点接近高效率点

B. 风机与电动机的传动方式最好采用直接连接，如不可能，则采用联轴器连接或带轮传动

C. 适当降低风管中的空气流速

D. 风机的进、出风口与风管之间采用软管连接

E. 在空调机房内和风管中粘贴吸声材料

18. 转动的风机和压缩机所产生的振动可直接传给基础，说明（　　）。

A. 振动可以弹性波的形式从机器基础沿房屋结构传到其他房间去，然后再以噪声的形式出现

B. 空调系统的噪声除了通过空气传播到室内外，还能通过建筑物的结构的基础进行传播

C. 对要求较高的工程，压缩机和水泵的进出管路处均应设有隔振软管

D. 空调系统产生的噪声是多方面的

E. 在振源和它的基础之间安设避振构件，可使从振源传到基础的振动得到一定程度的减弱

19. 循环冷却水在运行过程中，污垢的形成主要是由尘土、杂物碎屑、菌藻尸体及其分泌物和细微水垢、腐蚀产物等构成。因此，要控制好污垢，必须做到（　　）。

A. 降低补充水浊度　　B. 做好循环水水质处理；

C. 投加分散剂　　D. 定期铲除污垢

E. 增加过滤设备。

20. 通风空调系统平面图主要说明通风空调系统（　　）的平面布置。

A. 设备　　B. 垂直风道

C. 系统风道　　D. 冷热媒管道

E. 凝结水管道

21. 电力用户是将电能转换为其他形式的能的一切消耗电能的用电设备。以下（　　）为电力用电设备。

A. 电动机　　B. 电炉　　C. 电灯　　D. 电筒　　E. 电话

22. 以下（　　）为低压供电系统。

A. 单电源照明供电　　B. 单电源照明及动力供电

C. 双电源照明供电　　D. 多单位的单电源供电

E. 双电源照明及动力供电

23. 民用建筑中的动力设备种类繁多，动力设备的容量大小也参差不齐，动力设备的配电方式根据设备的因素综合考虑有（　　）几种。

A. 消防用电设备的配电　　B. 空调动力设备的配电

C. 电梯和自动扶梯的配电　　D. 生活给水装置的配电

E. 生活污水装置的配电

24. 电器是电能的控制器具，对电能的产生、分配起控制和保护作用。低压电器按其控制对象可分为（　　）电器。

A. 电器控制用　　B. 电气控制用

C. 电梯控制用　　D. 电力控制用

E. 电力系统用

25. 按照明的功能来划分时，照明种类有（　　）。

A. 正常照明　　B. 事故照明

C. 值班照明　　D. 警卫照明

E. 障碍照明

26. 有线电视系统由（　　）组成。

A. 天线　　B. 前端设备

C. 信号传输分配网络　　D. 用户终端

E. 电视机

27. 广播系统由（　　）组成。

A. 前置设备　　B. 信号接收和发生设备

C. 放大设备　　D. 扬声器

E. 控制器

28. 民用建筑中以监视为主要目的的 CCTV 系统一般由（　　）部分组成。

A. 监控　　B. 摄像　　C. 传输　　D. 显示　　E. 处理

29. 电气工程强电系统包括（　　）等。

A. 变配电系统　　B. 动力系统

C. 照明系统　　D. 防雷系统

E. 应急系统

30. 电气工程弱电系统包括（　　）等。

A. 通信系统　　B. 电视系统

C. 建筑物自动化系统　　D. 火灾自动报警与灭火系统

E. 安全防范系统

31. 关于“$\mathrm{m3}\ \dfrac{\mathrm{DZ20Y-200-200/200}}{\mathrm{BV\times(3\times50)\ K-BE}}$”表示正确的说法有（　　）。

A. 设备编号为 m3

B. 开关型号为 DZ20Y—200 的低压空气断路器

C. 整定电流为200A

D. 引入导线为塑料绝缘铜线，三根$50mm^2$

E. 用瓷瓶式绝缘子沿屋架敷设

32. 阅读照明系统图时，要注意并掌握（　　）内容。

A. 进线回路编号　　　　　　　　B. 进线线制

C. 进线方式　　　　　　　　　　D. 导线电缆及穿管的规格型号

E. 照明箱、盘、柜的规格型号

三、判断题（正确的在括号内填“A”，错误的在括号内填“B”）

1. 室内给水引入管或排水排出管应用英文字母和阿拉伯数字进行编号。（　　）

2. 室内给水排水立管是指穿过一层或多层楼板的竖向供水管道或排水管道。（　　）

3. “JL”表示给水立管，“PL”表示排水立管。（　　）

4. 管道所注的标高未予说明时表示管中心标高。（　　）

5. 标注管外底或顶标高时，应加注“底”或“顶”字样。（　　）

6. 当管径尺寸无法按规定位置标注时，可再找适当位置标注，但应用引出线示意该尺寸与管段的关系。（　　）

7. 水平管道的管径尺寸应注在管道的上方，垂直管道的管径尺寸应注在管道的左侧，斜管道的尺寸应平行标注在管道的斜上方。（　　）

8. 给水用具、卫生器具、立管等平面布置位置及尺寸关系是识读给水排水平面图时，应重点阅读的内容。（　　）

9. 系统编号和立管编号，与平面图中的编号进行对照是在识读给水排水轴测图时，应重点阅读的内容。（　　）

10. “管道附件、各种设备、构筑物等均应示意绘出”是系统原理图表达的内容与系统轴测图不同之一。（　　）

11. 建筑给水的任务是将水自城镇给水管网输送到生产生活和消防用水设备处，并满足各用水点对水质、水量、水压及卫生的要求。（　　）

12. 总水表前后应装有阀门及跨越管，其目的是便于维修。（　　）

13. 当室外管网的水量水压都能满足建筑物的要求时，仍需设置水池、水泵和水箱，然后通过管道把水输送到建筑物内各用水点。（　　）

14. 城市管网的压力在大部分时间能满足室内管网的要求，用水高峰时，压力不足，也无须增设水箱用于储水和稳压。（　　）

15. 气压给水设备是利用空气压力使气压罐中的储水得到位能的增压设备，可设置在建筑物的低处。（　　）

16. 一般的通风系统多用薄钢板，输送腐蚀性气体的系统用涂刷防腐漆的钢板或硬聚氯乙烯塑料板。（　　）

17. 调节阀门一般安装在风道或风口上，用于启动风机和平衡风道系统的阻力。（　　）

18. 排风装置即排风道的出口，经常做成风塔形式装在屋顶上。（　　）

19. 离心风机主要借助叶轮旋转时产生的离心力使气体获得离心能和动能。（　　）

20. 空气调节系统的任务是对空气进行加热、冷却、加湿、干燥和过滤等处理。 （ ）

21. 空调机组一般装在需要空调的房间或邻室内，就地处理空气，可以不用或只用很短的风道就可把处理后的空气送入空调房间内。 （ ）

22. 风机盘管机组工作的原理，是借助机组不断地循环室内空气，使之通过盘管被冷却或加热，以保持室内有一定的温、湿度。 （ ）

23. 如果用温度高于空气温度的水喷淋空气，则会在加热空气的同时又使空气的湿度升高。 （ ）

24. 使用表面式冷却器可实现空气的干式冷却或除湿冷却过程。 （ ）

25. 蒸汽喷管虽然构造简单，容易加工，但喷出的蒸汽中带有凝结水滴，影响加湿效果的控制。 （ ）

26. 为了使烟气不经过空调器，应设置排烟用的旁通风道，以免高温烟气损坏空调设备，或通过空调器向其他部位蔓延。 （ ）

27. 通风空调施工图识图的难点在于如何区分送风管与回风管、供水管与回水管。 （ ）

28. 空调施工图基本上用粗实线表示供水管，用粗虚线表示回水管。 （ ）

29. 空调冷却水系统中，金属微生物腐蚀的形态可以是严重的均匀腐蚀，也可以是缝隙腐蚀和应力腐蚀破裂，但主要是点蚀。 （ ）

30. 消防水泵、消防电梯、防烟排烟风机等设备应有两个电源供电。 （ ）

31. 电梯和自动扶梯的电源线路一般用电缆或绝缘导线。 （ ）

32. 节目源的信号通常是很强的，无须由放大设备放大就能驱动发声设备。 （ ）

33. 为了确保电梯的安全及电梯间互不影响，每台电梯应由专用回路供电。 （ ）

34. 敷设在竖井内的线路在采用不延燃性材料作绝缘和护套的电缆电线时可不用金属线槽作密封保护。 （ ）

35. 智能化建筑是建筑艺术和信息化技术发展的结果，因此智能化建筑应该是一座反映当今高科技成就的建筑物。 （ ）

37. 通过电气总平面图可了解该项工程的概况，掌握电气负荷的分布及电源装置。 （ ）

36. 电力线路和照明线路的编号、导线型号、规格、根数、敷设方式、管径、敷设部位等的表示，可以在图线旁直接标注线路安装代号。 （ ）

38. 电力和照明设备用图形符号表示后，一般还在图形符号旁加注文字符号，用以说明电力和照明设备的型号、规格、数量、安装方式、离地高度等。 （ ）

39. 建筑电气的读图顺序通常是设计施工说明、电气总平面图、电气系统图、电气设备平面图、控制原理图、二次接线图和电缆清册、大样图、设备材料表和图例。阅读时以系统图为辅，平面图为主。 （ ）

第2章　房屋构造和结构体系

一、单项选择题

1. 构成建筑的决定性要素为（ ）。

A. 建筑功能　B. 物质和技术条件　C. 建筑艺术形象　D. 建筑结构

2. 用于建筑物的开间、柱距、进深、跨度等尺度协调单位的是（　　）。

A. 基本模数　B. 分模数　C. 水平扩大模数　D. 竖向扩大模数

3. 某综合大楼共29层，建筑总高度为92.7m，则该综合楼属于（　　）。

A. 多层建筑　B. 高层建筑　C. 中高层建筑　D. 超高层建筑

4. 二级建筑的耐久年限为（　　）。

A. 15年以下　B. 25～50年　C. 50～100年　D. 100年以上

5. 建筑高度超过（　　）的民用建筑称为超高层建筑。

A. 50m　B. 60m　C. 90m　D. 100m

6. 从室外的设计地面至基础底面的垂直距离称为基础的埋置深度，简称埋深，基础埋深不超过（　　）m时称为浅基础。

A. 0.5　B. 1　C. 3　D. 5

7. 当建筑物很大或浅层地质情况较差、基础需埋深时，为增加建筑物的整体刚度，不致因地基的局部变形影响上部结构时，常采用（　　）基础。

A. 独立　B. 桩　C. 筏式　D. 箱形

8. 当建筑物荷载较大，地基的软弱土层厚度在5m以上，基础不能埋在软弱土层内或对软弱土层进行人工处理困难和不经济时，常采用（　　）基础。

A. 独立　B. 桩　C. 筏式　D. 箱形

9. 当上部建筑物荷载大且自身稳定性要求高，设有地下室的高层建筑以及软弱土地基上的多层建筑时，常用（　　）基础。

A. 井格　B. 条形　C. 独立　D. 箱形

10. 专门用来支承门窗洞口以上墙体和楼板荷载的承重构件是（　　）。

A. 圈梁　B. 过梁　C. 窗台　D. 柱子

11. 在建筑物中与各层圈梁连接，形成空间骨架，加强墙体抗弯、抗剪能力，使墙体在破坏过程中具有一定的延伸性，减缓墙体酥碎的现象产生的构件是（　　）。

A. 楼板　B. 附加梁　C. 过梁　D. 构造柱

12. 在墙体承重建筑中，板式楼板多用于跨度（　　）的房间或走廊。

A. ≤0.5m　B. ≤2.5m　C. ≤3m　D. ≤5m

13.（　　）适用于楼面荷载较大且平面近方形、层高受限的商场、展览馆、仓库等建筑。

A. 板式楼板　B. 井式楼板　C. 无梁楼板　D. 肋梁楼板

14. 当建筑物的高度差为6m，建造在不同的地基上且建筑物形体较复杂，内部有错层时，应在该建筑物中应设置（　　）。

A. 变形缝　B. 抗震缝　C. 伸缩缝　D. 沉降缝

15. 用人工块材或天然石材装饰墙面，从施工方法及材料上讲属于（　　）装饰。

A. 抹灰类　B. 贴面类　C. 涂料类　D. 裱糊类

16. 楼板是楼房建筑中的（　　）承重构件。

A. 竖向　B. 水平　C. 内部　D. 主要

17. 当建筑物首层地面为实铺时，水平防潮层的位置通常选择在标高（　　）m处。

A. ±0.000　B. －0.060　C. 0.060　D. －0.100

18. 圈梁是沿建筑的外墙及部分内墙设置的连续、水平闭合的梁，其作用是（　　）。

A. 承担墙体传来的荷载　　B. 承担风荷载

C. 增强建筑物刚度、整体性　　D. 保温、隔热

19. 薄壁空间结构，也称壳体结构。它属于空间受力结构，主要承受曲面内的（　　）。

A. 轴向拉力　　B. 轴向压力　　C. 剪切　　D. 扭曲

20. 以梁柱体系作承重结构，墙体只起围护和分隔作用的建筑结构称为（　　）。

A. 砌体结构　　B. 框架结构　　C. 板墙结构　　D. 空间结构

21. 跨度 30m 以上的建筑常采用（　　）结构。

A. 砌体　　B. 框架　　C. 板墙　　D. 空间

22. 单层厂房中天窗的作用是（　　）。

A. 天然采光　　B. 自然通风　　C. 采光与通风　　D. 散热与排气

23. 单层工业厂房多数采用（　　）结构。

A. 墙承重式　　B. 框架结构　　C. 空间结构　　D. 排架结构

24. 单层厂房长天沟外排水的长度一般不超过（　　）m。

A. 80　　B. 60　　C. 100　　D. 150

25. 以高强度钢绞线或钢丝绳作主要承重构件，主要用于大跨度体育馆、展览馆以及桥梁中的结构体系是（　　）。

A. 网架结构　　B. 悬索结构　　C. 筒体结构　　D. 框架结构

二、多项选择题

1. 下列有关建筑物的耐久年限说法正确的是（　　）。

A. 一级建筑：耐久年限 100 年以上，适用于重要的建筑和高层建筑

B. 一级建筑：耐久年限 50～100 年，适用于一般性建筑

C. 一级建筑：耐久年限 25～50 年，适用于次要的建筑

D. 一级建筑：耐久年限 25 年以下，适用于临时性建筑

E. 以上皆不对

2. 性质重要的或规模宏大的或具有代表性的建筑，通常按（　　）耐火等级进行设计。

A. 一级　　B. 二级　　C. 三级　　D. 四级　　E. 五级

3. 下列有关基础埋置深度说法正确的是（　　）。

A. 基础埋深不超过 5m 时称为浅基础

B. 基础埋深大于或等于 5m 时称为深基础

C. 基础埋深应大于等于 0.5m

D. 基础埋深与地基持力情况有关

E. 以上皆不对

4. 建筑墙体按施工方法可分为（　　）。

A. 叠砌式墙　　B. 现浇整体式墙

C. 预制装配式墙　　D. 承重墙

E. 空体墙

5. 墙体组砌是指块材在砌体中的排列方式。组砌时要求（　　）。

A. 横平竖直
B. 砂浆饱满
C. 上下对缝
D. 内外对接
E. 接槎牢固

6. 下列选项中，需设置构造柱的是（　　）。

A. 抗震设防地区，多层砖混结构房屋
B. 内墙四角及楼梯间四角
C. 错层部位横墙与内纵墙交接处
D. 较大洞口两侧
E. 大房间内外墙交接处

7. 下列措施中，可提高墙体稳定性的有（　　）。

A. 设置圈梁及构造柱
B. 加大墙体面积
C. 提高材料的强度等级
D. 增设墙垛、壁柱
E. 采用保温材料

8. 沉降缝设置时，要求将建筑物在（　　）构件处断开以设置缝隙。

A. 基础　B. 墙　C. 楼板层　D. 屋顶　E. 楼梯

9. 刚性防水屋面由（　　）等层次组成。

A. 隔离层
B. 钢筋混凝土层
C. 防水层
D. 找平层
E. 结构层

10. 柔性防水屋面由（　　）等层次组成。

A. 保护层　B. 活动层　C. 防水层　D. 结构层　E. 找平层

11. 现浇钢筋混凝土楼梯可以根据楼梯段结构形式的不同，分为（　　）内容。

A. 整体式楼梯　B. 板式楼梯　C. 框架式楼梯　D. 梁式楼梯　E. 螺旋式楼梯

12. 下列关于建筑结构体系叙述正确的是（　　）。

A. 混合结构体系不宜用于建造大空间的房屋。
B. 框架结构体系建筑平面布置灵活，可形成较大的建筑空间，建筑立面处理也比较方便
C. 剪力墙体系适用于小开间的住宅和旅馆等
D. 框架-剪力墙结构中，剪力墙主要承受竖向荷载，水平荷载主要由框架承担
E. 筒体结构是抵抗水平荷载最有效的结构体系，适用于 50～80 层的房屋

13. 下列关于建筑结构体系叙述正确的是（　　）。

A. 桁架结构的优点是可利用截面较小的杆件组成截面较大的构件
B. 网架结构的杆件一般采用钢管，节点一般采用球节点
C. 可利用抗压性能良好的混凝土建造大跨度的拱式结构
D. 悬索结构包括三部分：索网、边缘构件和下部支承结构
E. 薄壁空间结构属于空间受力结构，主要承受曲面内的轴向压力，弯矩大

14. 在多层混合结构房屋中，建筑构造柱要与（　　）作有效的紧密连接。

A. 屋面　B. 楼面　C. 地面　D. 圈梁　E. 墙体

15. 一般建筑由（　　）及门窗等部分组成。

A. 基础　　B. 墙柱　　C. 楼、屋盖　　D. 通气道　　E. 楼梯、电梯

三、判断题（正确的在括号内填“A”，错误的在括号内填“B”）

1. 建筑物高度>100m时，不论住宅或公共建筑均为超高层建筑。（　　）

2. 建筑高度是指室外设计地面至建筑主体檐口上部的垂直距离。（　　）

3. 对于公共建筑及综合性建筑，当建筑物总高度在24m以上者为高层建筑。（　　）

4. 在建筑构造设计中一般遵循坚固实用、技术适宜、经济合理、美观大方的原则。（　　）

5. 在建筑工程中，将承受着建筑物荷载的那一部分土层称为基础。（　　）

6. 沿建筑物长轴方向布置的墙称为纵墙。（　　）

7. 建筑物墙脚如采用不透水的材料（如条石或混凝土等），或设有钢筋混凝土地圈梁时，可以不设防潮层。（　　）

8. 楼梯坡度范围在25°～45°之间，普通楼梯的坡度不宜超过40°，30°是楼梯的适宜坡度。（　　）

9. 当设计最高地下水位高于地下室底板顶面时，地下室应作防水处理。（　　）

10. 无梁楼板具有顶棚平整、室内空间大、采光通风好等特点，适用于楼面荷载较大且平面近方形、层高受限的商场、展览馆、仓库等建筑。（　　）

11. 剪力墙结构的优点是侧向刚度大，水平荷载作用下侧移小；缺点是剪力墙的间距小，结构建筑平面布置不灵活，不适用于大空间的公共建筑，另外结构自重也较大。（　　）

12. 筒体结构是抵抗水平荷载最有效的结构体系，适用于30层以下的房屋。（　　）

13. 桁架结构的优点是可利用截面较小的杆件组成截面较大的构件。（　　）

14. 悬索结构，是比较理想的大跨度结构形式之一，在桥梁中被广泛应用。（　　）

15. 混合结构不宜建造大空间的房屋。（　　）

第3章　设备安装工程测量

一、单项选择题

1. 以下属于机电工程施工测量前期准备工作的是（　　）。

A. 建设用地规划审批文件分析　　B. 施工设计图纸与有关变更文件的分析

C. 测量仪器和工具的检验校正　　D. 测量仪器经纬仪、水准仪的使用

2. 施工测量方案是编制施工方案的重要内容之一。对于特殊工程，还应编制（　　）。

A. 施工组织设计　　B. 测量临时方案

C. 测量专项方案　　D. 测量一般方案

3. 经纬仪是角度测量仪器，由（　　）、水平度盘和基座三部分组成。

A. 望远镜　　B. 竖盘　　C. 水准器　　D. 照准部

4. 经纬仪是（　　）测量仪器，由照准部、水平度盘和基座三部分组成。

A. 距离　　B. 高程　　C. 角度　　D. 方向

5. 经纬仪对中目的是使（　　）。

A. 水平度盘中心与测站点位于同一铅垂线上

B. 水平度盘中心与测站点位于同一水平线上

C. 水平度盘边线与测站点位于同一铅垂线上

D. 水平度盘边线与测站点位于同一水平线上

6. 光学自动安平水准仪图例中，“2”表示（　　）元件。

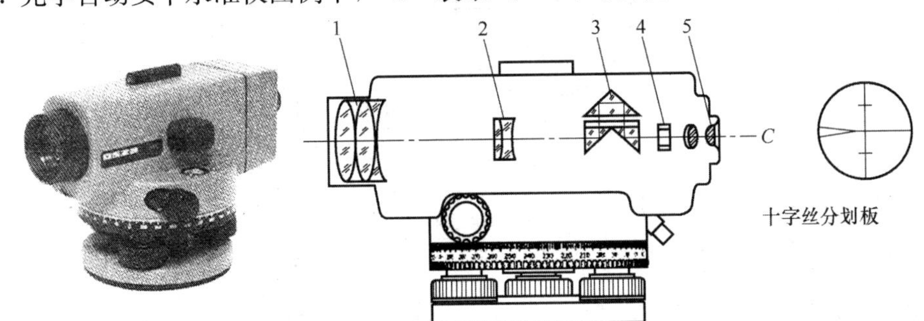

A. 物镜　　B. 物镜调焦透镜　　C. 补偿器棱镜组　　D. 十字丝分划板

7. 机电工程测量中，能同时具备角度测量模式、距离测量模式、坐标测量模式、偏心测量模式功能的测量仪器是（　　）。

A. 经纬仪　　B. 水准仪　　C. 全站仪　　D. 测距仪

8. 水准仪是进行（　　）测量的仪器，由望远镜、水准器、基座三部分组成。

A. 距离　　B. 高程　　C. 角度　　D. 方向

9. 经纬仪整平目的是使仪器（　　）。

A. 竖轴竖直，水平度盘处于水平位置　　B. 竖轴水平，水平度盘处于水平位置

C. 竖轴竖直，水平度盘处于竖直位置　　D. 竖轴水平，水平度盘处于竖直位置

10. 水准仪操作步骤①置架，②整平，③照准，④读数中说法正确的是（　　）。

A. ①②③④　　B. ②①③④　　C. ①③②④　　D. ③①②④

11. 在设备安装工程测量仪器中，集测角、测距、计算记录于一体的测量仪器是(　　)。

A. 全站仪　　B. 水准仪　　C. 经纬仪　　D. 测距仪

12. 水准仪水准管上安装有一组棱镜，把气泡两端各半个影像反射到望远镜左侧的观察镜中，当两半个气泡（　　）则表示仪器水平 。

A. 对称时，气泡居中　　B. 平衡时，气泡居中

C. 对称时，气泡偏右　　D. 对称时，气泡偏左

13. 以下不属于机械设备安装测量工作中，基准线放线方法的是（　　）。

A. 画墨线法　　B. 经纬仪投点　　C. 拉线法　　D. 卡箍法

14. 机械设备安装测量工作中，根据已校正的中心线与标高，测出基准线的端点及基准点的（　　）。

A. 位置　　B. 标高　　C. 连线　　D. 高度

15. 机械设备安装测量工作中，基准线放线最常用的方法是（　　）。

A. 画墨线法　　B. 经纬仪投点　　C. 拉线法　　D. 卡箍法

16. 对一些大型、重型设备而言，（　　）应作为沉降观测点使用。

A. 永久基准点　　B. 临时基准点　　C. 标高基准点　　D. 常设水准点

17. 下图关于机械设备安装测量中，设备中心找正工作中采用的是（　　）方法。

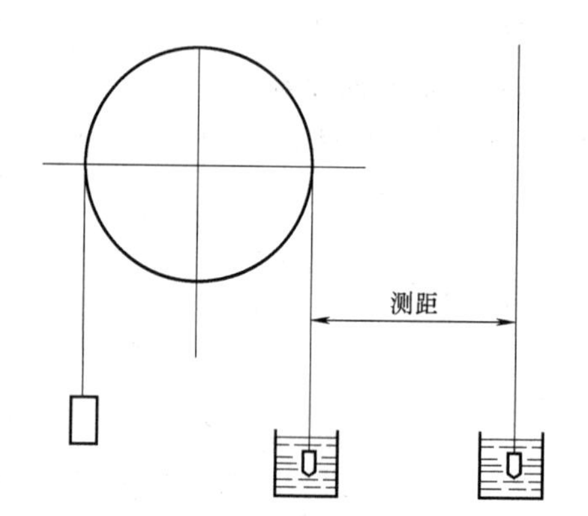

A. 画墨线法　　　　　　　　　　　　　B. 经纬仪投点

C. 钢板尺和线坠测量法　　　　　　　　D. 边线悬挂法

18. 开槽管线测量中，中线控制桩一般测设在管线起点、终点及转折点处的中线的（　　）上。

A. 延长线　　　B. 平行线　　　C. 垂直线　　　D. 相交线

19. 开槽管线测量中，井位控制桩则应测设在中线的（　　）上。

A. 延长线　　　B. 平行线　　　C. 垂直线　　　D. 相交线

20. 管道中线定位测量工作中，交点桩的校核：采用（　　）从不同的已知点进行校核。

A. 直角坐标　　　B. 极坐标法　　　C. 前方角度交汇法　D. 距离交汇法

二、多项选择题

1. 设备安装工程中，为了满足工程施工和施工测量的需要，一般需要收集的资料有（　　）。

A. 建设用地规划审批图及说明

B. 建设用地红线点测绘成果资料和测量平面控制点、高程控制点

C. 总平面图、结构施工图、设备施工图等施工设计图纸与有关变更文件

D. 工程勘察报告

E. 施工场区外地形、地下管线、建（构）筑物等测绘成果

2. 以下属于设备安装工程施工测量前期准备工作的是（　　）。

A. 施工资料的收集分析　　　　　　　B. 红线点和测量控制点的交接与复测

C. 测量方案编制　　　　　　　　　　D. 测量仪器和工具检验校正

E. 施工管线测量放线

3. 以下属于设备安装工程施工测量方案的是（　　）。

A. 施工准备测量方案　　　　　　　　B. 管线改移测量方案

C. 主体施工测量方案　　　　　　　　D. 附属设施及配套工程施工测量方案

E. 检验批验收测量方案

4. 经纬仪是角度测量仪器，其组成部分主要有（　　）。

A. 照准部　　　　　　　　　　　　　B. 望远镜

C. 水平度盘

D. 三脚架

E. 基座

5. 设备安装工程测量中，能同时具备角度测量模式的是（　　）。

A. 经纬仪

B. 水准仪

C. 全站仪

D. 测距仪

E. 平板仪

6. 以下属于机械设备安装测量准备工作的是（　　）。

A. 设备基础的测量控制网复核

B. 设备基础的外观检查

C. 设备基础尺寸和位置允许偏差的检查

D. 确定基准线和基准点

E. 确定设备中心线

7. 机械设备安装测量工作具体内容有（　　）。

A. 设备基础的外观检查

B. 确定基准线和基准点

C. 确定设备中心线

D. 确定设备的标高

E. 确定设备的水平度

8. 机械设备安装测量中，设备中心找正方法有（　　）。

A. 画墨线法

B. 经纬仪投点

C. 拉线法

D. 钢板尺和线坠测量法

E. 边线悬挂法

9. 机械设备安装测量中，测量标高的方法主要有（　　）。

A. 利用水平仪和钢尺在不同加工面上测定

B. 利用样板测定

C. 利用水准仪测定

D. 利用拉线测定标高

E. 利用竹竿丈量测定

10. 机械设备的找平主要通过平尺和水平仪按照施工规范和设备技术文件要求偏差进行，但需要注意事项有（　　）。

A. 在较大的测定面上测量水平度时，应放上平尺，再用经纬仪检测，两者接触应均匀

B. 在高度不同的加工面上测量水平度时，可在低的平面垫放垫铁

C. 在有斜度的测定面上测量水平度时，可采取角度水平仪进行测量

D. 平尺和水平仪使用前，应到相关单位进行校正

E. 对于一些精度要求高和测点距离远的可采用液体连通器和钢板尺测量

11. 建筑排水管道中线定位测量主要有（　　）。

A. 交点桩测设

B. 中桩测设

C. 转向角测量

D. 终点桩测设

E. 边线桩测设

12. 开槽管线测量中，中线及坡度控制标志测设方法可采用（　　）控制管线中线及高程。

A. 龙门板法

B. 选线方案法

C. 腰桩法

D. 拐点定位法

E. 皮尺逐步测量法

三、判断题（正确的在括号内填“A”，错误的在括号内填“B”）

1. 在机械设备安装前须对设备基础进行测量控制网复核和控制点外观检查、相对位置及标高复查，检查合格后才能进行交接工序，开始机械设备的安装。（　）

2. 设备安装工程测量中，对于特殊工程，还应编制专项测量方案。（　）

3. 经纬仪整平目的是使仪器竖轴竖直，水平度盘处于垂直位置。（　）

4. 经纬仪对中目的是使水平度盘中心与测站点位于同一水平线上。（　）

5. 水准测量是采用水准仪和水准尺测定地面点高程的一种方法，该方法在高程测量中普遍采用。（　）

6. 对设备基础进行外观检查，检查有否蜂窝、孔洞、麻面、露筋、裂纹等缺陷，凡超过规定值不可进行交接工序。（　）

7. 设备标高一般为相对标高。设备标高基准点一般分为临时基准点和永久基准点，对一些大型、重型设备而言，永久基准点也应作为沉降观测点使用。（　）

8. 设备基准线放线时，当设备安装精度要求 2mm 以下且距离较近时常采用画墨线法。（　）

9. 设备基准线放线时，将经纬仪架设在某一端点，后视另一点，用红铅笔在该直线上画点的方法称为经纬仪投点法。（　）

10. 管道中线定位测量交点桩的校核应采用直角坐标法从不同的已知点进行校核。（　）

第二篇　工程力学、电工学基础与工程材料

第4章　工程力学

一、单项选择题

1. 固定端支座不仅限制了被约束物体任何方向的移动，而且限制了物体的（　）。

A. 振动　　B. 晃动　　C. 转动　　D. 抖动

2. 力是物体与物体之间的相互（　）作用，这种作用的效果会使物体的运动状态发生变化，或者使物体的形状发生变化。

A. 机械　　B. 物理　　C. 化学　　D. 接触

3. 低碳钢拉伸时的应力-应变曲线上（　）最高点所对应的应力值是材料所能承受的最大应力。

A. 弹性阶段　　B. 屈服阶段　　C. 强化阶段　　D. 颈缩阶段

4. 低碳钢压缩时没有（　），不发生断裂。

A. 弹性阶段　　B. 屈服阶段　　C. 强化阶段　　D. 颈缩阶段

5. 塑性材料的剪切许用应力 $[\tau]$ 与材料的许用拉应力 $[\sigma]$ 之间，存在如下关系：（　）。

A. $[\tau]=(0.4\sim0.6)[\sigma]$　　B. $[\tau]=(0.6\sim0.8)[\sigma]$

C. $[\tau]=(0.8\sim1.0)[\sigma]$　　D. $[\tau]=(1.0\sim1.2)[\sigma]$

6. 梁的弯曲强度与其所用材料，横截面的形状和尺寸，以及外力引起的（　）有关。

A. 力矩　　B. 弯矩　　C. 力偶矩　　D. 剪应力

7. 实验证明，剪应力不超过材料剪切比例极限时，剪应力与剪应变为（　　）关系。

A. 正比　　B. 反比　　C. 不成比例关系　　D. 可比

8. 梁发生弯曲时，由受力前的直线变成了曲线，这条弯曲后的曲线就称为（　　）或挠曲线。

A. 柔性曲线　　B. 刚性曲线　　C. 弹性曲线　　D. 弯矩曲线

9. 实际工程中可以认为低碳钢是（　　）的材料。

A. 抗拉强度大于抗压强度　　B. 抗拉强度小于抗压强度

C. 抗拉强度和抗压强度不确定　　D. 抗拉强度和抗压强度相等

10. 梁的刚度是对梁的（　　）加以控制，从而保证梁的正常工作。

A. 变形　　B. 变动　　C. 移动　　D. 运动

11. 不同种类的流体的密度数值不同，同一种流体的密度数值随其（　　）的变化而变化。

A. 温度　　B. 压力　　C. 体积　　D. 温度和压力

12. 根据牛顿内摩擦定律，在讨论平衡流体的问题时，不必考虑流体的（　　）。

A. 惯性　　B. 压缩性　　C. 平衡性　　D. 黏滞性

13. 分析作用在流体上的作用力，按作用方式不同，可分为两类：质量力和（　　）。

A. 惯性力　　B. 摩擦力　　C. 万有引力　　D. 表面力

14. 以绝对真空为零点起算的压力值，称为（　　）压力。

A. 真空　　B. 绝对　　C. 相对　　D. 固定

15. 工程热力学中，热与功之间的转换常常通过气体的（　　）变化来实现的。

A. 容积　　B. 温度　　C. 质量　　D. 形态

16. 能量既不能被创造，也不能被消灭，而只能从一种形式转换为另一种形式，在转换过程中，能量的（　　）不变。

A. 体积　　B. 密度　　C. 数量　　D. 总数

17. 动能、位能和系统的总能量也可以用单位物质（　　）表示。

A. 能力　　B. 能量　　C. 质量　　D. 重量

18. 闭口系统是指系统与外界间没有（　　）交换的系统。

A. 物质　　B. 能量　　C. 热能　　D. 动能

19. （　　）由两个可逆定温过程和两个可逆绝热过程（定熵过程）组成。

A. 卡诺　　B. 循环　　C. 非卡诺循环　　D. 卡诺循环

20. 在孤立系统内，（　　）因素是唯一引起熵增的原因。

A. 不可逆　　B. 可逆　　C. 焓　　D. 熵

二、多项选择题

1. 实践证明，力对物体的作用效果，取决于三个要素：（　　）。

A. 力的大小　　B. 力的方向

C. 力的作用点　　D. 力的作用面

E. 以上皆对

2. 下列关于力偶的性质说法正确的是（　　）。

A. 力偶中的两力在任意坐标轴上的投影的代数和为零
B. 力偶不能与力等效，只能与另一个力偶等效
C. 力偶不能与力平衡，而只能与力偶平衡
D. 力偶可以在它的作用平面内任意移动和转动，而不会改变它对物体的作用
E. 力偶对物体的作用完全决定于力偶矩，且与它在其作用平面内的位置有关

3. 下列属于恒荷载的是（　　）。
A. 构件本身自重　　B. 设备自重
C. 雪荷载　　D. 风荷载
E. 吊车荷载

4. 约束反力的确定与约束的类型及主动力有关，工程中常见的几种典型的约束有（　　）。
A. 柔体约束　　B. 光滑接触面约束
C. 固定铰支座　　D. 可动铰支座
E. 固定支座

5. 低碳钢拉伸时的应力-应变曲线可划分为以下几个阶段（　　）。
A. 弹性阶段　　B. 屈服阶段
C. 强化阶段　　D. 颈缩阶段
E. 破坏阶段

6. 提高梁弯曲刚度的正确措施有（　　）。
A. 在截面面积不变的情况下，采用适当形状的截面使其面积尽可能分布在距中性轴较远的地方
B. 采用变截面梁和等强度梁
C. 调整加载方式以减小弯矩的数值
D. 缩小梁的跨度
E. 增加支承

7. 提高梁抗弯强度的途径有（　　）。
A. 选择合理的截面形状
B. 合理安排梁的受力状态，以降低弯矩最大值
C. 采用变截面梁
D. 采用等强度梁
E. 增加配筋

8. 作用在流体上的力有（　　）。
A. 质量力　　B. 压力
C. 吸引力　　D. 万有引力
E. 表面力

9. 流体的静压力具有（　　）几个重要特性。
A. 静压力的方向总是与作用面相垂直，且指向作用面
B. 静压力的方向总是与作用面相垂直，且背向作用面
C. 静压力的方向总是与作用面相垂直，且垂直于作用面

D. 液体静压力的大小与其作用面的方位有关

E. 液体静压力的大小与其作用面的方位无关

10. 根据理论力学中的达朗伯尔原理，给运动的液体质点加上惯性力便可把液体质点随容器运动的动力学问题按静力学问题来研究。以下（　　）属于本研究范围。

A. 作等速曲线运动容器中液体的相对平衡

B. 作等加速直线运动容器中液体的相对平衡

C. 作等角度旋转运动容器中液体的相对平衡

D. 作等速直线运动容器中液体的相对平衡

E. 作等减速旋转运动容器中液体的相对平衡

11. 根据热力系统与外界交换能量和质量的情况，热力系统可分为（　　）类型。

A. 一个热力系统如果与外界只有能量交换而无物质交换，则此系统称闭口系统

B. 如果热力系统与外界不仅有能量交换，还有物质交换，这样的系统就叫开口系统

C. 当一个热力系统与外界之间无热量交换时，这个系统称为绝热系统

D. 当一个热力系统与外界之间无热量交换时，这个系统称为保温系统

E. 如果热力系统与外界之间既无能量交换，又无物质交换，这样的系统就是孤立系统

12. 所谓基本状态参数是指可以直接或用仪表测定的状态参数。状态参数的一个重要特征是由系统的热力状态确定的，至于该状态是如何达到的，并不会对状态参数起影响。以下（　　）属于基本状态参数。

A. 体积　　　　B. 比体积

C. 温度　　　　D. 压力

E. 绝对压力

13. 在工程热力学中有关的功量有（　　）等。

A. 轴功　　　　B. 技术功

C. 流动功　　　　D. 有用功

E. 无用功

14. 系统内部工质所具有的各种形式能量的总和称热力学能，主要有（　　）。

A. 分子热运动能量　　　　B. 分子间力形成的内位能

C. 化学能　　　　D. 原子核能

E. 电磁能

三、判断题（正确的在括号内填“A”，错误的在括号内填“B”）

1. 作用在同一刚体上的两个力，使刚体处于平衡状态的必要与充分条件是：这两个力大小相等，方向相反，作用在同一直线上。（　　）

2. 在作用于刚体的任意力系中，加上或减去任何一个力系，一定会改变原力系对刚体的作用效应。（　　）

3. 作用于刚体上的力，其作用点可以沿着作用线移动到该刚体上任意一点，而不改变力对刚体的作用效果。（　　）

4. 使物体逆时针方向转动的力偶矩为负，使物体顺时针方向转动的力偶矩为正。（　　）

5. 链杆通常又称为二力杆。凡是两端具有光滑铰链，杆中间不受外力作用，又不计

自身重量的刚性杆，就是二力。 （ ）

6. 平面一般力系平衡的必要和充分条件是：力系中所有各力在 x 坐标轴上的投影的代数和等于零，力系中所有各力在 y 坐标轴上投影的代数和等于零。 （ ）

7. 当其他条件相同时，材料的弹性模量越大，则变形越大，这说明弹性模量表征了材料抵抗弹性变形的能力。 （ ）

8. 低碳钢是一种典型的脆性材料，通过试验可以看出塑性材料的抗拉和抗压强度都很高，拉杆在断裂前变形明显，可及时采取措施加以预防。 （ ）

9. 流体的平衡、运动与外界对它的作用情况无关，主要取决于于流体本身所具有的内在性质。 （ ）

10. 从力学的性质看，固体具有抵抗压力、拉力和扭力的能力。 （ ）

11. 流体由于分子之间距离较大，吸引力小，仅能抵抗一定的压力，不能保持自身的形状。 （ ）

12. 流体的质量愈大，其惯性也愈大。 （ ）

13. 处在平衡状态的液体质点间没有相对运动，也不存在内摩擦力。 （ ）

14. 一个系统如果是平衡系统，则它一定就是均匀系统。 （ ）

15. 温度是表示冷热程度的指标，其数值称温标，它的单位是 K 和℃。 （ ）

第5章 电工学基础

一、单项选择题

1. 为了防止发生短路事故，以免损坏电源，常在电路中串接（ ）。

A. 空开　　B. 隔离开关　　C. 事故开关　　D. 熔断器

2. 电路中三条或三条以上支路相交的点，称为（ ）。

A. 交点　　B. 汇聚点　　C. 分支点　　D. 节点

3. 沿任一回路绕行一周，回路中所有电动势的代数和等于所有（ ）压降的代数和。

A. 电压　　B. 电流　　C. 电容　　D. 电阻

4. 正弦交流电的三要素：（ ）。

A. 最大值、频率和初相角　　B. 最大值、最小值和初相

C. 最小值、频率和初相　　D. 最小值、频率和初相角

5. 在正弦电压作用下，电阻中通过的电流是一个相同频率的正弦电流，而且与电阻两端（ ）同相位。

A. 电流　　B. 电势　　C. 电动势　　D. 电压

二、多项选择题

1. 电路是由各种电气器件按一定方式用导线连接组成的总体，它提供了电流通过的闭合路径。电气器件包括（ ）等。

A. 电源　　B. 开关　　C. 负载　　D. 电线　　E. 电缆

2. 以下（ ）属于电路的基本物理量。

A. 电流　　B. 电压　　C. 电动势　　D. 电功率　　E. 电阻

3. 电器设备的额定值通常有（ ）。电气设备的额定值都标在铭牌上，使用时必须遵守。

A. 额定电流　　B. 额定电压

C. 额定功率　　　　　　　D. 额定电阻

E. 额定电容

4. 电路在工作时有（　　）等几种工作状态。

A. 通路　B. 短路　C. 断路　D. 回路　E. 跳路

5. 正弦交流电的三要素是指（　　）。

A. 最大值　B. 频率　C. 初相角　D. 最小值　E. 初相

6. 电路是由各种电气器件按一定方式用导线连接组成的总体，它提供了电流通过的闭合路径。电气器件包括（　　）等。

A. 电源　B. 开关　C. 负载　D. 电线　E. 电缆

7. 电器设备的额定值通常有（　　）。电气设备的额定值都标在铭牌上，使用时必须遵守。

A. 额定电流　B. 额定电压　C. 额定功率　D. 额定电阻

E. 额定电容

三、判断题（正确的在括号内填“A”，错误的在括号内填“B”）

1. 几个同频率的正弦量相加、相减，其结果还是一个相同频率的正弦量。（　　）

2. 平均功率等于电压、电流有效值的乘积。（　　）

3. 与电阻相似，感抗在交流电路中也起阻碍电流的作用。（　　）

4. 所谓断路，就是电源未经负载而直接由导线接通成闭合回路。（　　）

5. 所谓短路，就是电源与负载没有构成闭合回路。（　　）

6. 为了防止发生断短路事故，以免损坏电源，常在电路中串接熔断器。（　　）

第6章　设备安装工程材料

一、单项选择题

1. 目前使用的管道主要有三大类。第一类是金属管，如钢管、不锈钢管等，第二类是塑料管，第三类是（　　）。

A. 塑复金属管　B. 镀锌金属管　C. 有色金属管　D. 铝塑复合管

2. 采用不锈钢板卷焊热挤压成型后，再经热处理制成，可实现温度补偿、消除机械位移、吸收振动、改变管道方向，其工作温度为－196～450℃。该管道属于（　　）。

A. 塑复金属管　B. 不锈钢无缝钢管C. 波纹金属软管　D. 铝塑复合管

3. 铸铁给水管的支管及管件均采用（　　）。

A. 焊接式　B. 卡套式　C. 承插式　D. 法兰式

4. 在生产过程中不产生有害物质，完全能达到食品卫生标准的要求，作为热水管道可在70°以下长期使用，能满足建筑热水供应管道的要求。该管材刚性及抗冲击性能较差，抗紫外线性能差，在阳光下容易老化，不适于在室外明装敷设。该管道属于（　　）。

A. 三型聚丙烯（PP-R）管　　B. 交联聚乙烯（PE-X）管

C. 聚丁烯（PB）管　　D. 工程塑料（ABS）管

5. 在给水管道工程中，起接通或截断管路中的介质作用的阀门是（　　）。

A. 闸阀　B. 截止阀　C. 节流阀　D. 止回阀

6. 在给水管道工程中，起防止管路中的介质倒流作用的阀门是（　　）。

A. 闸阀　B. 截止阀　C. 节流阀　D. 止回阀

7. 将蒸汽系统中的凝结水、空气和二氧化碳气体尽快排出；同时最大限度地自动防止蒸汽泄露的阀门是（　　）。

A. 疏水阀　　B. 截止阀　　C. 节流阀　　D. 止回阀

8. 工业和民用管道安装工程中，图例“ 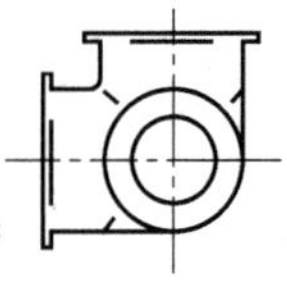　　”是指不锈钢和铜螺纹管件的（　　）附件。

A. 异径接头　　B. 45°弯头　　C. 四通　　D. 活接头

9. 工业和民用管道安装工程中，图例“ 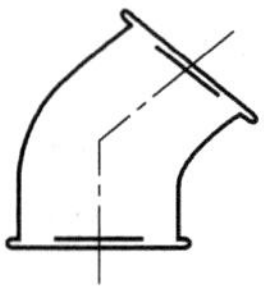　　”是指不锈钢和铜螺纹管件的（　　）附件。

A. 异径接头　　B. 45°弯头　　C. 四通　　D. 活接头

10. 工业和民用管道安装工程中，图例“ 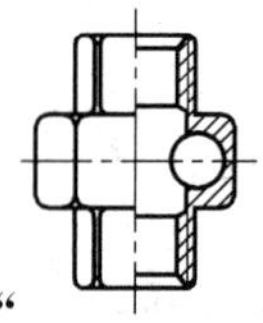　　”是指不锈钢和铜螺纹管件的（　　）附件。

A. 异径接头　　B. 管堵　　C. 四通　　D. 活接头

11. 钢筋混凝土排水管道特点说法正确的是（　　）。

A. 抗压能力低　　B. 抗酸、碱和浸蚀能力强

C. 管节短，接头多　　D. 施工容易；重量轻

12. 下列（　　）的硬线主要用作架空导线。半硬线和软线主要用作电线、电缆及电磁线的线芯及电子电器的元件接线用。

A. 圆铜线　　B. 镀锡软圆铜线　　C. 镀银圆铜线　　D. 铝包钢圆线

13. 高压输电线路钢芯铝绞线的截面范围为（　　）mm^2。

A. 10～600　　B. 10～400　　C. 10～800　　D. 600～1400

14. 在机电安装工程中，供电机、电器、配电设备及其他电工方面应用线型主要有（　　）。

A. TBX　　B. TPT　　C. TBRK　　D. LBRK

15. 绝缘电线的表示法中，字母“X”表示（　　）。

A. 氯丁橡胶绝缘　　B. 橡胶绝缘

C. 聚乙烯绝缘　　D. 交联聚乙烯绝缘

16. 电力电缆的表示法中字母“P”表示（　　）。

A. 控制电缆　　B. 信号电缆　　C. 移动式软电缆　　D. 橡胶电缆

17. 在机电安装工程中，最常用的电缆桥架是（　　）。

A. 钢制电缆桥架。　　　　B. 铝合金制桥架

C. 玻璃钢制阻燃桥架　　　　D. 环氧树脂桥架

18. （　　）型电力电缆不能承受机械外力作用，适用于室内，隧道及管道内敷设。

A. VLV　　B. VLV22　　C. VLV32　　D. KVV

19. 下列电线（　　）为多芯平形或圆形塑料护套线，主要用于电气设备内配线，较多地用于家用电器内的固定接线。

A. BLV　　B. BLX　　C. BX　　D. BVV

20. （　　）型电缆能受机械外力作用，可承受大的拉力，主要用于敷设在竖井内、高层建筑的电缆竖井内，且适用于潮湿场所。

A. VLV　　B. VLX　　C. VV32　　D. VV

21. 在通风空调器材中，主要适用于低、中压空调系统及潮湿环境，不适用于高压及洁净空调、酸碱性环境和防排烟系统的风管是（　　）。

A. 复合玻纤板风管　　　　B. 酚醛复合风管

C. 无机玻璃钢风管　　　　D. 聚氨酯复合风管

22. 在通风空调器材中，主要应用于建筑，装饰，消防等领域，尤其适合餐厅，宾馆，商场等人流密集场所的装修以及地下室，人防和矿井等潮湿环境的工程的风管是(　　)。

A. 复合玻纤板风管　　　　B. 酚醛复合风管

C. 无机玻璃钢风管　　　　D. 玻镁复合风管

23. 在通风空调器材中，以改性氯氧镁水泥为胶结材料，以中碱或无碱玻璃纤维布为增强材料制成的风管，具有防火、使用寿命长、隔声性能好、导热系数小等特点。防火等级为不燃A级，耐水性差，会出现吸潮后返卤及泛霜现象，仅在特殊防火的场合使用是（　　）。

A. 复合玻纤板风管　　　　B. 酚醛复合风管

C. 无机玻璃钢风管　　　　D. 玻镁复合风管

24. 在通风空调工程中，用于送风和回风的器材是（　　）。

A. 散流器　　B. 风口过滤器　　C. 风口调节阀　　D. 单层百叶风口

25. 在通风空调工程中，布置在室内呈线形和环形分布，起送、回风作用，也可在侧墙、吊顶上安装的装置是（　　）。

A. 圆形散流器　B. 方形散流器　　C. 条缝散流器　　D. 风口过滤器

26. 防火调节阀安装在有防火要求的通风空调系统管道上，平时处于常开状态，并在0～90°之间调节风量。当风管内气流温度达到（　　）℃时，温度熔断器动作，阀门自动关闭。

A. 40　　B. 50　　C. 60　　D. 70

27. 在设备安装工程中，对各类容器、管道进行保温或保冷时，需使用（　　）。

A. 砌筑材料　B. 绝热材料　　C. 防腐材料　　D. 复合材料

28. 下列设备安装工程材料中，不属于防腐蚀材料的是（　　）。

A. 油漆　　B. 玻璃　　C. 防火涂料　　D. 陶瓷

29. 在制造厂加工建筑钢结构构件时，一般喷涂（　　）后出厂，安装合格后再涂防火涂料。

A. 酚醛树脂漆　B. 防锈底漆　C. 无机富锌漆　D. 冷固环氧树脂漆

二、多项选择题

1. 设备安装工程最常见的有色金属管为铜及铜合金管。此类铜管适用于输送（　　）。

A. 饮用水　B. 卫生用水

C. 天然气、煤气　D. 氧气

E. 对铜有腐蚀作用的其他介质

2. 氯化聚氯乙烯（CPVC）管主要用于（　　）。

A. 给水管道管　B. 电镀溶液管道

C. 热化学试剂输送管　D. 氯碱厂的湿氯气输送管道

E. 热污水

3. 塑料管材是以合成的或天然的树脂作为主要成分，添加一些辅助材料在一定温度、压力下加工成型的，以下属于塑料管材的有（　　）。

A. 硬质聚氯乙烯管道　B. 砂型离心铸铁管道

C. 聚乙烯管道　D. 三型聚丙烯管道

E. 不锈钢无缝钢管道

4. 球阀在给水管路中主要作用有（　　）。

A. 切断介质的流动方向　B. 分配介质的流动方向

C. 改变介质的流动方向　D. 增大介质的流动方向

E. 防止管路中的介质倒流

5. 以下关于安全阀的说法正确的是（　　）。

A. 是一种安全保护用阀

B. 它的启闭件在外力作用下处于常闭状态

C. 介质压力降低，低于规定值时自动开启

D. 安全阀属于自动阀类

E. 主要用于锅炉、压力容器和管道

6. 建筑排水工程中，排水管渠的材料有（　　）。

A. 砖石　B. 混凝土

C. 钢筋混凝土　D. 铸铁

E. 塑料

7. 以下有关建筑排水管道材料的要求说法正确的有（　　）。

A. 具有足够周转能力　B. 具有较好的抗渗性能

C. 具有良好的水力条件　D. 具有抗冲刷、抗磨损及抗腐蚀的能力

E. 可就地取材

8. 以下有关塑料排水管道特点说法正确的有（　　）。

A. 表面光滑、水力性能好、水力损失小

B. 耐磨蚀、不易结垢

C. 重量轻、加工接口搬运方便

D. 漏水率低及价格低

E. 管材强度高、不易老化

9. 在卫生器具中，洗脸盆常见的形式有（　　）。

A. 虹吸式　　B. 立柱式

C. 台式　　D. 托架式

E. 挂箱式

10. 以下属于裸电线的有（　　）。

A. 屏蔽型线　　B. 单圆线

C. 补偿型线　　D. 软接线

E. 型线

11. 裸电线是没有绝缘层的电线，裸电线主要用于（　　）。

A. 户外架空　　B. 绝缘导线线芯

C. 室内汇流排　　D. 配电柜、箱内连接

E. 灯具连接线

12. 绝缘电线用于（　　）连接。它一般是由导线的导电线芯、绝缘层和保护层组成。

A. 电气设备　　B. 照明装置

C. 室内汇流排　　D. 电工仪表

E. 输配电线路

13. 在机电安装工程中，适用于交流额定电压500V及以下或直流电压1000V及以下的电气设备及照明装置用线型有（　　）。

A. 铝芯聚氯乙烯绝缘电线　　B. 铜芯橡胶绝缘电线

C. 铜芯氯丁橡胶绝缘电线　　D. 铜芯聚氯乙烯绝缘软线

E. 铝芯橡胶绝缘电线

14. 按敷设方式和使用性质，电力电缆可分为（　　）。

A. 直埋电缆　　B. 海底电缆

C. 架空电缆　　D. 矿物绝缘电缆

E. 橡胶绝缘电缆

15. 机电安装工程上母线的截面常采用（　　）形状。截面形状应保证集肤效应系数尽可能低、散热良好、机械强度高、安装简单和连接方便。

A. 矩形　　B. 管形　　C. 弧形　　D. 槽形　　E. 圆形

16. 机电安装工程中，电缆桥架按结构形式分为（　　）。

A. 网格式　　B. 梯级式

C. 托盘式　　D. 槽式

E. 组合式

17. 以下属于用于高压的电力电缆型号的有（　　）。

A. BLX型　　B. YFLV型　　C. BLV型　　D. YJV型　　E. BV型

18. 照明常用开关的形式有（　　）。

A. 拉断开关　　B. 台灯开关

C. 防水开关　　D. 墙壁开关

E. 吊盒开关

19. 风管就是用于空气输送和分布的管道系统，风管可按材质分为（　　）。

A. 金属风管　　B. 圆形风管

C. 矩形风管　　D. 扁圆风管

E. 非金属风管

20. 以下关于聚氨酯复合风管特点说法正确的是（　　）。

A. 具有外表美观、内里光洁平滑　　B. 良好的隔热和隔声性能

C. 重量较轻、制作安装方便　　D. 维修简易和耐用性高

E. 易燃，且燃烧时不会释放出有毒气体

21. 以下排烟阀的性能特点说法正确的（　　）。

A. 火灾信号自动或手动开启

B. 手动复位

C. 自动复位

D. 输出阀门开启信号，与有关消防控制设备联锁

E. 输出阀门开启信号，与有关消防控制设备不联锁

22. 组合消声器适用于各种大、中型通风、空调管道系统，可按（　　）的要求选型

A. 温度　　B. 风速

C. 湿度位　　D. 风量

E. 消声量

23. 以下属于防腐材料的有（　　）。

A. 防火涂料　　B. 建筑陶瓷制品

C. 木制品　　D. 塑料制品

E. 橡胶制品

三、判断题（正确的在括号内填“A”，错误的在括号内填“B”）

1. 目前用于给水的管道主要是砂模铸造管件和冷镀锌铸铁管道。（　　）

2. 铝塑复合管是以焊接铝管为中间层，内外均为聚乙烯塑料，采用专用热熔剂，通过挤出成型方法复合成一体的管材。（　　）

3. 蝶阀是一种结构简单的调节阀，同时也是用于低压管道介质的开关控制。（　　）

4. 减压阀是通过调节，将进口压力减至某一需要的出口压力，并依靠介质本身的能量，使出口压力自动保持稳定的阀门。（　　）

5. 旋塞阀最适于作为切断和接通介质以及分流使用，有时也可用于节流。（　　）

6. 可锻铸铁管件又称为马铁管件或玛钢管件，用于焊接钢管的螺纹连接，适于压力不超过 1.6MPa，工作温度 200℃以内，输送一般液体和气体介质的管道。（　　）

7. 镀锌管件多用于输送供暖热水、蒸汽及油品管道；不镀锌管件多用于输送生活冷、热水及燃气管道。（　　）

8. ABS 工程塑料管的耐腐蚀、耐温及耐冲击性能均差于聚氯乙烯管，使用温度为 −20～70℃，压力等级分为 B、C、D 三级。（　　）

9. 排水铸铁管道经久耐用，有较强的耐腐蚀性能，但质地较脆，不耐振动和弯折，重量较大，连接方式有承插式和法兰式两种。（　　）

10. 在卫生器具中，小便器常见的有斗式小便器、壁挂式小便器和连体喷射虹吸式小便器等。（　　）

11. BLX型、BLV型为铝芯电线，由于其重量轻，通常用于架空线路尤其是长距离输电线路。（　　）

12. RV型的铜芯软线主要用于需柔性连接的可动部位。（　　）

13. BVV型绝缘电线采用多芯的平形或圆形塑料护套，可用在电气设备内配线，较多地出现在家用电器内的固定接线。（　　）

14. 母线是各级电压配电装置中的中间环节，它的作用是汇集、分配和传输电能。（　　）

15. 电缆桥架按制造材料分为钢制桥架、铝合金制桥架和玻璃钢制阻燃桥架，最常用的是玻璃钢制电缆桥架。（　　）

16. 控制电缆适用于直流和交流50Hz，额定电压450/750V、600/1000V及以下的工矿企业、现代化高层建筑等远距离操作、控制回路、信号及保护测量回路。（　　）

17. 通信电缆是传输电气信息用的电缆，包括用于市内或局部地区通信网络的市内电话电缆。（　　）

18. 综合布线电缆是用于传输语音、数据、影像和其他信息的标准结构化布线系统，其主要目的是在网络技术不断升级的条件下，仍能实现高速率数据的传输要求。（　　）

19. 聚氨酯复合风管适用于低、中、高压洁净空调系统及潮湿环境，但对酸碱性环境和防排烟系统不适用。（　　）

20. 防火风口用于有防火要求的通风空调系统的送、排风出入口。防火风口由铝合金送、排风口与防火阀组合而成。（　　）

第三篇　设备安装工程施工技术

第7章　建筑给水排水工程施工技术

一、单项选择题

1. 给水引入管与排水的排出管的水平净距，在室外不得小于1.0m，在室内平行敷设时其最小水平净距为0.5m；交叉敷设时，垂直净距为（　　）m，且给水管应在上面。

A. 0.10　　B. 0.15　　C. 0.20　　D. 0.25

2. 埋地、嵌墙暗敷设的管道，应在（　　）合格后再进行隐蔽工程验收。

A. 管道连接　　B. 水冲洗　　C. 水压试验　　D. 保温

3. 给水钢塑复合管管道系统工作压力大于1.0MPa且不大于1.6MPa时，不采用（　　）连接。

A. 涂（衬）塑无缝钢管件　　B. 无缝钢管件

C. 球墨铸铁涂（衬）塑管件　　D. 铸钢涂（衬）塑管件

4. 给水铸铁管管道应采用水泥捻口或（　　）方式进行连接。

A. 粘接　　B. 搭接　　C. 热熔　　D. 橡胶圈接口

5. 经常有人停留的平屋顶上，通气管应高出屋面（　　），并应根据防雷要求设置防雷装置。

A. 1m　B. 2m　C. 1.5m　D. 0.8m

6. 高层建筑中明设穿楼板排水塑料管应设置（　　）或防火套管。

A. 阻火圈　B. 防火带　C. 防水套管　D. 普通套管

7. 建筑物内的生活给水系统，当卫生器具给水配件处的静水压超过规定值时，宜采取（　　）措施。

A. 减压限流　B. 排气阀

C. 水泵多功能控制阀　D. 水锤吸纳器

8. 管径小于或等于 100mm 的镀锌钢管应采用（　　）连接方式。

A. 焊接　B. 承插　C. 螺纹　D. 法兰

9. 室内排水系统的安装程序，一般为（　　）。

A. 排出管→排水立管→排水支管→卫生器具

B. 卫生器具→排水支管→排水立管→排出管

C. 排水支管→排水立管→卫生器具→排出管

D. 排出管→卫生器具→排水立管→排水支管

10. 具有不腐蚀、便于安装的优点，但强度低、耐温性差、立管产生噪声，常用于室内连续排放污水温度不大于 40℃、瞬时温度不大于 80℃的生活污水管道的是（　　）。

A. 排水铸铁管　B. 硬聚氯乙烯塑料排水管

C. 陶土管　D. 石棉水泥管

11. 当二根以上污水立管共用一根通气管时，通气管管径应为（　　）。

A. 其中最小排水管管径　B. 其中最大排水管管径

C. 不小于 100mm　D. 不小于 150mm

12. 下列关于游泳池的水循环系统安装要求错误的是（　　）。

A. 游泳池内给水口、回水口布置均匀，保证池内水流均匀，无死水域和涡流

B. 池内易产生短流和各泳道水流速度不一致等现象

C. 游泳池的给水口、回水口、泄水口应采用耐腐蚀的铜、不锈钢、塑料等材料制造溢流槽、格栅应为耐腐蚀材料，并为组装型。安装时其外表面应与池壁或池底面相平

D. 游泳池循环管道应采用耐腐蚀的管材及管件

13. 螺纹连接的管道安装后，应外露（　　）扣螺纹。

A. 1～2　B. 1～3　C. 2～3　D. 3～4

14. 铸铁管承接口的对口间隙应小于（　　）。

A. 1mm　B. 2mm　C. 3mm　D. 4mm

15. 室外给水管道冲洗时，管道安装放水口的管上应装有阀门、排气管和放水取样龙头，放水管的截面不应小于进水管截面的（　　）。

A. 1/2　B. 2/3　C. 1/4　D. 1/5

16. 消防给水管道系统的减压阀组后面沿水流方向应设（　　），以防杂质沉积损坏减压阀。

A. 止回阀　B. 泄水阀　C. 旁通管　D. 压力表

17. 下列关于游泳池循环管道选用和安装说法错误的是（　　）。

A. 循环管道不宜选用塑料管、给水铸铁管

B. 循环管道若采用钢管，则内壁应涂防腐漆或内衬防腐材料

C. 管道应铺设在沿池周边的管廊或管沟内。如设管廊有困难时，可埋地铺设，但应有可靠的防腐措施

D. 管道上的阀门，应采用明杆闸门或蝶阀

18. 水流指示器的安装应在管道试压和冲洗合格后进行。水流指示器前后应保持有（　　）倍安装管径长度的直管段。应竖直安装在水平管道上，注意其指示的箭头方向应与水流方向一致。

A. 2　　B. 3　　C. 4　　D. 5

19. 下列关于中水系统说法错误的是（　　）。

A. 中水水源可取自除厕所便器的生活污水外其余各种杂水，一般不宜使用工业废水、医院污水和放射性污水作为中水水源

B. 中水系统的原水管道管材及配件可使用塑料管、铸铁管和混凝土管

C. 中水给水管道管材及配件应采用耐腐蚀的给水管管材和附件

D. 建筑中水工程必须确保使用安全，严禁中水进入生活饮用水给水系统

20. 饮食业工艺设备引出的排水管及饮用水箱的溢流管不得与污水管道直接连接，并应留有不小于（　　）的隔断空间。

A. 100mm　　B. 200mm　　C. 300mm　　D. 400mm

21. UPVC 排水管粘接不宜在湿度较大和（　　）以下的环境中进行，操作环境应远离火源，防撞击。

A. −5℃　　B. 0℃　　C. 5℃　　D. 15℃

22. 在连接 2 个及 2 个以上的大便器或 3 个及 3 个以上卫生器具的污水横管上，应设置（ ）。

A. 检查口　　B. 清扫口　　C. 泄水口　　D. 通气口

23. 下列关于中水处理设备做法错误的是（　　）。

A. 以生活污水为原水的中水处理流程，应在建筑物排水系统末端设置化粪池

B. 以厨房排水为原水的中水处理流程，厨房排水应经隔油池处理后，再进入调节池

C. 中水处理系统应设置格栅，截留水中较大悬浮物

D. 中水经处理，在出厂后必须设有消毒设施

24. 硬聚氯乙烯管承插口粘接操作要点：粘接前，插口处应用板锉锉成 15°～30°坡口，坡口完成后，应将残屑清除干净。粘接时应对承口作插入试验。不得全部插入，一般为承口的（　　）深度。

A. 1/2　　B. 2/3　　C. 3/4　　D. 4/5

25. 给水管应铺在排水管上面，若给水管必须铺在排水管的下面时，给水管应加套管，其长度不得小于排水管管径的（　　）倍。

A. 1.5m　　B. 2m　　C. 3m　　D. 5m

26. 给水管道穿越地下室或地下构筑物外墙时，应设置（　　）。

A. 钢套管　　B. 套管　　C. 防水套管　　D. 防护套管

27. 冷、热水管垂直平行安装时，热水管应在冷水管的（　　）。

A. 前面　　B. 后面　　C. 右侧　　D. 左侧

28. 建筑给水系统支管应有不小于（　　）的坡度坡向立管。

A. 1%　　B. 2‰　　C. 3‰　　D. 4‰

29. 给水引入管应有不小于（　　）的坡度坡向室外给水管网或坡向阀门井、水表井，以便检修时排放存水。

A. 1%　　B. 3%　　C. 1‰　　D. 3‰

30. 连接管径大于等于 22mm 的铜管时，宜采用（　　）。

A. 承插　　B. 套管焊接　　C. 螺纹连接　　D. 对口焊接

31. 给水水平管道应有（　　）的坡度坡向泄水装置。

A. 1‰～3‰　　B. 2‰～5‰　　C. 3‰～6‰　　D. 4‰～8‰

32. 下列关于消火栓配件安装错误的是（　　）。

A. 消防水龙带与水枪和快速接头绑扎好后，应根据箱内构造将水龙带挂放在箱内的挂钉、托盘或支架上

B. 消防水龙带与水枪的连接，一般采用卡箍，并在里侧绑扎两道 8 号铁丝

C. 消防水枪要竖放在箱体内侧，自救式水枪和软管应放在挂卡上或放在箱底部

D. 设有电控按钮时，应注意与电气专业配合施工

33. 室外消防给水管网的管径不应小于（　　）mm。

A. 100　　B. 200　　C. 300　　D. 400

34. 消防系统报警阀组安装做法错误的是（　　）。

A. 报警阀组的安装应先安装水源控制阀、报警阀，然后根据设备安装说明书再进行辅助管道及附件的安装

B. 水源控制阀、报警阀与配水干管的连接，应使水流方向一致

C. 报警阀组安装位置应符合设计要求。当设计无要求时，报警阀组应安装在便于操作的隐蔽位置

D. 安装报警阀组的室内地面应有排水设施

35. 安装在室内的雨水管道，应根据管材和建筑高度选择整段方式或分段方式进行灌水试验，灌水高度必须达到（　　）。

A. 每根立管上部雨水斗口　　B. 每根立管顶部

C. 建筑物屋顶最高点　　D. 建筑物排水檐沟

36. 下列管材中，不适用于热水管道系统的是（　　）。

A. 薄壁铜管　　B. 薄壁不锈钢管　　C. 铸铁管　　D. 铝塑复合管

37. 热水管道系统投入运行后会产生明显的热膨胀，管道上应优先考虑采用（　　）。

A. 自然补偿　　B. 方形补偿器　　C. 弯管补偿器　　D. 波纹管补偿器

38. 热水管道保温应在水压试验及防腐工程合格后进行，一般按（　　）的顺序施工。

A. 保温层→防潮层→保护层

B. 防潮层→保温层→保护层

C. 保护层→保温层→防潮层

D. 保温层→保护层→防潮层

39. 中水水源可取自（　　）。

A. 除厕所便器的生活污水外其余各种杂水

B. 工业废水

C. 医院污水

D. 放射性污水

40. 关于燃气管道布置与敷设要求错误的是（　　）。

A. 地下燃气管道不得从建筑物和大型构筑物的下面穿越

B. 地下燃气管道不得从架空的建筑物和大型构筑物的下面穿越

C. 地下燃气管道的地基宜为原土层。凡可能引起管道不均匀沉降的地段，其地基应进行处理。

D. 地下燃气管道不得在堆积易燃、易爆材料和具有腐蚀性液体的场地下面穿越。

41. 穿越铁路的燃气管道的套管内径应比燃气管道外径大（　　）mm 以上。

A. 15　　B. 20　　C. 50　　D. 100

42. 燃气管道应在系统安装完毕后，应依次进行（　　）。

A. 外观检查→管道强度试验→严密性试验→吹扫

B. 外观检查→严密性试验→管道强度试验→吹扫

C. 吹扫→严密性试验→管道强度试验→外观检查

D. 管道强度试验→严密性试验→吹扫→外观检查

43. 沿建筑物外墙的燃气管道距住宅或公共建筑物门、窗洞口的净距要求正确的是（　　）。

A. 高压管道不应小于 0.7m

B. 中压管道不应小于 0.5m

C. 低压管道不应小于 0.3m

D. 燃气管道距生产厂房建筑物门、窗洞口的净距不限

44. 设备保温层施工技术要求错误的是（　　）。

A. 当一种保温制品的层厚大于 100mm 时，应分两层或多层逐层施工，先内后外，同层错缝，异层压缝，保温层的拼缝宽度不应大于 5mm

B. 用毡席材料时，毡席与设备表面要紧贴，缝隙用相同材料填实

C. 用散装材料时，保温层应包扎镀锌铁丝网，接头用以 4mm 镀锌铁丝缝合，每隔 4m 捆扎一道镀锌铁丝

D. 保温层施工不宜覆盖设备铭牌

二、多项选择题

1. 室内给水管道的安装顺序一般为（　　）。

A. 先地下后地上　　B. 先地上后地下

C. 先大管后小管　　D. 先小管后大管

E. 先立管后支管

2. 给水聚丙烯 PPR 管管道安装方式一般有（　　）。

A. 粘接　　B. 热熔连接

C. 电熔连接　　D. 螺纹连接

E. 焊接

3. 铝塑复合管给水立管安装时正确的操作要求是（　　）。

A. 铝塑复合管明设部位应远离热源，无遮挡或隔热措施的立管与炉灶的距离不得小于500mm，距燃气热水器的距离不得小于0.2m，不能满足此要求时应采取隔热措施

B. 铝塑管穿越楼板、层面、墙体等部位，应按设计要求配合土建预留孔洞或预埋套管，孔洞或套管的内径宜比管道公称外径大30～40mm

C. 冷、热水管的立管平行安装时，热水管应在冷水管的左侧

D. 铝塑复合管可塑性好，易弯曲变形，因此安装立管时应及时将立管卡牢，以防止立管位移，或因受外力作用而产生弯曲及变形

E. 暗装的给水立管，在隐蔽前应做满水试验，合格后方可隐蔽

4. 室内给水铸铁管承插接口形式有（　　）。

A. 石棉水泥接口　　B. 橡胶圈接口

C. 膨胀水泥接口　　D. 石膏氯化钙水泥接口

E. 青铅接口

5. 膨胀水箱的（　　）上不得安装阀门。

A. 补水管　　B. 集气管

C. 膨胀管　　D. 溢流管

E. 排污管

6. 水表安装时正确的要点有（　　）。

A. 水表安装就位时，应复核水表上标示的箭头方向与水流方向是否一致

B. 旋翼式水表应水平安装；水平螺翼式和容积式水表可根据实际情况确定水平、倾斜或垂直安装，但垂直安装时水流方向必须从上向下。

C. 螺翼式水表的前端，应有5倍水表接管直径的直线管段；其他类型水表前后应有不小于300mm的直线管段，或符合产品标准规定的要求

D. 给水管道进行单元或系统试压和冲洗时，应将水表卸下，待试压、冲洗完成后再行复位

E. 水表安装未正式使用前不得启封，以防损伤表罩玻璃

7. 虹吸式坐便器的特点包括（　　）。

A. 噪声小　　B. 卫生、干净

C. 噪声大　　D. 存水面大

E. 用水量较大

8. 自动喷水灭火系统的喷头安装正确的操作是（　　）。

A. 应在管道系统冲洗干净后试压合格前进行

B. 安装时应使用专用扳手，严禁利用喷头的框架施拧

C. 喷头的框架、溅水盘产生变形或释放原件损伤时，应采用规格、型号相同的喷头更换

D. 安装喷头时为保证装修效果，可附加装饰性涂层

E. 安装在易受机械损伤处的喷头，应加设喷头防护罩

9. 游泳池其他附属设施安装要求正确的是（　　）。

A. 游泳池的毛发聚集器应采用铜或不锈钢等耐腐蚀材料制作

B. 过滤筒（网）的孔径应不大于5mm，其面积应为连接管截面积的1.5～2.0倍

C. 游泳池的浸脚、浸腰消毒池的给水管、投药管、溢流管和泄空管应采用耐腐蚀管

材。其连接和安装要求应符合设计要求和施工质量验收规定

D. 游泳池地面冲洗用的管道和水龙头，应采取措施，避免冲洗排水流入池内

E. 游泳池水加热系统安装、检验标准均按《建筑给水排水及采暖工程施工质量验收规范》室内热水供应系统安装中相关内容执行

10. 自动喷水灭火系统报警阀组附件包括（　　）。

A. 压力表　　B. 压力开关　　C. 流量计　　D. 过滤器　　E. 泄水管

11. 属于建筑排水系统的清通附件的是（　　）。

A. 检查口　　B. 清扫口　　C. 室内检查井　　D. 地漏　　E. 通气帽

12. 卫生器具安装完毕后应做（　　）试验。

A. 泄水　　B. 满水　　C. 通水　　D. 强度　　E. 严密性

13. 卫生器具除（　　）外，均应待土建抹灰、粉刷、贴瓷砖等工作基本完成后再进行安装。

A. 浴盆　　B. 蹲式大便器

C. 坐式大便器　　D. 挂壁式小便器

E. 盥洗盆

14. 燃气管道布置形式与城市给水管道布置形式相似，根据用气建筑的分布情况和用气特点，室外燃气管网的布置方式有（　　）等形式。

A. 树枝式　　B. 双干线式　　C. 辐射式　　D. 环状式　　E. 金字塔式

15. 热水管网在下列（　　）管段上应设止回阀。

A. 闭式热水系统的冷水进水管上

B. 闭式热水系统的热水进水管上

C. 强制循环的回水总管上

D. 冷热混合器的冷水进水管上

E. 冷热混合器的热水进水管上

16. 垃圾处理管道系统的收集系统由（　　）组成。

A. 阀门系统　　B. 管道系统

C. 分离系统　　D. 正压动力系统

E. 压缩系统

17. 室内燃气管道宜采用球阀，在下列哪些部位应设置阀门。（　　）

A. 燃气引入管　　B. 调压器前和燃气表前

C. 燃气用具前　　D. 测压计前

E. 放散管起点

18. 雨水管道及附件安装要求正确的是（　　）。

A. 雨水管道不得与生活污水管道相连接

B. 雨水斗的连接应固定在屋面承重结构上。雨水斗边缘与屋面相连处应严密不漏。连接管管径当设计无要求时，不得小于50mm

C. 密闭雨水管道系统的埋地管。应在靠立管处设水平检查口。高层建筑的雨水立管在地下室或底层向水平方向转弯的弯头下面应设支墩或支架，并在转弯处设清扫口

D. 雨水斗连接管与悬吊管的连接应用45°三通；悬吊管与立管的连接，应采用45°三通或45°四通和90°斜三通或90°斜四通

E. 悬吊式雨水管道的敷设坡度不得小于0.003；埋地雨水管道的最小坡度应符合相关规范的规定

19. 室内排水管道布置敷设的原则正确的是（　　）。

A. 排水管穿过地下室外墙或地下构筑物的墙壁处，应采取防水措施

B. 排水埋地管道应避免布置在可能受到重物压坏处，管道不得穿越生产设备基础

C. 排水管道不得穿过沉降缝、抗震缝、烟道和风道

D. 排水管道应避免穿过伸缩缝，若必须穿过时，应采取相应技术措施，不使管道直接承受拉伸与挤压

E. 排水管道穿过承重墙或基础处应预留孔洞或加套管，且管顶上部净空一般不小于100mm

20. 对于中水供水系统说法正确的是（　　）。

A. 中水供水系统必须单独设置

B. 中水管道不宜暗装于墙体和楼板内。如必须暗装于墙槽内时，必须在管道上有明显且不会脱落的标志

C. 中水管道与生活饮用水管道、排水管道平行埋设时，其水平净距离不得小于1.0m，交叉埋设时，中水管道应位于生活饮用水管道下面，排水管道的上面，其净距离不应小于0.15m

D. 中水给水管道不得装设取水水嘴

E. 中水高位水箱应与生活高位水箱分设在不同的房间内，如条件不允许只能设在同一房间时，与生活高位水箱的净距离应大于2m

21. 管道穿过伸缩缝、沉降缝和抗震缝时可选择（　　）的保护方式。

A. 墙体两侧采用柔性连接　　B. 在管道上下留不小于150mm的净空

C. 设置水平安装的方形补偿器　　D. 刚性连接

E. 设置垂直安装的方形补偿器

22. 建筑物埋地引入管和室内埋地管敷设要求正确的是（　　）。

A. 室内地坪±0.000以下管道铺设宜分两段进行：先进行地坪±0.000以下基础墙外壁段的铺设，待土建施工结束后，再进行户外连接管的铺设

B. 室内地坪以下管道铺设应在土建工程回填土之前铺设

C. 铺设管道的沟底平整，不得有突出的尖硬物体。土壤的颗粒径不宜大于10mm，必要时可铺300mm厚的沙垫层

D. 埋地管道回填时，管周回填土不得夹杂硬物直接与管壁接触

E. 管道出地坪处应设置护管，其高度应高于150mm

23. 供水管道冲洗消毒应注意（　　）事项。

A. 管道在冲洗工程中，由于水量变化较大，应用通信设备随时与现场保持联系，了解管道冲洗情况，以便于及时加泵和减泵

B. 冲洗过程中应安排专人对冲洗管道进行巡视，检查是否存在有阀门未开启或关闭，排气阀、排水阀、管道等设施有无漏水的情况

C. 第一次冲洗完毕后应尽量将管道中的水排净，为下次灌水浸泡作准备；同时应将撤除的阀门及时恢复，打开排水口，以免造成第二次污染

D. 无论是第一冲洗或是第二次冲洗，每次都要对冲洗时间、水量、水质及冲洗效果有文字记录和影像资料

E. 管网冲洗完毕，能否投入使用，以水质中心的检测报告为准

24. 下列关于自动喷水灭火系统喷头安装操作正确的是（　　）。

A. 应在管道系统冲洗干净后试压合格前进行

B. 安装时应使用专用扳手，严禁利用喷头的框架施拧

C. 喷头的框架、溅水盘产生变形或释放原件损伤时，应采用规格、型号相同的喷头更换

D. 安装喷头时为保证装修效果，可附加装饰性涂层

E. 安装在易受机械损伤处的喷头，应加设喷头防护罩

25. 消防系统水流指示器安装操作正确的是（　　）。

A. 水流指示器应有清晰的铭牌、安全操作指示标志和产品说明书；还应有水流方向的永久性标志

B. 水流指示器应安装在水平管道上侧，倾斜度不宜过长，其动作方向应和水流方向一致

C. 水流指示器的规格、型号应符号设计要求，应在系统试压、冲洗合格后进行安装

D. 水流指示器前后应保持有 3 倍安装管径的直线段，安装时注意水流方向与指示器的箭头一致

E. 水流指示器适用于直径 50～150mm 的管道安装

26. 自动喷水灭火系统报警阀组附件包括（　　）。

A. 压力表　　B. 压力开关

C. 流量计　　D. 过滤器

E. 泄水管

27. 下列关于卫生器具安装通用要求正确的是（　　）。

A. 卫生器具的安装应采用预埋螺栓或膨胀螺栓安装固定

B. 卫生器具的支、托架必须防腐良好，安装平整、牢固，宜与器具接触紧密、平稳

C. 卫生器具安装的垂直度允许偏差不应大于 5mm

D. 卫生器具安装应参照产品说明及相关图集进行

E. 所有与卫生器具连接的给水管道强度试验、排水管道灌水试验均已合格，办好预检或隐检手续

28. 屋面雨水系统按按屋面的排水条件分为（　　）。

A. 内排水系统　　B. 外排水系统

C. 檐沟排水　　D. 天沟排水

E. 无沟排水

29. 下列关于雨水管道和附件安装的正确做法是（　　）。

A. 雨水管道宜与生活污水管道合流

B. 雨水斗的连接应固定在屋面承重结构上

C. 密闭雨水管道系统的埋地管应在靠立管处设水平检查口

D. 雨水斗连接管与悬吊管的连接应用 45°三通；悬吊管与立管的连接，应采用 45°三

通或45°四通和90°斜三通或90°斜四通

E. 雨水立管应按设计要求装设检查口

30. 下列管材中，适用于高温热水管道系统的是（　　）。

A. 薄壁铜管　　B. 薄壁不锈钢管

C. 铸铁管　　D. 铝塑复合管

E. 聚丙烯管

31. 为满足运行调节和检修要求，热水系统需在（　　）上设置阀门。

A. 配水或回水环状管网的分干管

B. 各配水立管的上、下端

C. 从立管接出的支管上

D. 配水点大于等于3个的支管上

E. 水的加热器、热水贮水器、循环水泵等需要考虑检修的设备进出水口管道上

32. 中水原水管道系统安装应遵守下列（　　）要求。

A. 中水原水管道系统宜采用合流集水系统

B. 便器与洗浴设备应分设或分侧布置，以便于单独设置支管、立管，有利于分流集水

C. 污废水支管不宜交叉，以免横支管标高降低过多，影响室外管线及污水处理设备的标高

D. 室内外原水管道及附属构筑物均应防渗漏，井盖应做“中”字标志

E. 中水原水系统应设分流、溢流设施和跨越管，其标高及坡度应能满足排放要求

33. 燃气管道根据用气建筑的分布情况和用气特点，其布置方式有（　　）。

A. 树枝式　　B. 双干线式　　C. 辐射式　　D. 环状式

E. 金字塔式

34. 下列选项中，关于燃气管道选用正确的是（　　）。

A. 当管子公称尺寸小于或等于*DN*50，且管道设计压力为低压时，宜采用热镀锌钢管和镀锌管件

B. 当管子公称尺寸大于*DN*50时，宜采用无缝钢管或焊接钢管

C. 当采用薄壁不锈钢管时，其厚度不应大于0.6mm

D. 薄壁不锈钢管和不锈钢波纹软管用于暗埋形式敷设或穿墙时，应具有外包覆层

E. 当工作压力小于10kPa，且环境温度不高于60℃时，可在户内计量装置后使用燃气用铝塑复合管及专用管件

35. 地下燃气管道埋设的最小覆土厚度（路面至管顶）应符合（　　）要求。

A. 埋设在车行道下时，不得小于0.9m

B. 埋设在非车行道（含人行道）下时，不得小于0.6m

C. 埋设在庭院（指绿化地及载货汽车不能进入之地）内时，不得小于0.3m

D. 埋设在水田下时，不得小于0.6m

E. 当采取行之有效的防护措施后，上述规定均可适当降低

36. 下列关于常用防腐蚀施工要求正确的是（　　）。

A. 防腐蚀衬里和防腐蚀涂料的施工，必须按设计文件规定进行。当需变更设计、材

料代用或采用新材料时，必须征得设计部门同意

B. 对施工配合比有要求的防腐蚀材料，其配合比应经过试验确定，并不得任意改变

C. 受压的设备、管道和管件在防腐蚀工程施工前，必须按有关规定进行强度或气密性检查，合格后方可进行防腐蚀工程施工

D. 为了保证防腐蚀工程施工的安全或施工的方便，对不可拆卸的密闭设备宜设置人孔

E. 防腐蚀工程结束后，在吊装和运输设备、管道、管件时，不得碰撞和损伤，在使用前应妥善保管

37. 下列关于机电工程用管道保温层施工技术要求正确的是（　　）。

A. 水平管道的纵向接缝位置，不得布置在管道垂直中心线45°范围内

B. 保温层的捆扎采用包装钢带或镀锌铁丝，每节管壳至少捆扎两道，双层保温应逐层捆扎，并进行找平和接缝处理

C. 有伴热管的管道保温层施工时，伴热管应按规定固定；伴热管与主管线之间应保持空间，并填塞保温材料

D. 采用预制块做保温层时，同层要错缝，异层要压缝，用同等材料的胶泥勾缝

E. 管道上的阀门、法兰等经常维修的部位，保温层必须采用可拆卸式的结构

38. 下列关于机电工程设备与管道防潮层施工做法正确的是（　　）。

A. 保冷层外表面应干净，保持干燥，并应平整、均匀，不得有突角，凹坑现象

B. 沥青胶玻璃布防潮层分三层：第一层石油沥青胶层，厚度应为3mm；第二层中粗格平纹玻璃布，厚度应为0.1～0.2mm；第三层石油沥青胶层，厚度3mm

C. 沥青胶应按设计要求或产品要求规定进行配制；玻璃布应随沥青层边涂边贴，其环向、纵向缝搭接应不小于15mm，搭接处必须粘贴密实

D. 立式设备或垂直管道玻璃布的环向接缝应为上搭下

E. 卧式设备或水平管道玻璃布的纵向接缝位置应在两侧搭接，缝朝下

三、判断题（正确的在括号内填“A”，错误的在括号内填“B”）

1. 如给水支管装有水表，应先装上连接管，试压后交工前拆下连接管，再安装水表。（　　）

2. 较重的阀门吊装时，绝不允许将钢丝绳拴在阀杆手轮及其他传动杆件和塞件上，而应拴在阀体的法兰处。（　　）

3. 减压阀应安装在水平管段上，阀体应保持垂直。（　　）

4. 从给水立管接出装有3个或3个以上配水点的支管始端，应安装可拆卸的连接件。冷、热水管上下平行安装时，热水管应在冷水管的下方，支管预留口位置应左热右冷；冷、热水管垂直平行安装时，热水管应在冷水管的左侧。（　　）

5. 钢塑复合管不得埋设在钢筋混凝土结构中。（　　）

6. 暗敷墙体、地坪层内的给水聚丙烯管道可采用丝扣或法兰连接。（　　）

7. 给水聚丙烯（PP-R）塑料管在熔接弯头或三通时，刚熔接好的接头可旋转校正。（　　）

8. 雨水管道不得与生活污水管道相连接。（　　）

9. 需要做保温的热水管道，其管材为不镀锌钢塑复合管者，保温之前应将管道外表

面的锈污清除干净，然后涂刷二道防锈漆。若管材为镀锌钢塑复合管、聚丙烯（PP-R）塑料管、铜管、镀锌钢管时，管道外表面不需涂刷防锈漆即可进行管道保温。（　）

10. 待热水管道系统水压试验合格后，通热水运行前，要把波纹管补偿器的拉杆螺母卸去，以便补偿器能发挥补偿作用。（　）

11. 给水铸铁管道承插连接时承口应朝来水方向顺序排列，连接的对口间隙应不小于3mm。（　）

12. 室外埋地管道上的阀门应阀杆垂直向上的安装于阀门井内，以便于维修操作。（　）

13. 为避免紊流现象影响水表的计量准确性，表前阀门与水表的安装距离应大于8～10倍管径。（　）

14. 卫生器具排水管与排水横支管用90°斜三通连接。（　）

15. 在排水立管上每两层设一个检查口，且间距不宜大于10m，但在最底层和有卫生设备的最高层必须设置；如为两层建筑，则只需在底层设检查口即可；立管如有乙字弯管，则在该层乙字弯管的上部设检查口；检查口的设置高度距地面为1.0m，朝向应便于立管的疏通和维修。（　）

16. 由于热水供应系统在升温和运行过程中会析出气体，因此安装管道应注意坡度，热水横管应有不小于0.001的坡度，以利于放气和排水。在上行下给式系统供水的最高点应设排气装置；下行上给式系统，可利用最高层的热水龙头放气；管道系统的泄水可利用最低层的热水龙头或在立管下端设置泄水丝堵。（　）

17. 高层建筑排水管道应考虑管道胀缩补偿，可采用柔性法兰管件，并在承口处还要留出胀缩余量。（　）

18. 热力管道系统试压时，对于不能与管道系统一起进行试压的阀门、仪表等，应临时拆除，换上等长的短管。（　）

19. 中水给水管道不得装设取水水嘴。（　）

20. 对于40m以上的建筑，也可在排水立管上每层设一组气水混合器与排水横管连接，立管的底部排出管部分设气水分离器，这就是苏维脱排水系统。此系统适用于排水量大的高层宾馆和高级饭店，可起到粉碎粪便污物，分散和减轻低层管道的水流冲击力，保证排水通畅的作用。（　）

21. 自动喷水灭火系统的施工必须由具有相应资质的施工队伍承担。（　）

22. 火灾报警控制器、区域显示器、消防联动控制器等控制器类设备在墙上安装时，其底边距地（楼）面高度宜为1.3～1.5m。（　）

23. 热水管道常用的保温材料有矿渣棉、膨胀珍珠岩、岩棉、超细玻璃棉、橡塑海绵和复合硅酸盐等。（　）

24. 热水管道应尽量利用自然弯补偿热伸缩，直线管段过长时应设置补偿器。（　）

25. 地下燃气管道穿过排水管、热力管沟、联合地沟、隧道及其他各种用途沟槽时应将燃气管道敷设于套管内。（　）

26. 在机电工程管道与设备的防腐蚀工程施工过程中，必须进行中间检查。防腐蚀工程完工后，应立即进行验收。（　）

27. 设备、管子、管件外壁附件的焊接，必须在防腐蚀工程施工前完成，并核实无

误。 （ ）

28. 化学除锈适用于除掉旧的防腐层或带有油浸过的金属表面工程，不适用于薄壁的金属设备、管道，也不能使用在退火钢和可淬硬钢除锈工程上。 （ ）

29. 防腐蚀涂层施工方法中，刮涂适用于黏度较高、100%固体含量的液态涂料的涂装。 （ ）

30. 保冷结构由内至外，按功能和层次由保冷层、防潮层、防锈层、保护层、防腐蚀及识别层组成。

四、案例分析题

（一）某行政办公楼 2012 年 3 月主体工程施工完毕，开始进行给水排水管道安装施工，承包单位合理安排施工，严格把好质量关，2012 年 7 月底工程顺利通过竣工验收并投入使用，请问管道施工时应注意哪些问题？

1. 给水管道布置时的正确做法有（ ）。（多项选择题）

A. 给水管道不宜穿过伸缩缝、沉降缝，若必须穿过时，应有相应的技术措施

B. 给水管道不得敷设在烟道、风道、排水沟内

C. 给水引入管应有不小于 0.005 的坡度坡向室外阀门井

D. 室内给水横管宜有 0.002～0.005 的坡度坡向泄水装置

E. 引入管或其他管道穿越基础或承重墙时，要预留洞口，管顶和洞口间的净空一般不小于 0.15m

2. 水表安装上游侧长度应有（ ）倍的水表直径的直管段。（单项选择题）

A. 5～6　　B. 8～12　　C. 7～9　　D. 8～10

3. 每条引入管上均应装设（ ），必要时还要有泄水装置。（多项选择题）

A. 阀门　　B. 水表

C. 温度计　　D. 压力表

E. 疏水器

4. 对于生活、生产、消防合用的给水系统，如果只有一条引入管时，应绕开（ ）安装旁通管。（单项选择题）

A. 闸阀　　B. 止回阀　　C. 水表　　D. 调节阀

5. 给水管道安装顺序（ ）。（单项选择题）

A. 安装→试压→保温→消毒→冲洗 B. 安装→保温→试压→消毒→冲洗

C. 安装→试压→消毒→冲洗→保温 D. 安装→保温→试压→冲洗→消毒

（二）某施工单位承接一综合性社区给水排水工程，给水干管采用涂塑无缝钢管沟槽连接，给水支管采用 PP-R 管道热熔连接，排水管道排出管采用承插排水铸铁管，立管采用螺旋消音 UPVC 管，横支管采用普通 UPVC 管；雨水管道采用内排雨水，管道材质为镀锌钢管。施工时施工单位应如何处理如下遇到的问题？

1. 对衬塑复合钢管，采用现场加工沟槽并进行管道安装时，其施工应符合下列要求（ ）。（多项选择题）

A. 应优先采用成品沟槽式涂塑管件。连接管段的长度应是管段两端口间净长度减去 6～8mm 断料，每个连接口之间应有 3～4mm 间隙并用钢印编号

B. 应采用机械截管，截面应垂直管轴线，允许偏差为：管径不大于 100mm 时，偏差

不大于 1mm；管径大于 125mm 时，偏差不大于 1.5mm。管外壁端面应用机械加工 2/3 壁厚的圆角

C. 应用专用滚槽机压槽，压槽时管段应保持水平，钢管与滚槽机正面呈 90°

D. 压槽时应持续渐进，并应用标准量规测量槽的全周深度

E. 如沟槽过浅，应调整压槽机后再行加工。与橡胶密封圈接触的管外端应平整光滑，不得有划伤橡胶圈或影响密封的毛刺

2. 截止阀安装时应（　　）。(单项选择题)

A. 低进高出　　B. 高进低处　　C. 平进平出　　D. 任何方向均可

3. 卫生器具安装完毕后应做（　　）试验。(多项选择题)

A. 泄水　　B. 满水　　C. 通水　　D. 强度　　E. 严密性

4. 铸铁排水管的连接方式可采用（　　）。(多项选择题)

A. 承插连接　　B. 抱箍连接

C. 沟槽连接　　D. 螺纹连接

E. 法兰连接

5. PP-R 管道安装时的正确做法是（　　）。(多项选择题)

A. 水平干管与水平支管连接、水平干管与立管连接、立管与每层支管连接，应考虑管道互相伸缩时不受影响的措施。如：水平干管与立管连接，立管与每层支管连接可采用 2 个 90°弯头和一段短管后接出

B. 管道嵌墙暗敷时，宜配合土建预留凹槽，其尺寸设计无规定时，嵌墙暗管墙槽尺寸的深度为管外径 D+20mm。宽度为 D+40～60mm。凹槽表面必须平整，不得有尖角等突出物，管道试压合格后，墙槽用 M7.5 水泥砂浆填补密实

C. 管道安装时，不得有轴向扭曲，穿墙或穿楼板时，必须强制校正

D. 热水管道穿墙壁时，应配合土建设置钢套管；冷水管道穿墙时可预留洞，洞口尺寸较管外径大 50mm

E. 管道安装时必须按不同管径和要求设置管卡或吊架。位置要准确，埋设要平整，管卡与管道接触应紧密。但不得损伤管道表面

（三）某施工单位外包一五星级酒店给水排水工程，其中生活给水管道采用聚丙烯管道，热水管道采用铜管；排水管道排出管采用承插排水铸铁管，立管采用螺旋消音硬聚氯乙烯管，横支管采用普通硬聚氯乙烯管；雨水管道采用内排雨水，管道材质为镀锌钢管。施工时施工单位应如何处理以下问题?

1. 给水聚丙烯管道嵌墙暗敷时，宜配合土建预留凹槽，其尺寸设计无规定时，嵌墙暗管墙槽尺寸的深度为管外径（　　），宽度为管外径 D+40～60mm。(单项选择题)

A. D+15mm　　B. D+20mm　　C. D+25mm　　D. D+30mm

2. 给水聚丙烯管道在环境温度小于 5℃进行热熔连接时，加热时间应延长（　　）。(单项选择题)

A. 20%　　B. 30%　　C. 40%　　D. 50%

3. 铜管连接可采用专用接头或焊接，当管径小于（　　）mm 时宜采用承插式或套管焊接，承口应迎介质流向安装。(单项选择题)

A. 15　　B. 22　　C. 32　　D. 40

4. 雨水管道出外墙后发现距雨水检查井较远，（　　）污水检查井。（单项选择题）

A. 可以直接接入　　B. 做水封后接入

C. 经除沙后接入　　D. 不允许接入

5. 给水聚丙烯塑料管具有质量轻、强度高、韧性好、耐冲击、耐热性能高、无毒、无锈蚀、安装方便、废品可回收等优点。（　　）。（判断题，正确选 A，错误选 B）

（四）某消防设备专业安装公司承包了一综合办公楼的消防工程，该工程包括消火栓灭火系统、自动喷淋灭火系统等的安装。为保证顺利完成安装任务，该消防专业设备安装公司针对项目实际特点作了详细的施工部署与安排。试回答下列问题：

1. 消防管道与阀门、设备连接做法错误的是（　　）。（单项选择题）

A. 管道与阀门、设备连接时，采用短管先进行法兰连接，再安装到位，然后再与系统管道连接；设备安装完毕后进行配管安装

B. 管道不能与设备强行组合连接，并且管道重量不能附加在设备上，设备的进、出水管要设置支架

C. 进水管变径处用偏心大小头，采用管底平接

D. 泵进、出口设可曲挠性接头，以达到减震要求

2. 自动喷淋灭火系统水流指示器前后应保持有（　　）倍安装管径的直线段，安装时注意水流方向与指示器的箭头一致。（单项选择题）

A. 2　　B. 3　　C. 4　　D. 5

3. 当建筑物内的梁、通风管道、排管、桥架宽度大于（　　）m 时，增设的喷头应安装在其腹面下方。（单项选择题）

A. 1.0　　B. 1.1　　C. 1.2　　D. 1.3

4. 安装在主供水管或横干水管上，可给出某一分区域小区域水流动的电信号，此电信号可送到电控箱，也可用于启动消防水泵控制开关的组件是（　　）。（单项选择题）

A. 水流指示器　B. 湿式报警阀　　C. 信号蝶阀　　D. 水泵接合器

5. 自动喷水灭火系统喷头的安装应在管道系统试压合格并冲洗干净后进行。（　　）。（判断题，正确选 A，错误选 B）

（五）南通某建筑设备安装公司承建了某五星级酒店设备安装工程，施工内容包括：给水排水工程、供暖工程、空调制冷系统等。在卫生设备实际施工过程中遇到了以下问题，试问该施工单位应如何处理？

1. 在安装卫生器具前应具备的条件中，错误的是（　　）。（单项选择题）

A. 所有与卫生器具连接的管道强度严密性试验、排水管道灌水试验均已完毕，并已办好预检和隐检手续。墙、地面装修，隔断均已全部完成，有防水要求的房间均已做好防水

B. 根据设计要求和土建确定的基准线，确定好卫生器具的位置、标高。施工现场清理干净，无杂物，且已安好门窗，可以锁闭

C. 浴盆的安装待土建做完防水层及保护层后配合土建进行施工

D. 蹲式大便器在其台阶砌筑前安装；坐式大便器在其台阶地面完成后安装；台式洗脸盆待台面上各安装孔洞均已开好、外形规矩、坐标、标高及尺寸等经检查无误后安装

2. 下列隐蔽式自动感应出水冲洗阀安装程序中，做法错误的是（　　）。（单项选择

题）

A. 根据设计图纸及施工图集在所要设置的墙体上标出安装位置及盒体尺寸

B. 依据墙体材质及做法的不同进行电磁阀盒的安装固定。对于轻钢龙骨隔墙应采用剔凿的方式；对于砌筑墙体则使用螺栓或铆钉将盒体固定

C. 将电磁阀的进水管与预留的给水管进行连接安装

D. 将电磁阀的出水口与出水管进行连接，并连接电源线（电源供电）及控制线（感应龙头）

3. 卫生器具交工前应做（　　）试验，并进行调试。（多项选择题）

A. 满水　　B. 通水　　C. 强度　　D. 密封性　　E. 通球

4. 洗脸盆安装高度如无设计要求时，自地面至器具上边缘间应为（　　）mm。（单项选择题）

A. 650　　B. 720　　C. 800　　D. 900

5. 洗脸盆、洗涤盆（家具盆）的排水栓安装时，应将排水栓侧的溢水孔对准器具的溢水孔；无溢水孔的排水口，应打孔后再进行安装。（　　）。（判断题，正确选 A，错误选 B）

第8章　建筑电气安装工程施工技术

一、单项选择题

1. 架空配电线路的杆坑位置，应根据（　　）进行测量放线定位。

A. 设计线路图已定的线路边线和规定线路中心桩位

B. 设计线路图已定的线路中心线和规定线路中心桩位

C. 设计线路图已定的线路中心线和规定线路周围桩位

D. 设计线路图已定的线路边线和规定线路周围桩位

2. 下列关于电杆组立顺序正确的是（　　）。

A. 复位杆位→材料验收→立杆→卡盘安装→横担组装→校正→夯实填土

B. 复位杆位→材料验收→卡盘安装→立杆→校正→横担组装→夯实填土

C. 复位杆位→材料验收→立杆→卡盘安装→校正→横担组装→夯实填土

D. 复位杆位→材料验收→横担组装→立杆→卡盘安装→校正→夯实填土

3. 架空线电杆杆坑常规做法为（　　），其基坑挖掘工作量小，对电杆的稳定性较好。

A. 梯形基坑　　B. 圆形基坑　　C. 弧形基坑　　D. 方形基坑

4. 电杆的拉线坑应有斜坡，回填土应将土块打碎后夯实。拉线坑宜设（　　）。

A. 防腐层　　B. 防潮层　　C. 防冻层　　D. 防沉层

5. 架空导线在绝缘子常规用（　　）固定。

A. 绑扎法　　B. 焊接法　　C. 搭接法　　D. 螺栓法

6. 接户线安装适用于（　　）以下架空配电线路自杆上线路引至建筑物墙外第一支持物线路。

A. 1kV　　B. 5kV　　C. 10kV　　D. 100kV

7. 电杆的坑底处理，坑底应（　　），混凝土杆的坑底应设置底盘并找正。

A. 踏平　B. 铲平　C. 夯实　D. 超挖

8. 架空配电线路的杆坑回填土的做法正确的是（　）。

A. 采用冻土块及含有机物的杂土含量不大于10%

B. 回填时应将结块干土打碎后方可回填，回填应选用湿土

C. 回填土时每步回填土500mm，经夯实后再回填下一步，松软土应增加夯实遍数，以确保回填土的密实度

D. 在地下水位高的地域如有水流冲刷埋设的电杆时，应在电杆周围埋设用土块砌成水围子

9. 电杆组立施工工艺流程中，夯填土方的前一道工序是（　）。

A. 横担组装　B. 立杆　C. 卡盘安装　D. 校正

10. 架空线路导线架设施工流程正确的是（　）。

A. 放线→紧线→固定绑扎→搭接过引线、引下线

B. 放线→固定绑扎→紧线→搭接过引线、引下线

C. 放线→紧线→搭接过引线、引下线→固定绑扎

D. 放线→搭接过引线、引下线→紧线→固定绑扎

11. 采用埋设固定的横担、支架及螺栓、拉环的埋设端应制成（　）。

A. 铁脚　B. 燕尾　C. 锚具　D. 圆弧

12. 电缆在拐弯、接头、交叉、进出建筑物等位置应设方位标桩。直线段应适当加设标桩。标桩露出地面以（　）mm为宜。

A. 100　B. 120　C. 150　D. 200

13. 电缆在沟内需要穿越墙壁或楼板时，应穿（　）保护。

A. 钢管　B. 塑料管　C. 铜管　D. 混凝土管

14. 建筑电气1kV及以下配线敷设，金属线管的敷设适用于（　）场所和直埋于地下的电线保护管。

A. 比较潮湿　B. 潮湿　C. 特别潮湿　D. 不潮湿

15. 直径≥*DN*25管径的暗配厚壁管除用套管套在需连接的两根管线外，还需将把套管周边与连接管焊接起来，如下图所示，套管的长度应为连接管外径的（　）倍，连接时应把连接管的对口处放在套管的中心处，应注意两连接管的管口应光滑、平齐，两根管对口应吻合，套管的管口也应平齐、要焊接牢固，并且没有缝隙。

A. 1.5～3　B. 1.0～3　C. 1.5～4　D. 1.0～5

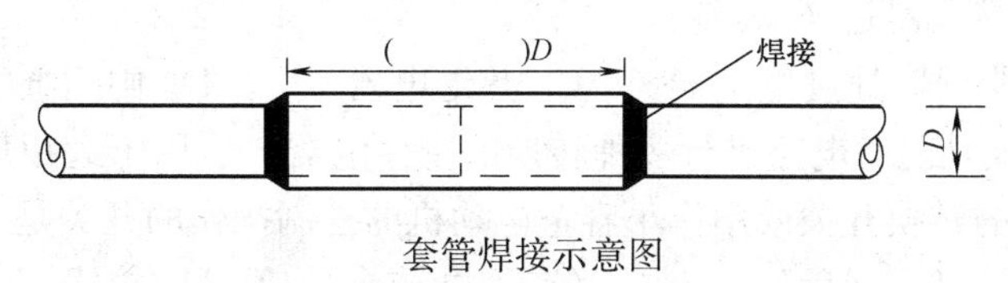

套管焊接示意图

16. 建筑物室内配电线路的敷设时，（　）配管因其抗腐蚀性好，强度高，而被广泛用于直埋于土壤中或暗配于混凝土中。

A. 厚壁金属电线管　B. 薄壁金属电线管

C. 塑料管　D. 混凝土管

17. 配电线路的金属管路弯曲时，管路的弯曲度应不大于管外径的10%；弯曲角度不宜小于（　　），弯曲处不可有折皱凹穴和裂缝现象。

A. 60°　　B. 70°　　C. 80°　　D. 90°

18. 建筑物室内配电线路采用薄壁金属电线管配管敷设时，工艺流程中，竣工验收前一道工序是（　　）。

A. 管线补偿　　B. 跨接地线连接　　C. 管线防腐　　D. 盒箱固定

19. 建筑物室内配电线路采用塑料电线管配管敷设时，工艺流程中，敷设管路下一道工序是（　　）。

A. 扫管穿带线　　B. 干线、分支线走向坐标

C. 安装箱盒　　D. 盒箱固定

20. 焊接技术是机电安装工程施工的重要工艺技术之一。焊接方法种类很多，机电安装工程在施工现场最常用的有（　　）。

A. 压力焊　　B. 爆炸焊　　C. 熔化焊　　D. 钎焊

21. 手工电弧焊的焊接质量的保证在很大程度上取决于（　　）。

A. 焊接环境　　B. 焊接设备

C. 焊接材料　　D. 焊工的操作技术水平

22. 室内配线导线的线芯连接，一般采用（　　）、压板压接或套管连接。

A. 搭接　　B. 绑扎　　C. 缠绕　　D. 焊接

23. 室内配线导线与设备、器具的连接，符合要求的有（　　）。

A. 导线截面为8mm² 及以下的单股铜芯线可直接与设备、器具的端子连接

B. 导线截面为4mm² 及以下多股铜芯线的线芯应先拧紧搪锡或压接端子后再与设备器具的端子连接

C. 多股铝芯线和截面大于4mm² 的多股铜芯线的终端。除设备自带插接式端子外，应先焊接或压接端子再与设备、器具的端子连接

D. 导线连接熔焊的焊缝焊接后应清除残余焊药和焊渣，焊缝严禁有凹陷、夹渣、断股、裂缝及根部未焊合等缺陷

24. 电线、电缆敷设均需到位，留有适当的余量，避免强行拉线，不使接线处有（　　）。

A. 绝缘破损　　B. 扭结现象　　C. 线芯缺损　　D. 额外应力

25. 建筑电气工程中，用来控制电路动作时间，以电磁原理或机械动作原理来延时触点的闭合或断开的继电器是（　　）。

A. 时间继电器　　B. 速度继电器　　C. 热继电器　　D. 中间继电器

26. 一种多档式且能对电路进行多种转换的主令电器。适用于远距离控制操作，也可作为电气测量仪表的转换开关或用作小容量电动机的控制操作的开关是（　　）。

A. 按钮　　B. 行程　　C. 万能转换　　D. 拉线

27. 以下不属于室内灯具安装工艺流程工序的是（　　）。

A. 验收灯具　　B. 组装灯具　　C. 通电试运行　　D. 返修灯具

28. 以下关于插座、开关、吊扇、壁扇安装工艺流程说法正确的是（　　）。

A. 验收→清理→接线→安装　　B. 安装→清理→接线→验收

C. 接线→清理→验收→安装　　　　D. 接线→验收→清理→安装

29. 吊扇的挂钩应安装牢固，挂钩的直径不应小于吊扇悬挂销钉的直径，且不得小于（　　）mm。

A. 5　　　　B. 8　　　　C. 10　　　　D. 12

30. 封闭插接母线的拐弯处以及与柜（盘）连接处必须加支架。直段支架的距离不应大于（　　）m。

A. 2　　　　B. 3　　　　C. 4　　　　D. 5

31. 以下配电箱（盘）固定说法正确的是（　　）。

A. 配电箱（板）的安装应牢固，其垂直偏差不应大于 2mm

B. 配电箱底边距地面高度宜为 1200mm

C. 照明配电板底边距地面高度不宜小于 1600mm

D. 配电箱导线与器具的连接。连接时应把导线线芯插入接线桩头针孔内，芯线线头要露出针孔 1～2mm。线芯绝缘层距接线桩末端外露不应大于 2mm

32. 变压器安装工艺流程中，交接试验的下一道工序是（　　）。

A. 变压器就位　B. 附件安装　　C. 送电前检查　　D. 试运行验收

33. 电容器安装工艺流程中，设备安装的下一道工序是（　　）。

A. 设备验收　　B. 二次搬运　　C. 送电前检查　　D. 试运行验收

34. 电动机用来反映转速和转向变化的是（　　）继电器，由转子、定子和触点三部分组成。

A. 时间　　　　B. 速度　　　　C. 中间　　　　D. 电流

35. 电动机试运行一般应在空载的情况下进行，空载运行时间为（　　），并做好电动机空载电流电压记录。

A. 2h　　　　B. 12h　　　　C. 24h　　　　D. 48h

36. 额定电压大于交流（　　），直流 1.5kV 的应视为高压电气设备、器材材料。

A. 0.5kV　　　B. 1kV　　　　C. 1.5kV　　　D. 10kV

37. 以下关于蓄电池配液与充放电的说法错误的是（　　）。

A. 硫酸应是蓄电池专用电解液硫酸，并应有产品出厂合格证

B. 蒸馏水应符合国家现行技术标准要求

C. 蓄电池槽内应清理干净

D. 镉镍蓄电池充电先用正常充电电流充 8h，1/2 正常充电电流继续充 4h，接着用 8h 放电率放电 6h，如此循环，充、放电要进行三次

二、多项选择题

1. 电杆基础包括（　　）。

A. 底盘　　　　　　　　　　B. 垫层

C. 面层　　　　　　　　　　D. 卡盘

E. 拉线盘

2. 架空线路系线路架在杆塔上，其构造是由（　　）和拉线等组成。

A. 基础　　　　　　　　　　B. 电杆

C. 导线　　　　　　　　　　D. 工具

E. 绝缘子

3. 架空线路设置卡盘对基础进行补强。卡盘设置应符合（　　）要求。

A. 卡盘上口距地面不应小于 500mm

B. 卡盘上口距地面不应小于 550mm

C. 直线杆的卡盘应与线路平行，并应在线路电杆左、右侧交替埋设

D. 承力杆的卡盘设置应埋设在承力的一侧

E. 直线杆的卡盘应与线路垂直，并应在线路电杆左、右侧交替埋设

4. 电杆基坑回填土施工做法正确的是（　　）。

A. 严禁采用冻土块及含有机物的杂土

B. 回填时应将结块干土打碎后方可回填，回填应选用干土和湿土的拌合物

C. 回填土时每步回壤土 500mm，经夯实后再回填下一步，松软土应增加夯实遍数，以确保回填土的密实度

D. 回填土夯实后应留有高出地坪 300mm 的防沉土台，在沥青路面或砌有水泥花砖的路面不留防沉土台

E. 在地下水位高的地域如有水流冲刷埋设的电杆时，应在电杆周围埋设立桩并以石块砌成水围子

5. 属于架空导线连接方式的是（　　）。

A. 线夹连接法　　　　　　B. 钳接（压接）法

C. 单（多）股线缠绕法　　D. 爆炸压接法

E. 焊接法

6. 架空导线连接应符合（　　）要求。

A. 金属不同、规格不同、绞向不同的导线，严禁在档距内连接

B. 在一个档距内，每根导线不应超过 1 个接头。跨越线（道路、河流、通信线路、电力线路）和避雷线均不允许有接头

C. 接头距导线的固定点，不应小于 500mm

D. 导线接头处的机械强度，不应低于原导线强度的 80%

E. 电阻不应超过同长度导线的 1.3 倍

7. 电气工程安装施工中特别应坚持的基本原则是（　　）。

A. 按图施工　　　　　　B. 保持场地整洁

C. 交工资料准确齐全　　D. 先模拟动作后接电启动

E. 交接试验后通电运行

8. 对就位的电气设备进行全面检查，包括（　　）等。

A. 电线电缆引入位置　　B. 安装的牢固程度

C. 内部元件完好状态　　D. 导线连接是否可靠

E. 指示灯指示是否正确

9. 电气施工仅是把（　　）按预设要求可靠合理地组织起来，以满足功能需要。

A. 材料　　B. 设备　　C. 器具　　D. 电线　　E. 绝缘物

10. 电缆埋地敷设方式包括（　　）。

A. 直埋式　　　　　　　B. 保护管（或排管）敷设

C. 电缆沟敷设　　　　　D. 电缆隧道敷设

E. 浅埋式

11. 电缆与铁路、公路、街道、厂区道路交叉时，应敷设在坚固的（　　）内。

A. 保护管　　B. 地沟　　C. 架空　　D. 隧道　　E. 阀门井

12. 在管路敷设前，应预先根据图纸将管线摵出所需的弧度。钢管的弯曲有（　　）。

A. 冷摵法　　B. 热摵法　　C. 冷调法　D. 冲压法　　E. 焊接法

13. 加气混凝土砌块墙内管线敷设说法正确的是（　　）。

A. 除配电箱应根据设计图纸要求，进行定位预埋外，其余管线的敷设应在墙体砌好以后进行

B. 根据土建放的线确定好盒（箱）的位置及管线所走的路径，然后进行剔凿，但应注意剔的洞、槽不得过大

C. 剔槽的宽度应不大于管外径加 20mm，槽深不小于管外径加 20mm

D. 管外侧的保护层厚度不应小于 15mm

E. 接好盒（箱）管路后用不小于 M10 的水泥砂浆进行填充，抹面保护

14. 硬质塑料管制弯方法有（　　）。

A. 冷摵法　　B. 热摵法　　C. 冲压法　D. 焊接法　　E. 冷调法

15. 布线的导线接头应甩入（　　）。

A. 接线盒　　B. 开关盒　　C. 灯头盒　D. 插座盒内　E. 插座盒外

16. 房屋建筑工程室内配线的基本要求是（　　）。

A. 安全　　B. 可靠　　C. 直观　　D. 美观　　E. 经济

17. 低压熔断器安装要求说法正确的是（　　）。

A. 低压熔断器的型号、规格应符合设计要求

B. 低压熔断器安装，应符合施工质量验收规范的规定，安装的位置及相互间距应便于更换熔体，低压熔断器宜于水平安装

C. 低压断路器与熔断器配合使用时，熔断器应安装在电源一侧

D. 熔断器的安装位置及相互间距离，应便于更换熔体

E. 安装有熔断指示器的熔断器，其指示器应装在便于观察的一侧

18. 隔离开关与闸刀开关安装正确的是（　　）。

A. 开关应垂直安装在开关板上（或控制屏、箱上），并应使夹座位于下方

B. 开关在不切断电流、有灭弧装置或用于小电流电路等情况下，可水平安装。水平安装时，分闸后可动触头不得自行脱落，其灭弧装置应固定可靠

C. 可动触头与固定触头的接触应密合良好。大电流的触头或刀片宜涂电力复合脂。有消弧触头的闸刀开关，各相的分闸动作应迅速一致

D. 双投刀开关在分闸位置时，刀片应可靠固定，不得自行合闸

E. 安装杠杆操作机构时，应调节杠杆长度，使操作到位，动作灵活，开关辅助接点指示应正确

19. 漏电保护器包括漏电开关和漏电继电器。按工作原理可分为：（　　）。

A. 电压型漏电开关　　　　B. 电流型漏电开关

C. 电流型漏电继电器　　　D. 高灵敏型漏电开关

E. 高速型漏电

20. 下列关于开关启动器安装技术说法正确的是（　　）。

A. 启动器应水平安装，工作活动部件应动作灵活可靠，无卡阻

B. 启动衔铁吸合后应无异常响声，触头接触紧密，断电后应能迅速脱开

C. 可逆电磁启动器防止同时吸合的连锁装置动作正确、可靠

D. 接线应正确，接线应牢固，裸露线芯应做好绝缘处理

E. 启动器的检查、调整

21. 电阻器安装技术说法正确的是（　　）。

A. 组装电阻器时，电阻片及电阻元件，应位于垂直面下。电阻器底部与地面之间，应保留一定的间隔，不应小于150mm

B. 电阻器安装与其他电器设备垂直布置时，应安装在其他电器设备的上方，两者之间应留有适当的间隔

C. 电阻器与电阻元件之间的连接，应采用铜或钢的裸导体，在电阻元件允许发热的条件下应有可靠的接触

D. 电阻器引出线的夹板或螺栓应有与设备接线图相应的标号。与绝缘导线连接时，应采取防止接头处因温度升高而降低导线绝缘强度的措施

E. 多层叠装的电阻箱和引出导线，应采用支架固定。其配线线路应排列整齐，线组标志要清晰，以便于操作和维护。且不得妨碍电阻元件的调试和更换

22. 照明灯具接线技术说法正确的是（　　）。

A. 穿入灯具的导线在分支连接处不得承受额外压力和磨损，多股软线的端头应挂锡，盘圈，并按逆时针方向弯钩，用灯具端子螺丝拧固在灯具的接线端子上

B. 螺口灯头接线时，相线应接在中心触点的端子上，零线应接在螺纹的端子上

C. 荧光灯的接线应正确，电容器应并联在镇流器前侧的电路配线中，不应串联在电路内

D. 灯具内导线应绝缘良好，严禁有漏电现象，灯具配线不得外露，并保证灯具能承受一定的机械力和可靠地安全运行

E. 灯具线在灯头、灯线盒等处应将软线端作保险扣，防止接线端子不能受力

23. 单相三孔及三相四孔插座安装时说法正确的是（　　）。

A. 单相三孔插座时，面对插座上孔的接线柱应接保护接地线，面对插座的右极的接线柱应接相线，左极接线柱应接中性线

B. 三相四孔插座时，面对插座上孔的接线柱应接保护地线。下孔极和左右两极接线柱分别接相线

C. 接地或接零线在插座处应采用串联连接

D. 插座箱是由多个插座组成，众多插座导线连接时，应采用1C型压接帽压接总头后，然后再作分支线连接

E. 接线时应首先将箱内甩出的导线留出维修余量，削出线芯，操作要精心，不得碰伤线芯

24. 照明灯具的一般安装要求为（　　）。

A. 灯具安装应牢固可靠　　　　B. 灯具安装应整齐美观

C. 灯具安装应具有装饰性　　　D. 灯具安装应符合安全用电要求

E. 灯具安装应方便

25. 照明配电箱一般由（　　）组成。

A. 箱体　　B. 配电盘　　C. 开关　　D. 熔断器　　E. 电缆线

26. 裸母线安装要求正确的是（　　）。

A. 变压器、高低压成套柜、穿墙套管及支持绝缘子等安装就位，经检查合格后，才能安装由高低压配电柜引至变压器的母线

B. 母线安装应符合相关规定

C. 母线搭接连接，螺栓受力应均匀，不应使电器的接线端子受到额外应力

D. 母线的相序排列必须符合设计要求，安装应平整、整齐、美观

E. 涂刷涂料应均匀，涂膜平整、洁净，不得流坠或沾污设备

27. 箱（盘）固定安装要求正确的是（　　）。

A. 配电箱（板）的安装应牢固，其垂直偏差不应大于 3mm

B. 配电箱底边距地面高度宜为 1800mm

C. 照明配电板底边距地面高度不宜小于 1500mm

D. 配电箱（盘、板）的安装位置应正确，部件齐全，箱体开孔合适，切口整齐

E. 暗配式配电箱箱盖紧贴墙面，开闭灵活。接地线经汇流排（接地线端子）连接，无铰接现象，箱体（盘、板）涂料完整

28. 对就位的电气设备进行全面检查，包括（　　）等。

A. 电线电缆引入位置　　B. 安装的牢固程度

C. 内部元件完好状态　　D. 导线连接是否可靠

E. 指示灯指示是否正确

29. 碱性蓄电池充放电注意事项说法正确的是（　　）。

A . 配制碱性电解液的容器应用铁、钢、陶瓷或珐琅制成

B. 严禁使用配制过酸性电解液的容器

C. 配制溶液的保护用品和配酸性溶液相同

D. 配制好的电解液必须密封，不能与空气接触，以防产生碳酸盐

E. 不得使用配制过酸性电解液的容器

30. 电动机安装应符合（　　）要求。

A. 电动机安装前，应核对机座、地脚螺栓（孔）的轴线、标高、地脚螺栓（孔）位置，机座的沟道、孔洞，电缆管的位置、尺寸及其质量，确认符合要求后，方可进行下道工序

B. 按弹出的机座底盘中心线，以底盘中心线控制电动机就位的位置，及时准确地校正电动机和所驱动机器的传动装置，必须使它们共同位于同一中心线

C. 在基础上放置楔形垫铁和平垫铁，垫铁应沿地脚螺栓的边沿和集中负载的地方放置。并尽可能放在电动机底板支承肋下面

D. 校正电机的标高及水平度，用楔形垫铁调整电动机达到所需的位置，标高及水平度。电动机安装的水平度可用水平仪找正

E. 对电动机及地脚螺栓进行校正验收后，进行二次灌浆，灌浆的配合比和强度等级以经验为准

31. 建筑物的防雷与接地系统接地线的安装，应符合（　　）要求。

A. 接地线一般采用扁钢或圆钢。用扁钢连接接地体的连接方式应采用搭接法焊接

B. 圆钢接地线与接地体连接的焊接长度为圆钢直径的 6 倍，并应采用单面焊

C. 扁钢接地线与接地体的连接焊接长度为扁钢宽度的 2 倍，并应对扁钢进行围焊，即对三个棱边进行焊接

D. 圆钢与扁钢连接时，其焊接长度应为圆钢直径的 6 倍，并应采用两面焊接

E. 扁钢与钢管（或者角钢）焊接时，应将扁钢弯成弧形（或直角形）与钢管（或角钢）焊接，焊接应在接触部位的两侧进行施焊

三、判断题（正确的在括号内填“A”，错误的在括号内填“B”）

1. 杆坑有梯形和圆形两种。不带卡盘或底盘的杆坑，常规做法为圆形基坑，圆形坑土挖掘工作量小，对电杆的稳定性较好。（　）

2. 杆坑有梯形和圆形两种。梯形坑适用于杆身较高较重及带有卡盘的电杆，便于立杆。坑深在 1.6m 以下者应放二步阶梯形基坑，坑深在 1.8m 以上者可放三步阶梯形基坑。（　）

3. 架设导线主要工序包括放线、架线、紧线和绑扎等。（　）

4. 接户线长度不宜超过 25m，在偏僻的地方不应超过 40m。（　）

5. 用橡胶、塑料护套电缆做接户线截面在 $10mm^2$ 及以下时，杆上和第一支持物处，应采用蝶式绝缘子固定，绑线截面应不小于 $1.5mm^2$ 绝缘线。截面在 $10mm^2$ 以上时，应按钢索布线的技术规定安装。（　）

6. 电缆应敷设于冻土层以下，穿越农田时不应小于 1m。当无法深埋时，应采取保护措施，防止电缆受到机械损伤。（　）

7. 直埋电缆进出建筑物，室内过管口低于室外地坪者，对其过管应按设计要求做好防水处理。（　）

8. 电缆沟、隧道支架应平直，安装应牢固，保持横平，支架必须做防腐处理。电缆支架层间的最小垂直净距：10kV 及以下电力电缆为 150mm，控制电缆为 100mm。（　）

9. 电缆桥架水平敷设时距离地面高度宜高于 1.8m，垂直敷设时距离地面 2.5m 以下部分应加金属盖板保护。（　）

10. 厚壁金属电线管因其抗腐蚀性好，强度高，而被广泛用于直埋于土壤中或暗配于混凝土中，但有时也可用作明配。（　）

11. 管径 $<DN20$ 的管子应分两板套成，管径 $\geqslant DN25$ 的管子应分三板套成，每次套丝的板牙应选用比上一次套丝所用板牙间距小一些的。（　）

12. 在管路连接的配管施工中，管与盒、箱的连接一般情况采用螺母连接。（　）

13. 管与管的连接方式有丝接和套管焊接。（　）

14. 由于薄壁金属电线管严禁焊接，因此管线之间的连接以及管与盒、箱等的连接均采用丝扣连接。（　）

15. 明配管施工应在管线丝接部位的线头处做好防腐，以免管线锈蚀，其支、吊架，也应事先做好防腐再进行安装，并在安装完毕后对其丝扣或受损部位再刷防腐漆，补做防腐。（　）

16. 硬质塑料管之间的连接一般有插接法和套接法两种方法。（　）

17. 电缆管的弯曲半径应符合所穿入电缆的弯曲半径的规定。每根管最多不应超过三个弯头，直角弯不应多于 2 个。（　）

18. 金属电缆护管应做好全程接地处理。使用套管连接时，并应设置跨接线，焊接必须牢固，严禁采用点焊方法连接。（　）

19. 导线绝缘层常用的剥切方法有单层剥法、分段剥法和斜削法。（　）

20. 钢管丝扣连接时管接头两端可以不跨焊接地线。（　）

21. 配线工程的支持件宜采用预埋螺栓、胀管螺栓、胀管螺钉、预埋铁件焊接等方法固定，严禁采用木塞法。（　）

22. 母线槽按绝缘方式分为密集型、空气型和混合型。（　）

23. 低压熔断器是低压配电电路中作过载和短路保护用的电器。熔断器是由熔体和安装熔体的熔管（器）组成。（　）

24. 低压断路器（自动空气开关）是一种最完善的低压控制开关。能在正常工作时带负荷通断电路，又能在电路发生短路、严重过负荷以及电源电压太低或失压时自动切断电源。还可在远方控制跳闸。（　）

25. 接触器是通过电磁机构，频繁地远距离自动接通和分断主电路或控制大容量电路的操作控制器。（　）

26. 配电线路中主令电器是用来接通和分断控制电路的电器，常规有按钮、行程开关、万能转换开关等。（　）

27. 在低压电气装置的配电线路上，严禁用铝线、铅皮、蛇皮管及保温管的金属网作接地体或接地线。（　）

28. 在电气工程中，额定交流电压小于等于交流 1000V、直流 1500V 的电气设备为低压电气设备。（　）

29. 单相双孔插座接线横向安装时，面对插座的右极接线柱应接相线，左极接线柱应接中性线。（　）

30. 单相双孔插座接线竖向安装时，面对插座的上极接线柱应接相线，下极接线柱应接中性。（　）

31. 住宅厨房内排油烟机使用插座可以设置在煤气台板的正上方。（　）

32. 各种照明开关必须串接在相线上。（　）

33. 单相两孔插座里的接线，面对插座，左孔接相线，右孔接零线。（　）

34. 吊扇固定件的预埋方法通常采用膨胀螺钉法。（　）

35. 电动工具的外壳接地可以和工作零线拧在一起接入插座。（　）

36. 50V 以下的电压都是安全电压。（　）

37. 配电箱可以不装短路、过载保护装置和漏电保护装置。（　）

38. 暗式配电箱盖应紧贴墙面。（　）

39. 电动机控制系统是由开关（刀开关、开启式负荷开关、铁壳开关、组合开关）、低压断路器、熔断器、接触器、继电器、主令电器等构成。（　）

40. 自由电子的流动方向即为电流的方向。（　）

41. 三相负载是星形联结时，线电流等于相电流。（　）

42. 三相负载是三角形联结时，线电压等于相电压。（　）

43. 验电器在每次使用之前，必须在确认有电的带电体上试验其是否能正常工作。（　　）

44. 万用表测电压时应并接，测电流时应串接。（　　）

45. 使用钳形电流表可以在路换挡。（　　）

46. 指针式万用表每次测电阻或更换倍率后都应调零。（　　）

47. 防雷装置是用来接受雷电放电的金属导体称为接闪器。接闪器的组成有避雷针、避雷线、避雷带、避雷网等。其接地电阻要求不超过 15Ω。（　　）

48. 对防雷接地装置进行接地电阻测试时，先将需要测试的接地连接线与引下线连接卡上的断接卡子紧固螺栓拧开，然后进行连接测试。（　　）

四、案例分析题

（一）建筑物室内部配电线路的配线形式有暗配线路和明配线路两种。导线沿墙壁、顶棚、桁架及梁柱等布线为明配敷设；导线埋设在墙内、空心板内、地坪内和布设在顶棚内等布线方式为暗配敷设。室内配线不仅要求安全可靠，满足使用功能，而且要求布局合理、整齐、牢固。请回答下列问题：

1. 暗配厚壁金属电线管配管工艺流程中管线补偿的紧后工序是（　　）。（单项选择题）

A. 管子切断　B. 套丝　C. 跨接地线连接　D. 管线防腐

2. 暗配厚壁金属电线管进入盒（箱）的管子其套丝长度不宜小于管外径的（　　）倍。（单项选择题）

A. 1　B. 1.5　C. 2　D. 2.5

3. 暗配厚壁金属电线管管路的弯曲度应不大于管外径的 10%，弯曲角度不宜小于（　　）。（单项选择题）

A. 30°　B. 45°　C. 60°　D. 90°

4. 明配薄壁金属电线管管线之间的连接以及管与盒、箱等的连接均采用（　　）连接。（单项选择题）

A. 焊接　B. 法兰　C. 丝扣　D. 承插

5. 明配薄壁金属电线管管路敷设与安装正确的是（　　）。（多项选择题）

A. 明配管进户管定位安装后，应根据图纸要求，测定盒、箱位置以及管线所走路径，并按要求在墙体或顶板弹线定位，确定盒、箱的位置后，将盒、箱固定。其固定方法有胀管法、木砖法、预埋铁件焊接法等方法

B. 多根管线并行或较大管径管线的敷设可采用吊架安装，吊架的尺寸大小应由吊装的管线、管径大小及根数决定

C. 当管线需沿屋架侧面及底面敷设或沿柱敷设时，可用抱箍法。抱箍应紧贴屋架或柱，固定牢固

D. 明配薄壁金属电线管在吊顶内敷设时，应根据图纸要求弹线定位确定盒的位置。吊顶内的盒应固定在主龙骨或附加龙骨上，盒口朝上，盒底与吊顶板面平齐

E. 明配管安装应以力求最短距离为原则

（二）某建筑物采用室内配电线路的敷设方式，其配线形式采用暗配线路。请回答下列问题：

1. 处于潮湿场所和直埋于地下的电线保护管应采用（　　）。（单项选择题）

A. 薄壁钢管　　B. 厚壁钢管

C. 可挠金属电线保护管　　D. 厚壁塑料管

2. 以下关于电线管配管施工工艺流程说法正确的是（　　）。（单项选择题）

A. 按图纸要求选管→管子切断→套丝→摵弯→随土建施工进度分层分段配管→管线补偿→跨接地线的焊接→管线防腐→竣工验收

B. 按图纸要求选管→套丝→管子切断→摵弯→随土建施工进度分层分段配管→管线补偿→跨接地线的焊接→管线防腐→竣工验收

C. 按图纸要求选管→管子切断→摵弯→套丝→随土建施工进度分层分段配管→管线补偿→跨接地线的焊接→管线防腐→竣工验收

D. 按图纸要求选管→管子切断→套丝→随土建施工进度分层分段配管→摵弯→管线补偿→跨接地线的焊接→管线防腐→竣工验收

3. 当套管采用冷摵法弯曲时，管径在（　　）及其以上的管子应使用液压械管器。（单项选择题）

A. *DN*20　　B. *DN*25　　C. *DN*50　　D. *DN*100

4. 墙体内的配管应在两层钢筋网中沿最近的路径敷设，并沿钢筋内侧进行绑扎固定，绑扎间距不应大于 1m。在墙柱内的管线并行时，应注意其管间距不可小于（　　）mm。（单项选择题）

A. 10　　B. 15　　C. 25　　D. 30

5. 电气配电线路管内穿线说法正确的有（　　）。（多项选择题）

A. 电气安装工程配线时，相线与零线的颜色应不同

B. 同一住宅相线（L）颜色应统一

C. 零线（N）宜为蓝色

D. 保护地线用黄绿色相间双色线

E. 同一回路电线不应穿入同一根管内

（三）某建筑面积为 23000m^2 的 18 层住宅工程，施工现场的供、配电干线采用架空线路敷设，支线采用铠装电缆直埋，请回答下列问题：

1. 关于架空线路敷设的基本要求说法错误的是（　　）。（单项选择题）

A. 架空线路必须采用绝缘导线

B. 架空线路必须有过载保护

C. 架空线路必须有短路保护

D. 架空线路三相四线制的 N 线和 PE 线截面积应不大于相线的 50%

2. 当明敷绝缘导线长期连续负载允许载流量为 215A，架空线路短路保护采用熔断器的熔体额定电流为（　　）A。（单项选择题）

A. 350　　B. 300　　C. 322.5　　D. 200

3. 电缆线必须包含全部工作芯线和保护零线芯线，即五芯电缆。（　　）（判断题，正确选 A，错误选 B）

4. 电工接线时，把黄绿双色芯线用作 N 线。（　　）。（判断题，正确选 A，错误选 B）

5. 施工现场临时用电工程电源中性点直接接地 220V/380V 三相四线制低压电力系统，做法正确的有（　　）。(多项选择题)

A. 采用 TN-S 接零保护系统

B. 采用三级配线系统

C. 采用二级漏电保护系统

D. 当施工现场与外电线路共用同一供电系统，可以采用将一部分设备作保护接地，另一部分作保护接零

E. 配电柜应装设电源隔离开关及短路、过载、漏电保护器

第 9 章　通风与空调工程施工技术

一、单项选择题

1. 为使法兰与风管组合时严密而不紧，适度而不松，应保证法兰尺寸偏差为正偏差，其偏差值为＋（　　）mm。

A. 1　　B. 1.5　　C. 2　　D. 2.5

2. 对于高层建筑的空调系统的柔性短管，其材质应采用（　　）材料。

A. 不燃　　B. 难燃　　C. 难燃 B1 级　　D. 阻燃

3. 除尘系统的风管宜垂直或倾斜敷设，与水平风管的夹角应大于或等于（　　），小坡度和水平管应尽量减少。

A. 30°　　B. 45°　　C. 60°　　D. 90°

4. 地沟内的风管与地面上的风管连接时，或穿越楼层时，风管伸出地面的接口距地面的距离不应小于（　　）mm，以便于和地面上的风管连接。

A. 100　　B. 150　　C. 200　　D. 250

5.（　　）除尘器，是利用含尘气体与液膜、液滴间的惯性碰撞、拦截及扩散等作用达到除尘的目的。

A. 机械式　　B. 过滤式　　C. 洗涤式　　D. 电力

6. 冷凝器是承受压力的容器，安装前应检查出厂检验合格证，安装后要进行（　　）试验。

A. 气密性　　B. 强度　　C. 液压　　D. 满水

7. 多台冷却塔水面高度应一致，其高差应不大于（　　）mm。

A. 10　　B. 20　　C. 30　　D. 40

8. 水处理设备的混凝土基础应达到承重强度的（　　）以上时再安装。

A. 70%　　B. 75%　　C. 80%　　D. 85%

9. 舒适性空调系统和恒温恒湿系统总风量测试结果与设计风量的偏差不应大于（　　）。

A. 5%　　B. 10%　　C. 15%　　D. 20%

10. 舒适性空调房间的最大正压不应大于（　　）Pa。

A. 10　　B. 15　　C. 20　　D. 25

11. 恒温恒湿空调房间的区域温差，以各测点中（　　）的一次测试温度为基准。

A. 最高　　　　　　B. 最低　　　　　　C. 平均值　　　　　D. 相等

12. 洁净度高于等于 5 级的单向流洁净室在门开启状态下，在出入口的室内侧（　　）m处不能测出超过室内洁净度等级上限的浓度。

A. 0.4　　　　　　B. 0.6　　　　　　C. 0.8　　　　　　D. 1.0

13. 空气洁净系统非单向流洁净室的风量检测时系统的实测风量应（　　）各自的设计风量，但不应超过 20%。

A. ＜　　　　　　B. ＞　　　　　　C. ≤　　　　　　D. ≥

14. 气流速度分布的测定时，测点的方法是将测杆头部绑上风速仪的测头和一条纤维丝，在风口直径倍数的不同断面上（　　）逐点进行测量。

A. 从下至上　　　　B. 从上至下　　　　C. 沿水平方向　　　D. 随机

15. 为了保持空调房间内的正压，一般靠调节室内（　　）大小来实现。

A. 新风量　　　　　B. 回风量　　　　　C. 排风量　　　　　D. 总混合风量

16. 低压风管系统工作压力 P 应满足（　　）。

A. $P \leqslant 400$Pa　　　B. $P \leqslant 500$Pa　　　C. $P \leqslant 600$Pa　　　D. $P \leqslant 800$Pa

17. 中、低压系统里，镀锌风管的长边尺寸 b=2000mm 时，板材厚度应为（　　）。

A. 0.75mm　　　　B. 1.0mm　　　　C. 1.2mm　　　　D. 1.6mm

18. 在风管穿过需要封闭的防火、防爆的墙体或楼板时，应设预埋管或防护套管，其钢板厚度不应小于（　　）。

A. 1.0mm　　　　B. 1.2mm　　　　C. 1.6mm　　　　D. 2.0mm

19. 采用 C、S 形插条连接的金属矩形风管时，其边长不应大于（　　）。

A. 450mm　　　　B. 500mm　　　　C. 630mm　　　　D. 800mm

20. 风管接口的连接应严密、牢固。风管法兰垫片厚度不应小于（　　）。垫片不应凸入管内，亦不应突出法兰外。

A. 2mm　　　　　B. 3mm　　　　　C. 4mm　　　　　D. 5mm

21. 当水平悬吊的水平主、干风管长度超过（　　），应设置防止摆动的固定点。

A. 10m　　　　　B. 15m　　　　　C. 20m　　　　　D. 30m

22. 金属风管垂直安装，支、吊架间距不应大于（　　）。

A. 3m　　　　　　B. 3.5m　　　　　C. 4m　　　　　　D. 4.5m

23. 通风空调系统防火阀直径或长边尺寸大于等于（　　）时，宜设单独支、吊架。

A. 500mm　　　　B. 630mm　　　　C. 800mm　　　　D. 1000mm

24. 非金属风管的材料一般强度较低，因此阀件厚度大于（　　）时各类阀件和设备必须单独设支吊架，不应让这些阀件设备重量由非金属风管来承担。

A. 200mm　　　　B. 250mm　　　　C. 300mm　　　　D. 400mm

25. 高效过滤器安装应在洁净室及净化系统进行全面清扫和系统连续试车（　　）以上后，在现场拆开包装并进行安装。

A. 8h　　　　　　B. 12h　　　　　C. 24h　　　　　D. 36h

26. 通风与空调设备安装前，应进行开箱检查，并形成验收文字记录。参加人员为（　　）。

A. 建设、监理、施工和厂商等方单位代表

B. 建设、监理、设计、施工等方单位代表

C. 监理、设计、施工和厂商等方单位代表

D. 建设、设计、施工、厂商等方单位代表

27. 空调水系统进行水压试验时，当工作压力为0.6MPa，试验压力应为（　　）。

A. 0.6MPa　　B. 0.8MPa　　C. 0.9MPa　　D. 1.2MPa

28. 冷凝水排水管坡度，应符合设计文件的规定。当设计无规定时，其坡度宜大于或等于（　　）；软管连接的长度，不宜大于（　　）。

A. 8‰，100mm　　B. 8‰，150mm　　C. 1%，100mm　　D. 1%，150 mm

29. 排烟管道应采取隔热防火措施或与可燃物保持不小于（　　）的距离。

A. 100mm　　B. 150mm　　C. 250mm　　D. 350mm

30. 自然排烟口距该防烟分区最远点的水平距离不应超过（　　）。

A. 20m　　B. 30m　　C. 40m　　D. 50m

31. 下列哪种情况在通风、空气调节系统的风管上不用设置防火阀。（　　）

A. 穿越防火分区处

B. 穿越变形缝处的两侧

C. 穿越通风、空气调节机房的房间隔墙和楼板处

D. 穿越不同系统分区

32. 冷却塔风机和冷却水系统循环试运行不得少于（　　）。

A. 2h　　B. 4h　　C. 8h　　D. 12h

33. 空调工程系统无生产负荷的带冷（热）源联合试运转时不应小于（　　）。

A. 2h　　B. 8h　　C. 12h　　D. 24h

34. 对结构预留孔洞的位置、孔洞尺寸进行了规定。孔洞边长尺寸与风管外边尺寸之差不小于（　　），主要是考虑风管法兰高度及风管保温的余量。

A. 50mm　　B. 80mm　　C. 100mm　　D. 150mm

35. 手动单叶片或多叶片调节风阀的手轮或扳手，应以（　　）方向转动为关闭，其调节范围及开启角度指示应与叶片开启角度相一致。

A. 水平　　B. 反时针　　C. 顺时针　　D. 垂直

36. 防排烟系统联合试运行与调试的结果（　　），必须符合设计与消防的规定。

A. 风量及正压　　B. 设备运行　　C. 机械运行　　D. 试运行

37. 空气过滤器属于空调系统（　　）部分的组件。

A. 空气处理　　B. 空气输送　　C. 空气分配　　D. 辅助系统

38. 厚度为1.5mm普通薄钢板制作风管时，采用的连接方式是（　　）。

A. 咬接　　B. 焊接　　C. 铆接　　D. 粘接

39. 采用普通薄钢板制作风管时内表面应涂防锈漆（　　）。

A. 1遍　　B. 2遍　　C. 3遍　　D. 不用涂

40. 风管工作压力为1500Pa的空调系统，为（　　）。

A. 低压系统　　B. 中压系统　　C. 高压系统　　D. 超高压系统

41. 风管的密封，主要依靠板材连接的密封，当采用密封胶嵌缝和其他方法密封时，密封面设在风管的（　　），密封胶性能应符合使用环境的要求。

A. 内侧　　B. 外侧　　C. 正压侧　　D. 负压侧

42. 散流器属于空调系统（　　）部分的组件。

A. 空气处理　　B. 空气输送　　C. 空气分配　　D. 辅助系统

43. 由下列材质制成的风管，不属于非金属风管的是（　　）。

A. 硬聚氯乙烯　　B. 无机玻璃钢　　C. 酚醛　　D. 彩钢板

44. 玻璃钢风管制作完毕，需待胶凝材料固化后除去内模，并置于干燥、通风处养护（　　）日以上，方可安装。

A. 1　　B. 3　　C. 5　　D. 6

45. 风量调节装置属于空调系统（　　）部分的组件。

A. 空气处理　　B. 空气输送　　C. 空气分配　　D. 辅助系统

46. 防排烟系统柔性短管的制作材料必须为（　　）材料。

A. 易燃　　B. 难燃

C. 不燃　　D. 难燃 B1 级及以上

47. 洁净空调系统当洁净度等级为 N5 级时，应按（　　）的风管制作要求制作风管。

A. 低压系统　　B. 中压系统　　C. 高压系统　　D. 超高压系统

48. 净化空调系统风管的法兰铆钉间距要求小于（　　）mm。

A. 30　　B. 50　　C. 65　　D. 100

49. 下列有关风管安装必须符合的规定中描述错误的是（　　）。

A. 风管内严禁其他管线穿越

B. 输送含有易燃、易爆气体或安装在易燃、易爆环境的风管系统应有良好的接地，通过生活区或其他辅助生产房间时可设置接口，并保证必须严密

C. 室外立管的固定拉索严禁拉在避雷针或避雷网上

D. 风管必须按材质、保温情况等合理设置支吊架

50. 非金属风管（硬聚氯乙烯、有机、无机玻璃钢）采用套管连接时，套管厚度相比风管板材厚度（　　）。

A. 根据系统压力，可略小于板材厚度，但偏差不能超过 10%

B. 不能小于风管板材厚度

C. 无具体要求

D. 可根据实际情况选择小于或略大于风管板材厚度

51. 防火阀直径或长边尺寸大于等于（　　）mm 时，宜设独立支、吊架。

A. 1000　　B. 800　　C. 630　　D. 500

52. 防火分区隔墙两侧的防火阀，距离墙表面不大于（　　）mm，不小于 50mm。

A. 500　　B. 300　　C. 250　　D. 200

53. 通风空调系统风管上的矩形定风量阀采用（　　）连接。

A. 插条　　B. 铆钉　　C. 气焊　　D. 法兰

54. 风机盘管的安装正确的工艺流程是（　　）。

A. 施工准备→吊架制安→风机盘管安装→连接配管→电机检查试转→表冷器水压检验

B. 施工准备→电机检查试转→表冷器水压检验→吊架制安→风机盘管安装→连接配管

C. 施工准备→表冷器水压检验→吊架制安→风机盘管安装→连接配管→电机检查试转

D. 施工准备→电机检查试转→表冷器水压检验→吊架制安→连接配管→风机盘管安装

55. 变风量末端装置的安装，应设单独支、吊架，与风管连接前宜做（　　）试验。

A. 强度　　B. 动作　　C. 密封性　　D. 漏风量

56. 通风空调系统风管的严密性检验以（　　）为主要检验对象。

A. 主、干管　　B. 完整风管系统

C. 隐蔽的支管　　D. 风口连接处

57. 在加工工艺得到保证的前提下，低压风管系统严密性检验（　　）。

A. 可不再进行检测

B. 可采用漏光性检测

C. 必须采用漏风量检测

D. 在漏光性检测合格后，再进行漏风量检测

58. 排烟、除尘、低温送风系统风管的强度及严密性应执行（　　）系统风管的规定。

A. 低压

B. 中压

C. 高压

D. 排烟、除尘系统执行高压，低温送风系统执行低压

59. 下列关于系统无生产负荷的联合试运转及调试规定描述错误的是（　　）。

A. 系统总风量调试结果与设计风量的偏差不应大于10%

B. 空调冷热水、冷却水总流量测试结果与设计流量的偏差不应大于10%

C. 舒适空调的温度、相对湿度应符合设计的要求

D. 风口风量与设计偏差应小于10%

60. 关于综合效能的测定与调整，描述错误的是（　　）。

A. 通风与空调工程带生产负荷的综合效能试验与调整，应在已具备生产试运行的条件下进行

B. 由建设单位负责，设计、施工单位配合

C. 通风、空调系统带生产负荷的综合效能试验测定与调整的项目，应由建设单位根据工程性质、工艺和设计的要求进行确定

D. 施工单位不用参加综合效能的测定与调整

二、多项选择题

1. 下面几种构件中属于通风空调系统部件的是（　　）。

A. 防火阀　　B. 天圆地方

C. 柔性短管　　D. 排气罩

E. 测定孔

2. 下列选项中属于空调系统空气处理部分的是（　　）。

A. 过滤器　　B. 送风

C. 风量调节装置　　D. 散流器

E. 喷水室

3. 通风空调系统各类风口在制作时应符合下列要求：（　　）。

A. 钢制风口的焊接可选用热熔焊，铝制风口应采用氩弧焊；其焊缝均应在非装饰面处进行

B. 风口表面平整、无划痕，四角方正

C. 风口的转动调节部分应灵活，叶片应平直，与边框不能碰擦

D. 百叶风口的叶片间距应均匀，两端轴中心应在同一直线上；风口叶片与边框铆接应松紧适度。如风口规格较大，应在适当部位叶片及外框采取加固措施

E. 散流器的扩散环和调节环应同轴，轴向间距分布均匀

4. 风管系统上安装蝶阀、多叶调节阀等各类风阀的安装应注意以下各点：（　　）。

A. 应注意风阀安装的部位，使阀件的操纵装置要便于操作

B. 应注意风阀的气流方向，不得装反，应按风阀外壳标注的方向安装

C. 安装在高处的风阀，其操纵装置应距地面或平台 1.5～1.8m

D. 输送灰尘和粉屑的风管，不应使用蝶阀，可采用密闭式斜插板阀。斜插板阀应顺气流方向与风管成 45°，在垂直管道上（气流向上）的插板阀以 45°逆气流方向安装

E. 余压阀的安装应注意阀板的平整和重锤调节杆不受撞击变形，使重锤调整灵活

5. 防火阀的安装要点正确的是：（　　）。

A. 风管穿越防火墙时其安装方法除防火阀单独设吊架外，穿墙风管的管壁厚度要大于 1.6mm

B. 防火分区的两侧的防火阀距墙表面应不大于 200mm，安装后应在墙洞与防火阀间用水泥砂浆密封

C. 在变形缝两端均设防火阀，穿越变形缝的风管中间设有挡板，穿墙风管一端设有固定挡板；穿墙风管与墙之间应保持 50mm 距离，其间用柔性阻燃烧材料密封，保持有一定的弹性

D. 穿越楼板的风管与防火阀由固定支架固定

E. 固定支架采用 $\delta=2$ 钢板和∟50×50×5 的角钢制作，穿越楼板的风管与楼板的间隙用玻璃棉或矿棉填充，外露楼板上的风管用钢丝网水泥砂浆抹保护层

6. 诱导式空调系统是将空气集中处理和局部处理结合起来的混合式空调系统中的一种形式。诱导器安装正确要求如下：（　　）。

A. 按设计要求的型号就位安装，并注意喷嘴的型号

B. 诱导器与一次风管连接处要密闭，必要时应在连接处涂以密封胶或包扎密封胶带，防止漏风

C. 诱导器水管接头方向和回风面朝向应符合设计要求。立式双面回风诱导器，应将靠墙一面留 100mm 以上的空间，以利回风；卧式双回风诱导器，要保证靠楼板一面留有足够的空间

D. 诱导器的出风口或回风口的百叶格栅有效通风面积不能小于 90%；凝结水盘要有足够的排水坡度，保证排水畅通

E. 诱导器的进出水管接头和排水管接头不得漏水；进出水管必须保温，防止产生凝结水

7. 风机盘管的安装方法与诱导器基本上相同，在安装过程中应注意下列事项：（　　）。

A. 风机盘管就位前，应按照设计要求的形式、型号及接管方向进行复核，确认无误

B. 各台应进行电机的三速运转及水压检漏试验后才能安装。试验压力为系统工作压力的1.15倍，试验时间为2min，不渗漏为合格

C. 对于暗装的风机盘管，在安装过程中应与室内装饰工作密切配合，防止在施工中损坏装饰的顶棚或墙面

D. 机组应设独立支、吊架，安装的位置、高度及坡度应正确、固定牢固

E. 机组的电气接线盒离墙的距离不应过小，应考虑便于维修

8. 空调制冷系统的管道连接方法有（　　）。

A. 焊接　　B. 法兰连接

C. 螺纹连接　　D. 扩口连接

E. 承插连接

9. 架空敷设的空调制冷管道施工时的正确做法有（　　）。

A. 除设置专用支架外，一般应沿墙、柱、梁布置。对于人行通道，不应低于1.8m

B. 制冷系统的吸气管与排气管布置在同一支架，吸气管应布置在排气管的下部

C. 多根平行的管道间应留有一定的间距，一般间距不小于200mm

D. 敷设制冷剂的液体管道，不能有局部向上凸起的管段，气体管道不能有局部向下凹陷的管段，避免产生“气囊”和“液囊”，增加管路阻力，影响系统的正常运转

E. 从液体主管接出支管时，一般应从主管的下部接出

10. 空调制冷系统中（　　）安装前应做单体动作灵敏度的试验，并检验其密封性。

A. 浮球阀　　B. 电磁阀

C. 浮球式液面指示器　　D. 安全阀

E. 泄水阀

11. 空调系统温、湿度的测定时测点的布置满足要求的是（　　）。

A. 送风口处

B. 回风口处

C. 恒温工作区具有代表点的部位（如沿着工艺设备周围或等距离布置）

D. 恒温房间和洁净室中心

E. 测点一般应布置在距外墙表面大于1.5m，离地面0.8～1.2的同一高度的工作区

12. 通风空调系统金属风管的加固应符合下列规定：（　　）。

A. 圆形网管（不包括螺旋风管）直径大于等于800mm，且其管段长度大于1250mm或总表面积大于4m^{2}均应采取加固措施

B. 正方形风管边长大于700mm，管段长度大于1300mm均应采取加固措施

C. 矩形风管边长大于630mm、保温风管边长大于800mm，管段长度大于1250mm或低压风管单边平面积大于1.2m^2，中、高压风管大于1.0m^2，均应采取加固措施

D. 非规则椭圆风管的加固，应参照矩形风管执行

E. 全部采用外框加固

13. 通风与空调工程施工时风管的安装应符合下列规定：（　　）。

A. 风管安装前，应清除内、外杂物，并做好清洁和保护工作

B. 风管安装的位置、标高、走向，应符合设计要求。现场风管接口的配置，不得缩

小其有效截面

C. 连接法兰的螺栓应均匀拧紧，其螺母宜同在一侧

D. 可伸缩性金属或非金属软风管的长度不宜超过5m，若超过5m，必须进行加固处理

E. 柔性短管的安装，应松紧适度，无明显扭曲

14. 无法兰连接风管的安装还应符合下列规定：（　　）。

A. 风管的连接处，应完整无缺损、表面应平整，无明显扭曲

B. 承插式风管的四周缝隙应一致，无明显的弯曲或褶皱；内涂的密封胶应完整，外粘的密封胶带，应粘贴牢固、完整无缺损

C. 薄钢板法兰形式的连接，弹性插条、弹簧夹或紧固螺栓的间隔不应大于300mm，且分布均匀，无松动现象

D. 插条连接的矩形风管，连接后的板面应平整、无明显弯曲

E. 检查数量，按数量抽查10%，不得少于1个系统

15. 下列属于矩形风管无法兰连接形式的有（　　）。

A. 承插连接　　B. 立咬口

C. 薄钢板法兰插条　　D. 抱箍连接

E. C形插条

16. 通风与空调工程施工时角钢法兰连接应符合下列规定：（　　）。

A. 角钢的尺寸不应小于∟30×3

B. 角钢法兰的连接螺栓应均匀拧紧，螺母应在同一侧

C. 不锈钢风管法兰的连接，宜采用同材质的不锈钢螺栓

D. 铝板风管法兰的连接，应采用镀锌螺栓，并在法兰两侧加垫镀锌垫圈

E. 安装在室外或潮湿环境的风管角钢法兰连接处，应采用镀锌螺栓和镀锌垫圈

17. 根据《通风管道技术规程》规定，金属风管支吊架安装应符合下列规定：（　　）。

A. 不锈钢板、铝板风管与碳素钢支架的横担接触处，应采取防腐措施

B. 矩形风管立面与吊杆的间隙不宜大于150mm，吊杆距风管末端不应大于1000mm

C. 风管垂直安装时，其支架间距不应大于4000mm。长度大于或等于1000mm单根直风管至少就设置4个固定点

D. 水平弯管在500mm范围内应设置一个支架，支管距干管1200mm范围内应设置一个支架

E. 风管垂直安装时，其支架间距不应大于6000mm。长度大于或等于1000mm单根直风管至少就设置2个固定点

18. 轴流通风机试运转前，应符合下列要求：（　　）。

A. 电动机转向应正确；油位、叶片数量、叶片安装角、叶顶间隙、叶片调节装置功能、调节范围均应符合设备技术文件的规定；风机管道内不得有任何污杂物

B. 叶片角度可调的风机，应将可调叶片调节到设备技术文件规定的启动角度

C. 运行时，风机严禁停留在喘振工况内

D. 盘车应无卡阻现象，并关闭所有人孔门

E. 应启动供油装置并运转2小时，其油温和油压均应符合设备技术文件的规定

19. 下列选项中属于空调系统分配部分的是（　　）。

A. 过滤器　　B. 送风机

C. 回风机　　D. 送风口

E. 回风口

20. 不锈钢风管制作符合要求的选项是（　　）。

A. 不锈钢板在放样画线时，为避免造成划痕，不能用锋利的金属划针在板材表面画辅助线和冲眼

B. 制作较复杂的管件时，要先做好样板，经复核无误后，再在不锈钢板表面套裁下料

C. 剪切不锈钢板时，应仔细调整好上下刀刃的间隙，刀刃间隙一般为板材厚度的0.03倍，以保证切断的边缘保持光洁

D. 不锈钢板厚小于或等于1mm时，板材拼接通常采用咬接或铆接，使用木方尺（木槌）、铜锤或不锈钢锤进行手工咬口制作，不得使用碳素钢锤

E. 不锈钢板厚大于1mm时，采用气焊焊接，不允许使用氩弧焊或电弧焊焊接

21. 铝板风管制作符合要求的选项是（　　）。

A. 铝板厚度小于或等于1.5mm时，板材的连接可采用铆接或按扣式咬口

B. 板厚大于1.5 mm时，采用氩弧焊或气焊焊接

C. 铝板在焊接前，应进行脱脂处理

D. 铝板风管在对口的过程中，为避免焊穿，要使焊口达到最小间隙

E. 铝板风管与法兰的连接采用铆接时，应采用不锈钢铆钉

22. 下列（　　）部位必须安装柔性短管。

A. 风管穿越伸缩缝　　B. 风机出口

C. 风机进口　　D. 消声器前

E. 出机房墙体前

23. 下列关于玻璃钢风管制作方法正确的选项是（　　）。

A. 风管制作，应在环境温度不低于5℃的条件下进行

B. 玻璃纤维网格布相邻层之间的纵、横搭接缝距离应大于200mm，同层搭接缝距离不得小于500mm

C. 风管法兰处的玻璃纤维布应与风管连成一体

D. 整体型风管法兰处的玻璃纤维网格布应延伸至风管管体处

E. 法兰与管体转角处的过渡圆弧半径应为壁厚的0.6～1.2倍

24. 洁净度等级为（　　）级的洁净空调风管的制作，必须按高压系统的风管要求进行。

A. N4　　B. N5

C. N6　　D. N7

E. N8

25. 下列关于净化空调系统风管制作不符合要求的选项是（　　）。

A. 洁净空调系统制作风管的刚度和严密性，根据风管的洁净度等级分别按低压、中压、高压系统的风管要求进行

B. 净化空调系统风管要减少横向接缝，且不能纵向接缝

C. 净化空调系统风管板材连接缝的密封面要设在风管壁的正压侧

D. 空气洁净等级为1～5的净化空调系统风管法兰铆钉间距要求小于65mm

E. 净化空调系统风管连接螺栓、螺母、垫圈和铆钉采用镀锌或其他防腐措施，不能使用抽芯铆钉

26. 下列风口中，叶片可转动的风口有（　　）。

A. 散流器　　B. 单层百叶

C. 格栅式风口　　D. 双层百叶

E. 自垂百叶风口

27. 薄钢板法兰的连接做法正确的是（　　）。

A. 风管四角处的角件与法兰四角接口的固定紧贴，端面平整，法兰四角连接处、支管与干管连接处的内外面均用密封胶密封

B. 法兰端面粘贴密封胶条并紧固法兰四角螺丝后，再安装插条或弹簧夹、顶丝卡。弹簧夹、顶丝卡不能有松动

C. 薄钢板法兰的弹性插条、弹簧夹的紧固螺栓（铆钉）应分布均匀，间距不应大于200mm，最外端的连接件距风管边缘不应大于100mm

D. 薄钢板法兰的弹性插条、弹簧夹的紧固螺栓（铆钉）应分布均匀，间距不应大于150mm，最外端的连接件距风管边缘应大于50mm

E. 组合型薄钢板法兰与风管管壁的组合，应调整法兰口的平面度后，再将法兰条与风管铆接（或本体铆接）

28. 金属风管常用的加固形式有（　　）。

A. 角钢加固　　B. 增加钢板厚度

C. 立筋　　D. 楞筋

E. 压筋

29. 玻璃纤维复合板风管安装应符合（　　）规定。

A. 板材搬运中，要避免破坏铝箔复合面或树脂涂层

B. 榫形连接风管的连接应在榫口处涂胶粘剂，连接后在外接缝处应采用扒钉加固，间距不宜大于50mm，并宜采用宽度大于50mm的热敏胶带粘贴密封

C. 风管组对单根的长度不应超过2500mm

D. 风管组对单根的长度不应超过3000mm

E. 玻璃纤维复合板风管在竖井内垂直的固定，可采用角钢法兰加工成“井”字形套箍，将突出部分作为固定风管的吊耳

30. 下列关于非金属风管支吊架安装做法错误的是（　　）。

A. 无机玻璃钢圆形风管的托座和抱箍所采用的扁钢规格不小于30×4

B. 无机玻璃钢风管边长或直径大于1250mm的风管吊装时不得超过2节

C. 玻璃纤维复合板风管垂直安装的支架间距不大于1500mm

D. 无机玻璃钢风管垂直支架间距不小于或等于3000mm，每根垂直立管不少于1个支架

E. 无机玻璃钢风管边长或直径大于1250mm的风管组合吊装时不得超过3节

31. 下列关于柔性风管安装做法正确的是（　　）。

A. 非金属柔性风管安装位置应远离热源设备

B. 柔性风管安装后，应能充分伸展，伸展度宜大于或等于30%

C. 柔性风管转弯时，其截面不得缩小

D. 金属圆形柔性风管宜采用抱箍将风管与法兰紧固

E. 金属圆形柔性风管与法兰之间直接采用螺丝紧固时，紧固螺丝距离风管端部应大于12mm，螺丝间距应小于或等于150mm

32. 通风、空气调节系统的风管道防火阀设置，下列情况下的描述错误的是（　　）。

A. 管道穿越防火分区处在墙两侧各设置一个防火阀

B. 穿越通风、空气调节机房的房间隔墙和楼板处可不设防火阀

C. 垂直风管与每层水平风管交接处的水平管段上可不设防火阀

D. 穿越变形缝处的两侧各设置一个防火阀

E. 穿越变形缝处的风管按要求设置一个防火阀即可

33. 下列关于风机盘管安装做法正确的是（　　）。

A. 卧式吊装风机盘管，吊架安装平整牢固，位置正确

B. 冷热媒水管与风机盘管连接可采用钢管或紫铜管，接管应平直

C. 凝结水管应柔性连接，软管长度不大于500mm，坡度应正确

D. 风机盘管同冷热媒管道连接，应在管道系统冲洗排污合格后进行，以防堵塞热交换器

E. 暗装卧式风机盘管安装时，吊顶应留有活动检查门，便于机组能整体拆卸和维修

34. 下列关于风机盘管安装做法正确的是（　　）。

A. 凝结水管应柔性连接，软管长度不大于500mm，坡度应正确

B. 根据节能规范要求，风机盘管进场复试抽检应按2%进行抽样，不足100台按2台计

C. 安装前应抽检电机壳体及表面交换器有无损伤、锈蚀等缺陷

D. 风机盘管安装完毕后应进行动作试验

E. 风机盘管应逐台进行水压试验，试验强度应为工作压力的1.5倍，定压后观察2～3min不渗不漏为合格

35. 关于空调系统消声器安装，下列做法正确的是（　　）。

A. 消声器安装前对其外观进行检查，且应具有检测报告和质量证明文件

B. 消声器安装前应保持干净，做到无油污和浮尘

C. 消声器安装时无方向性要求

D. 消声器、消声弯管应单独设置支、吊架，不能利用风管承受消声器的重量

E. 当通风、空调系统有恒温、恒湿要求时，消声设备外壳应作保温处理

36. 关于高效过滤器的安装，下列做法正确的是（　　）。

A. 高效过滤器安装时要保证滤料的清洁和严密

B. 高效过滤经全面清扫、擦拭，空吹12～24h后方可进行安装

C. 高效过滤器安装前应先进行仪器检漏，随后重点检查过滤器外观有无破损等

D. 高效过滤器应在洁净室安装现场拆开包装

E. 高效过滤器安装前，洁净室大部分内装修工程应完成

37. 通风、除尘系统综合效能试验包括（　　）项目。

A. 室内空气中含尘浓度或有害气体浓度与排放浓度的测定

B. 吸气罩罩口气流特性的测定

C. 除尘器阻力和除尘效率的测定

D. 空气油烟、酸雾过滤装置净化效率的测定

E. 对气流有特殊要求的空调区域作气流速度的测定

38. 空调系统单机调试主要是对（　　）等的单体调试。

A. 冷水机组　　B. 空气处理机组

C. 水泵　　D. 锅炉

E. 风管

39. 通风空调系统各类风口安装应（　　）。

A. 横平、竖直、严密、牢固，表面平整

B. 在无特殊要求情况下，露于室内部分应与室内线条平行

C. 各种散流器的风口面应与顶棚平行

D. 有调节和转动装置的风口，安装后应保持原来的灵活程度

E. 为了使风口在室内保持整齐，室内安装的同类型风口应对称分布；同一方向的风口，其调节装置应在异侧

40. 下列关于通风空调系统用柔性短管说法正确的是（　　）。

A. 柔性短管的安装应松紧适当，不能扭曲

B. 安装在风机吸入口的柔性短管可安装得绷紧一些，防止风机启动后被吸入而减小截面尺寸

C. 安装在风机吸入口的柔性短管可安装得绷紧一些，防止风机启动后被吸入而增大截面尺寸

D. 不能把柔性短管当成找平找正的连接管

E. 柔性短管可作为找平找正的异径管

三、判断题（正确的在括号内填“A”，错误的在括号内填“B”）

1. 空气洁净度等级为1～5级的洁净系统风管不能采用按扣式咬口。（　　）

2. 风管的外径或外边长允许偏差为负偏差，其偏差值为：对于小于或等于300mm为－1mm；大于300mm为－2mm。但偏差不能过大，否则将影响风管与法兰的套接。（　　）

3. 为了防止咬口在运输或吊装过程中裂开，圆形风管的直径大于800mm的，其纵向咬口两端用铆钉或点焊固定。（　　）

4. 不易得到顶点的正心圆形变径管，其大口直径和小口直径相差很少，可采用放射线法作展开图。（　　）

5. 风管无法兰连接与法兰连接的区别，在于不采用角钢或扁钢制作。而是利用薄钢板加不同形式的连接件，与风管两端折成不同形式的折边与连接件连接。（　　）

6. 组装风管用蝶阀时，其轴应严格放平，并应转动灵活，手柄位置应能正确反映阀门的开关，以逆时针方向旋转为关闭，其调节范围及角度指示应与阀板开启角度相一致。（　　）

7. 柔性短管不应作为找正、找平的异径连接管。（　　）

8. 消声器、消声弯头应设置独立的支、吊架，以保证安装的稳固。（　　）

9. 自动浸油过滤器用于一般通风、空调系统，也可在空气洁净系统中采用。（　　）

10. 法兰的形式较多，在制冷系统中的平焊法兰为最多。（　　）

11. 制冷管道不能采用焊接弯管、皱褶弯管及压制弯管。（　）

12. 制冷管道上所有阀门必须安装平直、阀门的手柄严禁朝上。（　）

13. 与软水设备相连接的管道，要在试压、冲洗前进行连接。（　）

14. 非金属风管和风口连接一般在风口内侧壁用自攻螺丝连接。（　）

15. 通风空调系统送（回）风口的风量采用热球风速仪或叶轮风速仪测量。（　）

16. 洁净空调系统风管要减少横向接缝，且不能有纵向接缝。（　）

17. 通风空调系统风管采用密封胶嵌缝和其他方法密封时，密封面设在风管的负压侧。（　）

18. 通风空调系统的矩形弯管在条件允许时，优先选用内外同心弧型弯管。（　）

19. 非金属风管接缝处应粘接严密、无缝隙和错口。（　）

20. 通风空调系统带风量调节阀的风口安装时，应先安装风口的叶片框，后安装调节阀框。（　）

21. 散流器风口安装时，应注意风口预留孔洞要比喉口尺寸大，留出扩散板的安装位置。（　）

22. 通风空调系统支、吊架的设置应避开风口、阀门、检查门及自控机构。（　）

23. 铝板风管法兰的连接，应采用镀锌螺栓，并在法兰两侧加垫镀锌垫圈。（　）

24. 风机盘管同冷热媒管道的连接应在管道系统冲洗排污合格后进行，以防堵塞热交换器。（　）

25. 风机盘管应逐台进行绝缘检查，机械部分不得摩擦，电器部分不得漏电。（　）

26. 空调水管道系统包括冷（热）水、冷却水、凝结水系统的管道及附件。（　）

27. 高压风管系统的泄漏，会对系统的正常运行产生较大的影响，因此应全部进行漏光法测试。（　）

28. 低压风管系统严密性试验在加工工艺得到保证的前提下，采用漏风量法检测。当检测不合格时，说明风管加工质量存在问题，应按规定的抽检率做漏光法测试，作进一步的验证。（　）

29. 通风与空调工程交工前，应进行系统生产负荷的综合效能的测定与调整。由施工单位负责，设计、建设单位配合。（　）

30. 空调房间噪声测定，一般以房间中心离地面 1.5m 高度处为测点，噪声测定时要排除本底噪声的影响。（　）

四、案例分析题

（一）某总承包单位将综合楼的通风空调工程分包给某安装单位，工程内容有风系统、水系统和冷热（媒）设备。通风空调设备安装完工后，在总承包单位的配合下，安装单位对通风空调的风系统、水系统和冷热（媒）系统进行了系统调试。调试人员在单机试运行合格后，又对各风口进行测定与调整及其他内容的调试，在全部数据达到设计要求后，在夏季做了带冷源的试运转，并通过竣工验收。随之在综合楼正式使用后，在建设单位负责下，又对通风空调工程进行了带负荷综合效能实验与调整。

1. 通风空调系统试运转和调试应具备的正确条件有（　　）。(多项选择题)

A. 通风、空调工程及空调电气、空调自动控制等工程安装结束后，各分部、分项工程经建设单位与施工单位对工程质量的检查

B. 制定试运转、调试方案及日程安排计划，并明确建设单位、监理部门和施工单位试运转、调试现场负责人。同时，还应明确现场的各专业技术负责人，便于工作的协调和解决试运转及调试过程中的重大技术问题

C. 试运转、调试有关的设计图纸及设备技术文件基本齐全，并熟悉和了解设备的性能及技术文件中的主要参数

D. 试运转、调试期间所需要的水、电、天然气、蒸汽等动力及气动调节系统的压缩空气等，应具备使用条件

E. 试运转、调试期间所需要的各专业工作人员及仪器、仪表设备能够按计划进入现场

2. 空调系统试运转和调试的程序正确的是（　　）。（单项选择题）

① 空调设备及附属设备的试运转

② 冷冻水和冷却水系统的试运转

③ 风机性能及系统风量的测定与调整

④ 空调器性能测定与调整

⑤ 电气设备及其主回路的检查与测试

A. ①②③④⑤　　B. ①②④③⑤　　C. ⑤①②④③　　D. ⑤①②③④

3. 送（回）风口的风量采用（　　）进行测量。（多项选择题）

A. 毕托管一微压计　　B. 热球风速仪

C. 叶轮风速仪　　D. 风速流量计

E. 转子流量计

4. 送（回）风系统风量的测定和调整的顺序为（　　）。（单项选择题）

①按设计要求调整送风和回风各干、支风管风量

②按设计要求调整各送（回）风口的风量

③按设计要求调整空调器内的风量

④在系统风量经调整达到平衡之后，调整通风机的风量，使之满足空调系统的要求

⑤经调整后在各部分、调节阀不变动的情况下，重新测定各处的风量作为最后的实测风量

A. ①②③④⑤　　B. ③①②④⑤　　C. ①③②④⑤　　D. ③②①④⑤

5. 空调系统综合效果测定时，温、湿度测定的测点布置正确的是（　　）。（多项选择题）

A. 送、回风管

B. 恒温工作区具有代表点的部位（如沿着工艺设备周围或等距离布置）

C. 恒温房间和洁净室边角处

D. 测点一般应布置在距外墙表面大于 0.5m，离地面 0.8～1.5 的同一高度的工作区

E. 根据恒温区大小和工艺的特殊要求，分别布置在离地不同高度的几个平面上

（二）风管系统安装前，应进一步核实风管及送回（排）风口等部件的轴线和标高是否与设计图纸相符，并检查土建预留的孔洞、预埋件的位置是否符合要求。根据施工方案确定的施工方法组织劳动力进场，并将预制加工的支、吊、托架、风管按安排好的施工顺序运至现场。同时，将施工辅助用料（螺栓、螺母、垫料及胶粘剂、密封胶等）和必要的安装工具准备好，根据工程量大小及系统的多少分段进行安装。

1. 对于相同管径的支、吊、托架应等距离排列，但不能将支、吊、托架设置在（　　）等部位。（多项选择题）

A. 风口　　B. 风阀

C. 检视门　　D. 测定孔

E. 风管部件

2. 风管连接的正确做法有（　　）。（多项选择题）

A. 在风管连接时不允许将可拆卸的接口，设在墙或楼板内

B. 风管连接时，用法兰连接的一般通风、空调系统，接口处应加垫料，其法兰垫料厚度为3～5mm

C. 在上法兰螺栓时，应十字交叉地逐步均匀地拧紧

D. 连接好的风管，可把两端的法兰作为基准点，以每副法兰为测点，拉线检查风管连接得是否平直

E. 在10m长的风管范围内，法兰和线的合格差值应在8mm以内，每副法兰相互间的差值应在5mm以内

3. 风管系统上安装蝶阀、多叶调节阀等各类风阀做法错误的是（　　）。（单项选择题）

A. 应注意风阀安装的部位，使阀件的操纵装置要便于操作

B. 应注意风阀的气流方向，不得装反，应按风阀外壳标注的方向安装

C. 风阀的开闭方向、开启程度应在阀体上有明显和准确的标志

D. 安装在高处的风阀，其操纵装置应距地面或平台1.2～1.5m

4. 防火阀的正确安装要点是（　　）。（多项选择题）

A. 风管穿越防火墙时其安装方法除防火阀单独设吊架外，穿墙风管的管壁厚度要大于1.5mm

B. 防火分区的两侧的防火阀距墙表面应不大于200mm，安装后应在墙洞与防火阀间用水泥砂浆密封

C. 在变形缝两端均设防火阀，穿越变形缝的风管中间设有挡板，穿墙风管一端设有固定挡板；穿墙风管与墙之间应保持100mm距离，其间用柔性不燃烧材料密封

D. 穿越楼板的风管与防火阀由固定支架固定

E. 穿越楼板的风管与楼板的间隙用玻璃棉或矿棉填充，外露楼板上的风管用钢丝网水泥砂浆抹保护层

5. 风帽安装的错误要点是（　　）。（单项选择题）

A. 风帽不可在室外沿墙绕过檐口伸出屋面，但可在室内直接穿过屋面板伸出屋顶

B. 风管安装好后，应装设防雨罩，防雨罩与接口应紧密，防止漏水

C. 不连接风管的筒形风帽可用法兰固定在屋面板上的混凝土或木底座上

D. 当排送湿度较大的空气时，为了避免产生的凝结水滴漏入室内，应在底座下设有滴水盘并有排水装置

（三）某总承包单位将某大厦的通风空调工程分包给某安装单位。该大厦是集会宾、洽谈、会议中心、展览于一身的综合性大楼，地下二层，地上五层，地下二层为变配电室、设备用房及物业管理用房。空调变风量全空气空调系统采用低温送风方式，服务于商

业区、会议中心、展览等区域。这些系统通过室风变风量末端，常年向室内送冷，可以解决商业区、会议中心、展览厅等区域的常年冷负荷。而楼梯前室及地下室设备用房、个别办公室等处空调采用风机盘管方式。试回答以下问题：

1. 下列关于风机盘管安装做法错误的是（　　）。(单项选择题)

A. 安装前应按风机盘管总数的20%进行抽查电机壳体及表面交换器有无损伤、锈蚀等缺陷

B. 根据节能规范要求，风机盘管进场复试抽检应按2%进行抽样，不足100台按2台计

C. 暗装卧式风机盘管安装时，吊顶应留有活动检查门，便于机组能整体拆卸和维修

D. 风机盘管应逐台进行水压试验，试验强度应为工作压力的1.5倍，定压后观察2～3min不渗不漏为合格

2. 风管系统上安装蝶阀、多叶调节阀等各类风阀的安装错误的做法是（　　）。(单项选择题)

A. 应注意风阀安装的部位，使阀件的操纵装置要便于操作

B. 应注意风阀的气流方向，不得装反，应按风阀外壳标注的方向安装

C. 安装在高处的风阀，其操纵装置应距地面或平台1～1.5m

D. 输送灰尘和粉屑的风管，不应使用斜插板阀，可采用密闭式蝶阀。

3. 不锈钢风管法兰的连接，一般采用同材质的不锈钢螺栓；当采用普通碳素钢螺栓时，宜按设计要求喷涂涂料。（　　）(判断题，正确选A，错误选B)

4. 制冷剂管管径和管材的确定及施工安装要求正确的是（　　）。(多项选择题)

A. 制冷剂液体管道不得向上安装成“Ω”形，气体管不得向下安装成“U”形

B. 当室外机高于室内机安装，且连接两者的制冷剂立管管长超过3m，则需每提升1m安装一个回油弯

C. 制冷剂管除管件处不得有接头，管件连接应采用套管式焊接，禁止采用对接

D. 管道安装完毕后应采用压缩空气或氮气进行吹污、严密性实验、检漏等

E. 制冷剂管穿墙或楼板处应设套管，焊缝不得设于套管内

(四) 某总承包单位将综合楼的通风空调工程分包给某安装单位，工程内容有风系统、水系统和冷热（媒）设备。通风空调设备安装完工后，在总承包单位的配合下，安装单位对通风空调的风系统、水系统和冷热（媒）系统进行了系统调试。调试人员在单机试运行合格后，又对各风口进行测定与调整及其他内容的调试，在全部数据达到设计要求后，在夏季做了带冷源的试运转。综合楼正式使用后，又对通风空调工程进行了带负荷综合效能实验与调整。试回答下列问题：

1. 空调系统带冷（热）源的正常联合试运转时间不应少于（　　）h。(单项选择题)

A. 2　　B. 4　　C. 6　　D. 8

2. 通风空调系统气流组织的测定与调整做法正确的是（　　）。(单项选择题)

A. 气流速度分布的测定工作是在气流流型测定之后进行，且射流区和回流区内的测点布置与流型测定不相同

B. 气流流型测定的烟雾法只能在粗测中采用

C. 气流流型测定的逐点描绘法是将很细的纤维丝或点燃的香绑在测杆上，放在已事

先布置好的测定断面各测点的位置上，观察丝线或烟的流动方向，并记录图上逐点描绘出气流流型。

D. 温度分布的测定主要确定射流的温度在进入恒温区之后是否衰减好，以及恒温区的区域温差值

3. 风管的风量采用（　　）进行测量。（单项选择题）

A. 毕托管—微压计　　B. 转子流量计

C. 叶轮风速仪　　D. 风速流量计

4. 通风与空调工程的施工单位通过系统无生产负荷联合试运转及调试后即可进入竣工验收。（　　）（判断题，正确选 A，错误选 B）

（五）某专业设备安装公司承包了一科研机构的通风空调工程，该科研机构地上二层，地下一层，并设有办公室、恒温恒湿实验室及洁净程度 N4 级的洁净室等。该通风空调工程安装完毕后，设备单机试运转及调试、系统无生产负荷下的联合试运转及调试等均合格。交工前，进行了系统生产负荷的综合效能试验的测定与调整。试回答下列问题：

1. 净化空调系统的综合效能检测单位和检测状态，宜由（　　）三方协商确定。（多项选择题）

A. 施工单位　　B. 监理单位

C. 建设单位　　D. 设计单位

E. 设备供应商

2. 该工程中的洁净室应进行单向气流流线平行度的检测，在工作区内气流流向偏离规定方向的角度不大于（　　）。（单项选择题）

A. 3°　　B. 5°　　C. 10°　　D. 15°

3. 洁净度等级高于（　　）级的洁净室，除综合效能试验的测定项目外，还应进行设备泄漏控制、防止污染扩散等特定项目的测定。（单项选择题）

A. 2　　B. 3　　C. 4　　D. 5

4. 防排烟系统综合效能试验的测定项目，为模拟状态下安全区正压变化测定及烟雾扩散实验等。（　　）（判断题，正确选 A，错误选 B）

第 10 章　智能建筑工程施工技术

一、单项选择题

1. 卫星电视系统天线的安装顺序为：①场地选择，②计算天线的仰角、方位角和高频头的极化角，③组合天线，④安装高频头、粗略调整极化角，⑤调整天线的仰角、方位角，⑥精确调整、固定天线。以下说法正确的是（　　）。

A. ①②③④⑤⑥　　B. ④⑤①②③⑥　　C. ②③①④⑤⑥　　D. ①③②④⑤⑥

2. 有线电视系统（　　）是一个传输网，其作用是把前端送出的宽带复合电视信号传输到用户分配系统。

A. 前端设备　　B. 干线传输　　C. 支线传输　　D. 用户分配

3. PDS 是一套全开放的布线系统，具有一整套全系列的标准适配器，可将不同厂商设备的不同传输介质全部转换成相同的非屏蔽双绞线连接或光纤连接，这体现网络综合布线（　　）的特点。

A. 兼容性　　B. 灵活性　　C. 可靠性　　D. 先进性

4. 使用斜口钳在塑料外衣上切开一条缝，用手指找出尼龙的扯绳，将缆紧握在一手中，用尖嘴钳夹紧尼龙扯线的一端，并把它从缆的一端拉开，这是（　　）的施工步骤。

A. 剥 PVC 线缆　　B. 剥单根导线　　C. 线缆弯曲　　D. 线缆牵引

5. 综合布线系统是构筑智能建筑中（　　）的设施。

A. 信息通道　　B. 图像通道　　C. 管道通道　　D. 电气通道

6. 在火灾自动报警系统中，用以接收、显示和传递火灾报警信号，并能发出控制信号和具有其他辅助功能的控制指示设备称为（　　）。

A. 触发器件　　B. 火灾报警装置　　C. 消防控制设备　　D. 电源

7. 感烟式火灾探测器用（　　）进行现场测试。

A. 烟雾发生器　　B. 温度加热器　　C. 在 25m 内用火光　　D. 二氧化碳气体

8. 感温式火灾探测器用　（　　）进行现场测试。

A. 烟雾发生器　　B. 在 25m 内用火光　　C. 温度加热器　　D. 二氧化碳气体

9. 火灾报警控制器安装的位置距离应符合规范的要求，其内应有（　　）空间。

A. 操作　　B. 检修　　C. 活动　　D. 无障碍操作

10. 安全防范系统施工过程中，验收工作前一步应进行（　　）。

A. 检查　　B. 系统联动调试　　C. 试运行　　D. 人员培训

11. 一般在天花板顶上装摄像机，要求天花板的强度能承受摄像机的（　　）倍重量。

A. 1　　B. 2　　C. 3　　D. 4

12. 红外报警探测器安装说法正确的是（　　）。

A. 吸顶式安装高度一般为 2.5～6m

B. 壁挂安装时应可使探测器能在水平方向和垂直方向的角度进行大范围调节，以获得最佳探测效果

C. 探测器的安装应对准入侵者移动的反方向，并使其前面探测范围内不应有障碍物

D. 安装探测器时，要使其正对着阳光、热源

13. 以下属于住宅（小区）智能化信息网络系统的是（　　）。

A. 入侵报警系统　　B. 家庭紧急求救　　C. 访客对讲系统　　D. 电信系统

14. 以下属于住宅（小区）智能化信息网络系统的是（　　）。

A. 入侵报警系统　　B. 计算机网络系统　　C. 访客对讲系统　　D. 电信系统

二、多项选择题

1. 有线电视系统对于无线电视而言的一种新型的广播电视传播方式，传输部分是一个传输网，其作用是把前端送出的宽带复合电视信号传输到用户分配系统。干线传输方式有（　　）。

A. 电缆　　B. 光缆

C. 微波　　D. 电波

E. 开关

2. 有线电视系统为完成传输高质量的电视信号，由具有多频道、多功能、大规模、双向传输和高可靠、长寿命等特性，由（　　）组成。

A. 前端设备　　B. 终端系统

C. 干线传输

D. 支线传输

E. 用户分配

3. 有线电视系统安装施工应以设计图纸为依据，并遵守《有线电视系统工程技术规范》的规定，其系统安装调试工作包括（　　）。

A. 前端设备的安装与调试

B. 干线传输系统的施工调试

C. 分配网络的安装和施工

D. 系统总调试

E. 零线传输系统的施工调试

4. 有线电视系统的前端设备的安装主要是指（　　）和导频信号发生器等部件的安装。

A. 信号处理器

B. 邻频调制器

C. 频道放大器

D. 减震器

E. 混合器

5. 广播音响系统的基本组成部分有（　　）。

A. 节目源设备

B. 信号的放大和处理设备

C. 传输线路

D. 扬声器系统

E. 播音室

6. 信息插座的安装要求说法正确的是（　　）。

A. 将信息插座上的螺丝拧开，然后将端接夹拉出来拿开

B. 从墙上的信息插座安装孔中将线缆拉出来一段，用斜口钳从线缆上剥除外皮

C. 将导线穿过信息插座顶部的孔，使用斜口钳将导线的末端割断

D. 将端接夹放回，并用拇指稳稳地压下

E. 重新组装好信息插座，将分开的盖和底座扣在一起，再将连接螺丝扣上，将装好的信息插座压到墙上去，用螺丝拧到墙上并固定好

7. 目前，国内外在设计建筑物内的计算机网络系统时信息网络综合布线的特点有（　　）。

A. 兼容性

B. 灵活性

C. 可靠性

D. 先进性

E. 周期性

8. 为了保障网络设备的安全性，对路由器访问的控制可使用的方式有（　　）。

A. 控制台访问控制

B. 限制访问空闲时间

C. 口令的加密

D. 对 Telnet 访问的控制

E. 单管理员授权级别

9. 防火墙安装配置的特点说法正确的是（　　）。

A. 根据用户具体情况，规划内网的环境，必要时使用多个网段

B. 确定是否需要向外部 Internet 提供服务以及何种服务，由此确定是否需要 DMZ 网段以及 DMZ 网段的具体结构

C. 根据内网、DMZ 网的结构确定防火墙的具体连接方式，防火墙位置一般放在外部路由器之后，内网、DMZ 网之后

D. 防火墙至少配置两块网卡，各网卡接口必须连接到不同的交换机上，以防止各网段之间的通信绕过防火墙而使防火墙失效

E. 设计系统的路由和访问控制规则，使防火墙起作用

10. 综合布线系统包括（　　），以及与电话系统之间的连接构成。

A. 配线子系统　　B. 干线子系统

C. 工作区子系统　　D. 管理区子系统

E. 支线子系统

11. 建筑物内主干电缆布线从设备间敷设至竖井，再从竖井敷设至各层配线间，在竖井中敷设主干缆有（　　）。

A. 向下垂放　　B. 向左垂放

C. 向上牵引　　D. 向下牵引

E. 向上垂放

12. 综合配线子系统由（　　）组成。

A. 信息插座　　B. 配线电缆

C. 配线光缆　　D. 配线设备

E. 接线

13. 火灾自动报警系统的施工安装说法正确的是（　　）。

A. 安装队伍的应经城市市政管理机构批准，并由具有许可证的安装单位承担

B. 安装单位应按设计图纸施工，如需修改应征得原设计单位同意，并有文字批准手续

C. 火灾自动报警系统的施工安装应符合国家标准《火灾自动报警系统施工验收规范》的规定，并满足设计图纸和设计说明书的要求

D. 火灾自动报警系统的设备应选用经国家消防电子产品质量监督检验测试中心检测合格的产品（检测报告应在有效期内）

E. 火灾自动报警系统的探测器、手动报警按钮、控制器及其他所有设备，安装前均应妥善保管，防止受潮，受腐蚀及其他损坏；安装时应避免机械损伤

14. 火灾自动报警系统系统安装完毕后，施工安装单位应提交下列资料和文件有（　　）。

A. 竣工图

B. 设计变更的证明文件（文字记录）

C. 施工技术记录（包括隐蔽工程验收记录）

D. 检验记录（包括绝缘电阻、接地电阻的测试记录）

E. 变更前设计部分的实际施工图，施工安装竣工报告

15. 火灾自动报警、自动灭火控制、联动等的设备盘、柜的内部接线应符合要求的有（　　）。

A. 按施工图进行施工，正确接线

B. 电气回路的连接（螺栓连接、插接、焊件等）应牢固可靠

C. 电缆线芯和所配导线的端部均应标明其回路的编号，编号应正确，字体清晰、美观、不易脱色

D. 配线整齐、导线绝缘良好、无损伤

E. 控制盘、柜内的导线不得有接头，每个端子板的每侧接线一般为两根，不得超过三根。

16. 消防控制室内设备的布置应符合要求有（　　）。

A. 设备面盘前的操作距离：单列布置时不应小于 2m；双列布置时不应小于 1.5m

B. 在值班人员经常工作的一面，设备面盘于墙的距离不应小于 3m

C. 设备面盘后的维修距离不宜小于 1m

D. 设备面盘的排列长度大于 4m 时，其两端应设置宽度不小于 1m 的通道

E. 集中火灾报警控制器（火灾报警控制器）安装在墙上时，其底边距地高度宜为 1.3～1.5m，其靠近门轴的侧面距墙不应小于 0.5m，正面操作距离不应小于 1.2m

17. 消防控制设备的布置应符合（　　）要求。

A. 盘前操作距离：单列布置时不应小于 1.5m，双列布置时不应小于 2m

B. 在值班人员经常工作的一面，控制与墙的距离不应小于 3m

C. 盘后的维修距离不应小于 1m

D. 控制盘的排列长度大于 4m 时，控制盘两端应设宽度不小于 1m 的通道

E. 控制盘的排列长度大于 6m 时，控制盘两端应设宽度不小于 2m 的通道

18. 火灾探测器的选择方法有（　　）。

A. 根据灭火系统的设置

B. 根据可燃物的种类和性质

C. 根据无遮挡区域的大小

D. 根据可能发生火灾的特征

E. 根据火灾发生的可能性

19. 手动火灾报警按钮宜安装在建筑物内的（　　）部位。安装在墙上距地面高度应符合规范。

A. 安全出口

B. 建筑物的中部

C. 安全楼梯口

D. 靠近消火栓

E. 靠近电梯

20. 安全防范系统包括（　　）。

A. 视频（电视）监控系统

B. 入侵报警系统

C. 出入口控制（门禁）系统

D. 巡更管理系统

E. 广场管理系统等子系统（停车场、库）

21. 安全防范系统施工安装前，建筑工程应具备的条件有（　　）。

A. 预埋管、预留件、桥架等的安装符合设计要求

B. 机房的施工有待施工

C. 弱电竖井的施工基本结束

D. 提供必要的施工用房、用电、材料和设备的存放场所

E. 机房的施工基本结束

22. 安全防范系统中，摄像机安装对环境的要求（　　）。

A. 在带电设备附近架设摄像机时，应保证足够的安全距离

B. 摄像机镜头应从光源方向对准监视目标，应避免逆光安装

C. 室内安装的摄像机不得安装在有可能淋雨或易沾湿的地方；室外使用的摄像机必须选用相应的型号

D. 不要将摄像机安装在空调机的出风口附近，或充满烟雾和灰尘的地方

E. 可使摄像机长时间对准暴露在光源下的地方

23. 双鉴探测器通常采用墙面或墙角安装。其安装注意要点（　　）。

A. 安装高度一般为 5m 左右

B. 安装时尽量使探测器覆盖人的走动区，如门、走廊等

C. 探测器应安装在稳固的表面，避开门以及汽车行走易产生振动的墙等处，也不要安装在靠近金属物体，如金属门框、窗等

D. 探测器的安装应避免对着阳光安装，并避开热源的影响

E. 探测器的安装应使其探测覆盖范围内不应有障碍物

24. 建筑设备监控系统安装前，建筑工程应具备的条件有（　　）。

A. 已完成机房建筑施工

B. 弱电竖井的有待施工

C. 预埋管及预留孔符合设计要求

D. 空调与通风设备、给水排水设备、动力设备、照明控制箱、电梯等设备安装就位

E. 应预留好设计文件中要求的控制信号接入点

25. 建筑设备监控系统安装的主要施工项目和方法有（　　）。

A. 配管施工　　B. 网架施工（桥架）

C. 线路敷设　　D. 线路敷设

E. 调试准备及调试

26. 建筑设备监控系统安装施工中按（　　）原则进行。

A. 预埋　　B. 预留

C. 先暗后明　　D. 先主体后设备

E. 先设备后主体

27. 以下属于住宅（小区）智能化安全防范系统的是（　　）。

A. 入侵报警系统　　B. 计算机网络系统

C. 访客对讲系统　　D. 电信系统

E. 物业管理系统

28. 智能化系统的集成原则是（　　）。

A. 保证安全　　B. 提高使用和保管

C. 满足用户要求　　D. 经济

E. 美观

三、判断题（正确的在括号内填“A”，错误的在括号内填“B”）

1. 我国大多数地区风雨雷电的天气较多，所以从防风、防雷的角度出发，接收天线应该建于地面或背风处。（　　）

2. 有线电视系统的前端设备是指用以处理由卫星地面站以及由天线接收的各种无线广播信号和自办节目信号的设备，是整个系统的心脏。（　　）

3. 有线电视系统用户终端盒是系统向用户提供信号的装置，通过电缆与有线电视网络终端设备如电视机、机顶盒、PC接收卡等的有线电视信号输入端相连，这样用户就可享受到有线电视系统提供的电视、数据等多媒体信息。（　　）

4. 广播音响系统的信号只能通过有线传播。（　　）

5. 通常10kV及以下的电路应称为通信线路。（　　）

6. 网络互联性表现在地理覆盖区域方面以及和其他网络的互联互通方面。高速局域网的互联性主要体现在与原有网络的互联互通和与更上一级网络的互联互通。（　　）

7. 建筑群间电缆布线：一般有电缆沟敷设、直埋敷设和架空敷设三种方法。（ ）

8. 建筑物内水平布线：可以通过吊顶、地板、墙及三种的组合来布线。（ ）

9. 火灾自动报警系统一般由触发器件、火灾报警装置、火灾警报装置和电源四部分组成。（ ）

10. 建筑火灾自动报警系统是由探测器、区域报警器、集中报警器等设备组成。（ ）

11. 消防自动报警系统传输线路采用绝缘导线时，应采用金属管、阻燃硬质塑料管、阻燃半硬质塑料管或封闭式线槽等保护方式进行布线。（ ）

12. 安全防范系统的施工包括采购、制作、运输、施工与安装、调试、试运行、检测、验收、技术培训等内容。（ ）

13. 安全防范系统的工程实施由系统集成商负责，实施过程应严格执行国家和地方有关施工质量检验的规定，建设单位、监理单位应加强过程控制和质量检查，确保工程质量。（ ）

14. 离线式巡更系统投资省、增加巡更点方便，但当巡更中出现违反顺序、报到早或报到迟等现象时能实时发出报警信号。（ ）

15. 商住楼或居住小区安装了电子巡更系统，保安巡更人员就不需要巡查值班了。

（ ）

16. 火灾探测器宜水平安装，当必须倾斜安装时，倾斜角应不大于45°。（ ）

17. 红外报警探测器是探知防区内温度发生轻微或突然的变化，并发出报警信号。（ ）

18. 建筑设备监控系统工程施工应按先“预埋、预留”、“先暗后明”、“先主体后设备”的原则进行。（ ）

19. 计算机、现场控制器、输入/输出控制模块、网络控制器、网关和路由器等电子设备的保护接地应连接在弱电系统单独的接地线上，应防止混接在强电接地干线上。

（ ）

20. 建筑设备监控系统工程施工时，水管温度变送器、水管压力变送器、蒸汽压力变送器、水管流量计、水流开关不宜在管道焊缝及其边缘上开孔焊接。（ ）

21. 建筑设备监控系统工程施工时，风道压力、温度、湿度、压差开关的安装应在风道保温完成后进行。（ ）

22. 建筑设备监控系统工程输出装置安装施工时，风阀执行器和电动阀门执行器的指示箭头应与风门、电动阀门的开闭和水流方向一致。（ ）

23. 住宅（小区）智能化包括火灾自动报警及消防联动系统、安全防范系统、通信网络系统、信息网络系统、监控与管理系统、家庭控制器、综合布线系统、电源和接地、环境、室外设备及管网等各子系统。住宅（小区）智能化系统的工程实施应按已审批的技术文件和设计施工图进行。（ ）

24. 住宅（小区）智能化系统在通过竣工验收后方可正式交付使用，未经正式工程竣工验收的住宅（小区）智能化系统也可应投入正常运行。（ ）

25. 信息网络系统、各种标准规范、硬件设备、基础软件设施和楼宇监控系统是建筑智能化系统集成的基础。（ ）

四、案例分析题

（一）某博物馆展览室的面积为21m×30m，房间高度为9m，平顶棚结构，属重点保护建筑。根据相关要求，回答下列问题。

1. 仅能选用的探测器类型为（　　）。（单项选择题）

A. 感温探测器　　B. 感烟探测器　　C. 感光探测器　　D. 感压探测器

2. 若k取0.7，探测器保护面积为$80m^2$，保护半径为6.7m，则探测器的数量为（　　）。（单项选择题）

A. 8只　　B. 10只　　C. 12只　　D. 15只

3. 探测器距墙的最大距离为____，最小距离为____。（　　）（单项选择题）

A. 3.75m．3.5m　　B. 5.25m．3.75m　　C. 3.75m．3.0m　　D. 3.5m．3.0m

4. 探测器间距最远半径为（　　）。（单项选择题）

A. 4.61m　　B. 5.13m　　C. 6.15m　　D. 6.45m

5. 下列关于探测器安装间距描述正确的为（　　）。（多项选择题）

A. 探测器至墙壁的水平距离应不小于0.5m

B. 探测器周围0.5m内不应有遮挡物

C. 探测器易水平安装，若必需倾斜安装时，则倾斜角不宜大于45°

D. 在梁突出顶棚的高度小于200mm的顶棚上设置烟感探测器时，必须考虑探测器保护面积的影响

E. 在梁突出顶棚的高度小于100mm的顶棚上设置烟感探测器时，必须考虑探测器保护面积的影响

（二）某施工单位承包了一综合楼的建筑智能化工程部分，根据相关要求，请回答以下问题。

1. 通信网络系统综合布线采用多用户信息插座时，多用户插座应安装在墙面或柱子等固定结构上。每一个多用户插座包括适当的备用量在内，最多包含（　　）个信息插座。（单项选择题）

A. 3　　B. 6　　C. 9　　D. 12

2. 有线电视在敷设干线传输的光缆时，要求布放光缆的牵引力应不超过光缆允许张力的（　　）。（单项选择题）

A. 75％　　B. 80％　　C. 85％　　D. 90％

3. 信息网络系统的综合布线应满足以下特点：（　　）。（多项选择题）

A. 兼容性　　B. 灵活性

C. 可靠性　　D. 冗余性

E. 先进性

4. 火灾自动报警系统安装完毕后，施工安装单位应提交下列资料和文件（　　）。（多项选择题）

A. 竣工图　　B. 设计变更的证明文件

C. 施工技术记录（包括隐蔽工程验收记录）　　D. 变更设计部分的实际施工图

E. 施工安装开工报告

第11章　电梯安装工程技术

一、单项选择题

1. 下列关于电梯井道测量施工程序说法正确的是（　　）。

A. 样板就位，挂基准线→搭设样板架→测量井道、确定基准线→机房放线→使用激光准直定位仪确定基准线

B. 搭设样板架→样板就位，挂基准线→机房放线→使用激光准直定位仪确定基准线→测量井道、确定基准线

C. 搭设样板架→测量井道、确定基准线→样板就位，挂基准线→机房放线→使用激光准直定位仪确定基准线

D. 搭设样板架→测量井道、确定基准线→样板就位，挂基准线→使用激光准直定位仪确定基准线→机房放线

2. 电梯井道测量使用（　　）确定基准线。

A. 激光准直定位仪　B. 水准仪　C. 钢尺　D. 线坠

3. 导轨支架和导轨的安装施工工艺流程说法正确的是（　　）。

A. 安装导轨支架→确定导轨支架位置→安装导轨→调校导轨

B. 确定导轨支架位置→安装导轨支架→调校导轨→安装导轨

C. 确定导轨支架位置→安装导轨支架→安装导轨→调校导轨

D. 安装导轨→确定导轨支架位置→安装导轨支架→调校导轨

4. 若电梯井道壁为砖墙结构，不宜采用（　　）固定导轨支架。

A. 膨胀螺栓　B. 剔孔洞，混凝土灌注导轨支架

C. 穿钉螺栓在井道壁内外侧固定钢板　D. 将导轨支架焊接在钢板上。

5. 在轿厢安装施工工艺流程中安装导靴的前一道工序是（　　）。

A. 安装立柱　B. 安装上梁　C. 安装轿底　D. 安装轿壁、轿顶

6. 轿厢装入对重块的数量应由公式计算决定，以下说法正确的是（　　）。

A. 块数=[轿厢自重+额定载荷×(0.4～0.5)－对重框架重]÷每块配重的重量

B. 块数=[轿厢自重+额定载荷×(0.4～0.5)+对重框架重]÷每块配重的重量

C. 块数=[轿厢自重+额定载荷×(0.4～0.5)－对重框架重]×每块配重的重量

D. 块数=[轿厢自重+额定载荷×(0.4～0.5)－对重框架重]－每块配重的重量

7. 电梯厅门安装施工工艺流程中：安装立柱、门头、门套的下一道工序是（　　）。

A. 稳装地坎　B. 安装门扇、调整厅门

C. 锁具安装　D. 验收

8. 机房曳引装置及限速器装置安装施工工艺流程说法正确的是（　　）。

A. 安装限速器→安装承重钢梁→安装曳引机和导向轮→安装钢带轮

B. 安装曳引机和导向轮→安装承重钢梁→安装限速器→安装钢带轮

C. 安装承重钢梁→安装曳引机和导向轮→安装钢带轮→安装限速器

D. 安装承重钢梁→安装曳引机和导向轮→安装限速器→安装钢带轮

9. 井道机械设备安装施工工艺流程说法正确的是（　　）。

A. 安装缓冲器底座→安装限速绳张紧装置、挂限速绳→安装选层器下钢带轮、挂钢带→安装曳引补偿装置→安装缓冲器

B. 安装缓冲器→安装缓冲器底座→安装限速绳张紧装置、挂限速绳→安装选层器下钢带轮、挂钢带→安装曳引补偿装置

C. 安装缓冲器底座→安装缓冲器→安装限速绳张紧装置、挂限速绳→安装曳引补偿

装置→安装选层器下钢带轮、挂钢带

D. 安装缓冲器底座→安装缓冲器→安装限速绳张紧装置、挂限速绳→安装选层器下钢带轮、挂钢带→安装曳引补偿装置

10. 当电梯轿厢采用保护接零，零线由软电缆引入轿厢，所利用的绝缘铜线要（　　）根以上。

A. 1　　B. 2　　C. 3　　D. 4

11. 电梯井道内脚手架和脚手板应尽量用（　　）材料构成。

A. 钢材　　B. 木材　　C. 可燃　　D. 非可燃

12. 电梯交付使用前应做到（　　）合格。

A. 安装　　B. 监理检查　　C. 监督检验　　D. 甲方认为

13. 电梯安装整机试验运行条件说法正确的是（　　）。

A. 海拔高度不超过 800m

B. 试验时机房空气温度应保持在 5～50℃之间

C. 运行地点的最湿月月平均最高相对湿度为 50%，同时该月月平均最低温度不高于 25℃

D. 背景噪声应比所测对象噪声至少低 10dB（A）

二、多项选择题

1. 电梯安装根据井道测量法来确定基线时应注意的问题是（　　）。

A. 井道内安装的部件对轿厢运行有无妨碍

B. 确定轿厢轨道线位置时，要根据道架高度要求

C. 对重导轨中心线确定时应考虑对重宽度（包括对重块最突出部分），距墙壁及轿厢应有不小于 100mm 的间隙

D. 对两台或多台并列电梯安装时注意各梯中心距与建筑图是否相符，应根据井道、候梯厅等情况，对所有厅门指示灯、按钮盒位置进行通盘考虑，使其高低一致

E. 确定基准线时，还应复核机房平面布置

2. 轿厢及对重安装施工中的安全注意事项有（　　）。

A. 作业时防止物体坠落伤人

B. 各层厅门防护栏保持良好，进入井道施工应做好防护，防止坠落

C. 轿厢对重全部装好，并用曳引钢丝绳挂在曳引轮上，准备拆除支承轿厢的横梁和对重的支撑之前，一定要先将限速器、限速器钢丝绳、张紧装置安全钳拉杆安装完成，这样万一发生电梯失控打滑时，安全钳能发挥作用将轿厢轧住在导轨上，而不发生坠落危险

D. 在安装轿厢过程中，如需将轿厢整体吊起后用倒链悬停时，不应长时间停滞，且禁止人员站在轿箱上进行安装作业

E. 严禁私拆、调整出厂时已整定好的安全钳部件

3. 电梯厅门安装施工中的安全注意事项有（　　）。

A. 井道施工特别是吊运导轨时，应仔细检查吊具、卷扬机等设备，防止意外发生

B. 在安装轿厢过程中，如需将轿厢整体吊起后用倒链悬停时，不应长时间停滞，且禁止人员站在轿箱上进行安装作业

C. 井道内施工注意安全保护，防止坠落，施工人员系好安全带、佩戴安全帽

D. 各层厅门在安装后，必须立刻安装强迫关门装置及机械门锁，防止无关人员随意

打开厅门坠入井道。电气安全回路未安装完不得动慢车

E. 在建筑物各层安装厅门使用电动工具时，要使用专用电源及接线盘，禁止随意从就近各处私拉电线，防止触电、漏电

4. 机房曳引装置及限速器装置安装施工中的安全注意事项有（　　）。

A. 起吊重物时，为防止意外发生，起重人员应远离重物下落范围，并严格检查起吊设备的可靠性和耐用性

B. 当井道和机房同时有施工人员作业时，要防止物品坠落，井道中施工人员必须系好安全带、佩戴安全帽

C. 机房内若不具备正式电源，临时用电应严格按照安全规范进行施工，防止触电、漏电发生

D. 井道施工特别是吊运导轨时，应仔细检查吊具、卷扬机等设备，防止意外发生

E. 在建筑物各层安装厅门使用电动工具时，要使用专用电源及接线盘，禁止随意从就近各处私拉电线，防止触电、漏电

5. 电气装置安装施工中的安全注意事项有（　　）。

A. 施工中严格遵守各种安全规章制度，防止打击、坠落、触电事故的发生

B. 操作人员应持证上岗，并经过相关安全培训

C. 使用明火或电气焊时，要注意防火

D. 有看护人员和消防措施，并向工地消防保卫部门登记，开具用火证

E. 作业时防止物体坠落伤人

6. 在电梯运行前，应检查各层厅门确保已关闭，井道内无任何杂物，并做好人员安排。不得擅自离岗，一切听从主调试人员的安排。以下关于电梯的慢速调试运行说法正确的是（　　）。

A. 检测电机阻值，应符合要求

B. 检测电源、电压、相序应与电梯相匹配

C. 继电器动作与接触器动作及电梯运转方向，应不一致

D. 应先机房检修运行后才能在轿顶上使电梯处于检修状态，按动检修盒上的慢上或慢下按钮，电梯应以检修速度慢上或慢下。同时清扫井道和轿厢以及配重导轨上的灰沙及油圬，然后加油使导轨润滑

E. 以检修速度逐层安装井道内的各层平层及换速装置，以及上、下端站的强迫减速开关、方向限位开关和极限开关，并使各开关安全有效

7. 自动扶梯桁架的组装施工中安全注意事项有（　　）。

A. 核对各起重用具与被起重设备重量是否相符，起重用具的额定起重量应大于被起重设备重量且应考虑部分冲击载荷

B. 起吊前仔细检查各吊装用具是否完好

C. 起吊由专职起重工、信号工操作

D. 起吊过程中注意设备不要与其他物体刮碰

E. 起吊现场周围做好防护、标识，严禁非工作人员进入

8. 自动扶梯挂扶手带施工中安全注意事项有（　　）。

A. 扶手带抬运过程中用力要统一，以防因抬运过程中扶手带滑落造成扭伤

B. 安装时防止挤夹手指

C. 施工中防止滑落摔伤

D. 搬运玻璃应轻拿轻放，避免其破碎伤人

E. 玻璃安装前要妥善保管以防破碎

9. 梯级梳齿板安装施工中的安全注意事项有（　　）。

A. 梯级搬运过程中应防止落下砸伤人

B. 试运转前应相互呼应，防止运转伤人

C. 试运转时应采取措施，禁止非施工人员进入安装现场

D. 安装及调整梯级和梳齿板时应断开驱动主机电源并有专人看护，防止自动扶梯误动伤人

E. 检测电源、电压、相序，应与电梯相匹配

10. 下列关于电梯的日检查保养说法正确的是（　　）。

A. 检查电动机温升、油位、油色和电动机的声音是否正常，有无异味、异常响声和振动，风机是否运转良好，做好外部清洁工作

B. 无须检查减速器传动有无异常声音和振动，联结轴是否渗油

C. 检查制动器线圈温升，检查制动轮、闸瓦、传动臂是否工作正常

D. 无须检查继电器、接触器动作是否正常，有无异味及异常响声

E. 检查曳引轮、曳引绳、限速器、导向轮、抗绳轮、反绳轮、涨绳轮运行是否正常，有无异常声响，有无曳引绳断丝等

三、判断题（正确的在括号内填“A”，错误的在括号内填“B”）

1. 安装导靴要求上下导靴中心与安全钳中心 3 点在同一条垂线上，不能有歪斜偏扭现象。（　　）

2. 固定式导靴安装时要保证内衬与导轨端面间隙上、下一致，若达不到要求可用垫片进行调整。（　　）

3. 安装厅门门套时，应先将上门套与两侧门套连接成整体后，与地坎连接，然后用线坠校正垂直度，固定于厅门口的墙壁上。（　　）

4. 目前国内外电梯厂家全部采用型钢制作曳引机底座，轻便而又经济，直接与承重钢梁联接，中间加垫橡胶隔声减振垫，其位置及数量应严格按照厂家要求布置安装，找平垫实。（　　）

5. 缓冲器底座安装完毕后，从轿厢或对重的撞板中心放一线坠，用以确定缓冲器中心位置，两者偏移误差不得超过 20mm。缓冲器顶面水平误差≤4/1000。（　　）

6. 电梯常见电气开关包括电子式选层器（井道信息系统）、缓速开关、限位开关、感应开关以及安全回路中一些保护开关。（　　）

7. 机房内安装运行前应检查机房内所有电气线路的配置及接线工作是否均已完成，各电气设备的金属外壳是否均有良好接地装置，且接地电阻不大于 4Ω。（　　）

8. 每台扶梯安装口四周必须设有保证安全的栏杆或屏障，其高度严禁小于 1.5m，且应在明显位置悬挂危险警示牌。（　　）

9. 引入梯级链时辅助牵引工具应使用钢丝绳，不得使用铁丝、绳子等，以防止牵引时因链条自重增大而造成牵引工具断裂，使链条滑下伤人。（　　）

10. 进行电梯维修保养必须落实相应的安全措施，每个维修人员必须正确使用个人的

防护用品，进入现场须三人以上。维修保养人员必须熟悉所维修保养电梯的机械结构和电气原理。（　　）

11. 电梯的日常检查保养应建立日、周、月、季、年检查保养制度，并由电工执行。（　　）

12. 电梯若设置安全窗，则安全窗必须设置为向轿厢外开启。（　　）

13. 电梯电气安装中的配线，可以使用额定电压不低于500V铜芯导线。（　　）

四、案例分析题

某电梯安装工程项目，由于电梯工程在高且深的井道内作业，每层在层门安装前留下较大的门洞，因此对于作业人员或其他闲杂人员存在高空坠落的危险，针对这一情况，施工项目部对从事影响工程产品质量的所有人员进行了控制。

施工项目部对该电梯工程的施工程序和施工安全技术措施的制定如下：机房通向井道的预留孔随时开通以方便施工；安装好导轨后放基准线进行配管、配线；所有层门洞靠井道壁外侧设置坚固的围封，围封的高度为1.2m；保护围封下部设有高度为150mm的踢脚板，并采用左右开启方式；井道内应设置永久性电气照明，采用36V安全电压，井道内照度为30lx；电梯安装单位安装完毕自检试运行结束后，由制造单位负责进行校验和调试；电梯经校验和调试符合要求后，向当地特种设备安全监督部门报验要求监督检验。根据上述背景材料，回答下列问题：

1. 电梯经校验和调试符合要求后，向当地特种设备安全监督部门报验要求监督检验。（　　）。(判断题，正确选A，错误选B)

2. 电梯机房内应当设置永久性电气照明，地板表面的照度不应低于（　　）lx。(单项选择题)

A. 70　　B. 100　　C. 200　　D. 300

3. 施工项目部对该电梯工程制定的施工程序和施工安全技术措施中，错误的是（　　）。(多项选择题)

A. 机房通向井道的预留孔随时开通以方便施工

B. 安装好导轨后放基准线进行配管配线

C. 所有层门洞靠井道壁外侧设置坚固的围封，围封的高度为1.2m

D. 保护围封下部设有高度为150mm的踢脚板，并采用左右开启方式

E. 井道内应设置永久性电气照明，采用36V安全电压，井道内照度为30lx

4. 从空间占位看，电梯一般由（　　）部位组成。(多项选择题)

A. 机房　　B. 井道　　C. 层门　　D. 轿厢　　E. 层站

5. 电梯轿厢的组装，一般在楼层的底层进行。（　　）(判断题，正确选A，错误选B)

第四篇　设备安装工程施工项目管理

第12章　设备安装工程施工项目进度管理

一、单项选择题

1. 横道图计划表中的进度线与时间坐标相对应，这种表达方式的优点是（　　）。

A. 工序（工作）逻辑关系法表达很清楚

B. 可进行进度计划时间参数计算，确定计划的关键工作、关键路线与时差

C. 较直观，易看懂，具有简洁性

D. 适用大型、复杂的进度计划系统

2. 如图 (i) —工作名称/持续时间→ (i) 所示，由于一项工作需用一条箭线和其箭尾和箭头处两个圆圈中的号码来表示，故称为（　　）。

A. 横道图表示法　　B. 单代号表示法　　C. 双代号表示法　　D. 前锋线表示法

3. 下列双代号网络图中，表达正确的是（　　）。

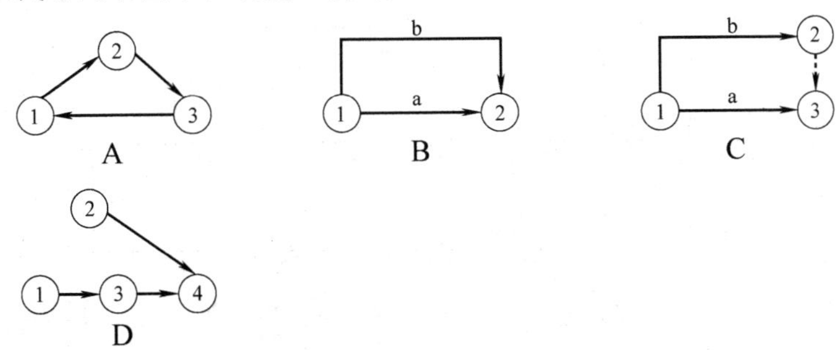

4. 在双代号网络图中，为了正确地表达图中工作之间的逻辑关系，往往需要应用虚箭线，虚箭线是实际工作中并不存在的一项虚设工作，其（　　）。

A. 既不占用时间，也不消耗资源　　B. 占用时间，也不消耗资源

C. 既占用时间，消耗资源　　D. 不占用时间，但消耗资源

5. 在双代号网络计划图中，虚工作表示工作之间的逻辑关系，一般用（　　）表示。

A. 波浪线　　B. 实箭线　　C. 虚箭线　　D. 波形线

6. 某工程用双代号网络图进行工程网络计划，在其双代号网络图中有几条虚线，这几条虚线表示工作之间的（　　）。

A. 自由时差　　B. 逻辑关系　　C. 先后顺序　　D. 搭接关系

7. 建设工程进度网络计划与横道计划相比，其主要优点是能够（　　）。

A. 明确表达各项工作之间的逻辑关系

B. 直观表达工程进度计划的计算工期

C. 明确表达各项工作之间的搭接时间

D. 直观表示各项工作的持续时间

8. 在双代号网络图中，如果某节点既有指向它的箭线，又有背离它的箭线，那么该节点称为（　　）。

A. 起点节点　　B. 中间节点　　C. 终点节点　　D. 所有节点

9. 某承包商承接了相邻两栋高层住宅楼的施工，这两栋楼之间由于资源（人力、材料、机械设备和资金等）调配需要而规定的先后顺序关系称为（　　）。

A. 组织关系　　B. 工艺关系　　C. 搭接关系　　D. 沟通关系

10. 某工程双代号网络计划如下图所示，其中（时间单位为 d）的关键线路是（　　）。

A. ①→②→⑥→⑦　　B. ①→②→⑤→⑥→⑦

C. ①→②→④→⑤→⑥→⑦　　D. ①→②→④→⑥→⑦

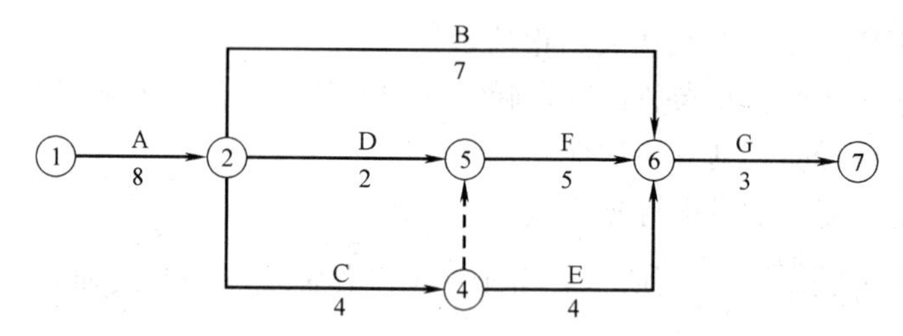

11. 某工程施工双代号网络图进度计划图如下图所示（时间单位为周），则该工程进度控制的关键工作是（　　）。

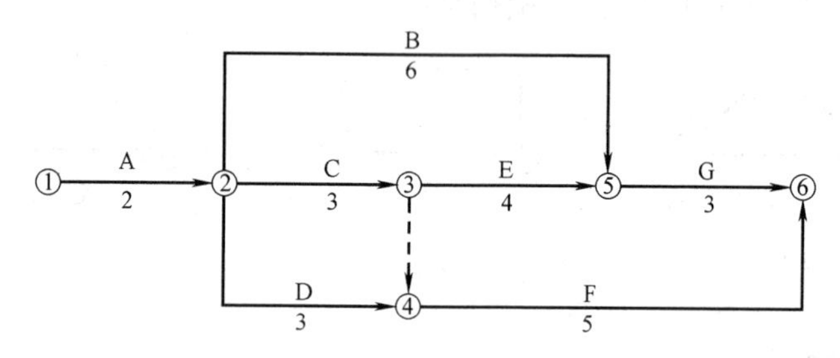

A. A、C、F　　B. A、C、E、G　　C. A、D、F　　D. A、B、G

二、多项选择题

1. 与网络计划相比较，横道图进度计划具有（　　）的特点。

A. 调整工作量大　　B. 适用于手工编制计划

C. 工作之间的逻辑表达清楚　　D. 适应大型项目的进度计划系统

E. 能够确定计划的关键工作和关键线路

2. 在双代号网络图中，为了正确地表达图中工作之间的逻辑关系，往往需要应用虚箭线，一般起着工作之间的（　　）作用。

A. 联系　　B. 区分

C. 断路　　D. 短路

E. 引导

3. 在双代号网络图绘制过程中，下列表述正确的是（　　）。

A. 必须正确表达已定的逻辑关系

B. 箭尾节点的编号应小于其箭头节点的编号，即 $i<j$

C. 严禁出现循环回路

D. 节点之间允许出现带双向箭头或无箭头的连线

E. 只有一个起点节点和一个终点节点（多目标网络计划除外），而其他所有节点均应是中间节点

4. 在双代号网络计划中，关键路线说法正确的是指（　　）。

A. 网络计划中总时差最小的工作

B. 当计划工期等于计算工期时，总时差为零的工作

C. 总的工作持续时间最长的线路

D. 一个网络计划关键路线只有一条

E. 在网络计划执行过程中，关键路线总是固定不变的

5. 下面双代号网络图中，非关键工作有（　　）。

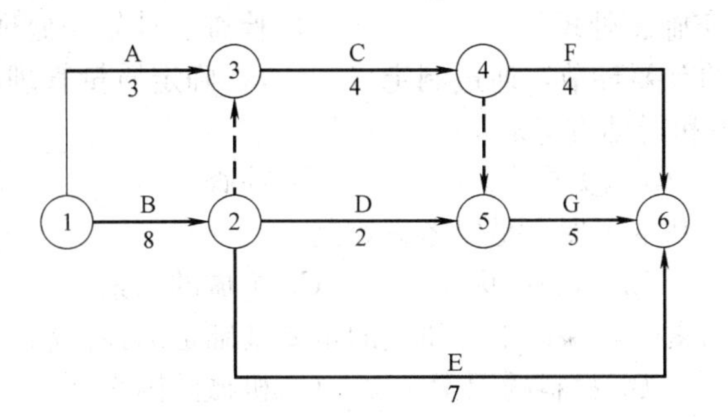

A. 工作 B　　B. 工作 C

C. 工作 D　　D. 工作 E

E. 工作 F

6. 当计算工期不能满足要求工期时，可通过压缩关键工作的持续时间以满足工期要求。在选择缩短持续时间的关键工作时，宜考虑（　　）工作因素。

A. 缩短持续时间对质量影响不大的　　B. 缩短持续时间对安全影响不大的

C. 有充足备用资源的　　D. 缩短持续时间所需增加费用最少的

E. 缩短持续时间所需增加费用最多的

三、判断题（正确的在括号内填“A”，错误的在括号内填“B”）

1. 横道图是一种最简单并运用最广的传统的计划方法，在建设领域中的应用非常普遍。（　　）

2. 横道图计划表中的进度线与时间坐标相对应，这种表达方式较直观，易看懂计划编制的意图。（　　）

3. 双代号网络图中，工作是泛指一项需要消耗人力、物力和时间的具体活动过程，也称工序、活动、作业。（　　）

4. 节点是网络图中箭线之间的连接点，在时间上节点表示指向某节点的工作全部完成后该节点后面的工作才能开始的瞬间，它反映前后工作的交接点。（　　）

5. 双代号网络图中从起始节点开始，沿箭头方向顺序通过一系列箭线与节点，最后达到终点节点的通路称为线路。（　　）

6. 在双代号网络图中各条线路中，有一条或几条线路的总时间最长，称为关键路线，一般用双线或粗线标注。（　　）

7. 在双代号网络图中工作之间相互制约或相互依赖的关系称为逻辑关系，它包括工艺关系和组织关系，在网络中均应表现为工作之间的先后顺序。（　　）

8. 一个双代号网络计划只能有 1 条关键线路。（　　）

9. 在双代号网络计划执行的过程中，关键线路不能转移。（　　）

10. 在双代号网络计划中关键线路上的工作不一定是关键工作。（　　）

第 13 章　设备安装工程项目施工质量管理

一、单项选择题

1. 质量管理的全过程就是反复按照 PDCA 的循环周而复始地运转，每运转一次，工程质量就提高一步。PDCA 循环原理是（　　）。

A. 计划、检查、实施、处理　　B. 计划、实施、检查、处理
C. 检查、计划、实施、处理　　D. 检查、计划、处理、实施

2. 作为质量管理的首要环节，通过制定（　　），确定质量管理的方针、目标，以及实现方针、目标的措施和行动方案。

A. 计划　　B. 实施　　C. 检查　　D. 处理

3. 施工质量控制的基本出发点是要考虑控制（　　）。

A. 人的因素　　B. 材料的因素　　C. 机械的因素　　D. 环境的因素

4. 在施工质量的因素中，保证工程质量的重要基础是加强控制（　　）。

A. 人的因素　　B. 材料的因素　　C. 机械的因素　　D. 环境的因素

5. 所有施工方案和工法得以实施的重要物质基础是（　　），因此，必须合理选择和正确使用，是保证施工质量的重要措施。

A. 人的因素　　B. 材料的因素　　C. 机械设备的因素　　D. 环境的因素

6. 根据承发包的合同结构，理顺管理关系，建立统一的现场施工组织系统和质量管理的综合运行机制，确保质量保证体系处于良好的状态，这属于环境因索中的（　　）。

A. 现场自然环境因素　　B. 施工作业环境因素
C. 施工质量管理环境因素　　D. 方法的因素

7. 施工场地空间条件和通道，以及交通运输和道路条件等因素，属于环境因素中的（　　）。

A. 现场自然环境因素　　B. 施工质量管理环境因素
C. 施工作业环境因素　　D. 方法的因素

8. 项目开工前应由（　　）向承担施工的负责人或分包人进行书面技术交底，技术交底资料应办理签字手续并归档保存。

A. 施工单位技术负责人　　B. 项目技术负责人
C. 项目经理　　D. 安全员

9. 设备安装工程施工过程的工程质量验收在（　　）自行质量检查评定的基础上进行的。

A. 建设单位　　B. 设计单位　　C. 施工单位　　D. 监理单位

10. 竣工验收由（　　）组织，在工程竣工验收 7 个工作日前将验收的时间、地点以及验收组名单书面通知当地工程质量监督站。

A. 建设单位　　B. 设计单位　　C. 施工单位　　D. 监理单位

11. 竣工验收由建设单位组织，以下（　　）单位可不参加。

A. 勘察　　B. 设计　　C. 监理　　D. 质量监督站

二、多项选择题

1. 计划实施过程进行的各项检查，包括作业者的（　　）。检查执行的情况和效果，及时发现计划执行过程中的偏差和问题。

A. 自检　　B. 互检
C. 交接检　　D. 定检
E. 专职管理者专检

2. 施工质量控制是在明确的质量方针指导下，通过对施工方案和资源配置的计划、实施、检查和处理，进行施工质量目标的（　　）控制系统过程。

A. 事前　　B. 月前

C. 事中　　D. 期中

E. 事后

3.《建设工程质量管理条例》规定：凡在中华人民共和国境内从事建设工程的（　　）等有关活动及实施对建设工程质量监督管理的，必须遵守本条例。

A. 新建　　B. 扩建

C. 改建　　D. 重建

E. 搭建

4. 施工质量的影响因素有（　　）。

A. 人的因素　　B. 材料的因素

C. 方法的因素　　D. 环境的因素

E. 组织的因素

5. 施工质量影响因素中的施工方法包括（　　）。

A. 施工技术方案　　B. 施工工艺

C. 工法　　D. 施工技术措施

E. 应急预案

6. 技术交底的内容主要包括（　　）。

A. 工程任务范围

B. 施工方法、质量标准和验收标准

C. 施工中应注意的问题，可能出现意外的措施及应急方案

D. 文明施工和安全防护措施以及成品保护要求

E. 进度款的合理规划

7. 工程项目竣工验收工作，通常可分为三个阶段，即（　　）。

A. 事前验收　　B. 竣工验收的准备

C. 事中验收　　D. 初步验收

E. 正式验收。

三、判断题（正确的在括号内填“A”，错误的在括号内填“B”）

1. 施工质量控制是在明确的质量方针指导下，通过对施工方案和资源配置的计划、实施、检查和处置，进行施工质量目标的事前控制、事中控制和事后控制的系统过程。（　　）

2. 施工质量的影响因素主要有人、材料、机械、方法及环境五大方面，即4M1E。（　　）

3. 事前质量控制是指在正式施工前进行的事前主动质量控制，通过编制施工质量计划，明确质量目标，制定施工方案，设置质量管理点，落实质量责任，分析可能导致质量目标偏离的各种影响因素，针对这些影响因素制定有效的预防措施，防患于未然。（　　）

4. 项目开工前应由项目技术负责人向承担施工的负责人或分包人进行书面技术交底，技术交底资料应办理签字手续并归档保存。（　　）

5. 每一分部工程开工前均应进行作业技术交底，技术交底书应由施工项目技术人员编制，并经项目负责人批准实施。（　　）

6. 工程质量的验收均应在施工单位自行检查评定的基础上进行。（　　）

7. 隐蔽工程在隐蔽后应由施工单位通知有关单位进行验收，并应形成验收文件。（　　）

8. 涉及结构安全的试块、试件以及有关材料，应按规定进行见证取样检测。（　　）

9. 工程施工质量验收资料具体内容为：施工现场质量管理检查记录；单位工程质量竣工验收记录；分部工程质量验收记录；分项工程质量验收记录；检验批质量验收记录。（　　）

四、案例分析题

背景资料：某公司承接一幢大型商业楼的机电安装工程，包括通风空调工程、热水和供暖工程、电气工程、建筑智能化系统工程。在施工质量检验时，发现许多质量问题：电缆桥架安装不当，热水管道未安装减压阀，部分风阀控制器无法运行，通风空调系统在试运转时风管振动大等。针对这些质量问题，监理单位要求施工单位进行了处理和整改。

根据上述背景材料，回答下列问题：

1. 水平悬吊的风管长度超过（　　）m 的系统，应设置不少于 1 个的防止风管摆动的固定支架。(单项选择题)

A. 5　　B. 10　　C. 15　　D. 20

2. 减压阀应安装在垂直管段上，阀体应保持垂直。（　　）(判断题，正确选 A，错误选 B)

3. 凡是工程不合格，必须进行返修、加固或报废处理，由此造成直接经济损失低于 2000 元的称为质量问题。（　　）(判断题，正确选 A，错误选 B)

4. 关于桥架安装的施工工艺，下列说法错误的是（　　）。(多项选择题)

A. 电缆桥架转弯处的弯曲半径，不应小于桥架内电缆最小允许弯曲半径的最小值

B. 几组电缆桥架在同一高度平行安装时，各相邻电缆桥架间应考虑维护、检修距离

C. 桥架由室外较高处引到室内时，应先向上倾斜，然后水平引到室内

D. 电缆桥架在电缆沟和电缆隧道内安装，应使用托臂固定在异形钢单立柱上，支持电缆桥架

E. 电缆桥架可以作为施工人员的通道、梯子或操作平台

5. 当建筑工程质量不符合要求时，下列处理方式正确的是（　　）。(多项选择题)

A. 经返工重做或更换器具、设备的检验批，应重新进行验收

B. 经有资质的检测单位检测鉴定能够达到设计要求的检验批，应予以验收

C. 经有资质的检测单位检测鉴定达不到设计要求，但经原设计单位核算认可能够满足结构安全和使用功能的检验批，可予以验收

D. 经有资质的检测单位检测鉴定达不到设计要求，但经建设单位核算认可能够满足结构安全和使用功能的检验批，可予以验收

E. 经返修或加固处理的分项、分部工程如改变外形尺寸，应严禁验收

第 14 章　设备安装工程安全管理

一、单项选择题

1. 所有新工人（包括新招收的合同工、临时工、农民工及实习和代培人员）必须经过（　　），即：施工人员进场作业前进行公司、项目部、作业班组的安全教育。

A. 思想政治教育　　B. 理论水平教育

C. 三级安全教育　　D. 技能操作规范化教育

2. 指对操作者本人和其他工种作业人员以及对周围设施的安全有重大危险因素的作业是（　　）。

A. 固定作业　　B. 一般作业　　C. 特种作业　　D. 临时作业

3. 施工安全管理的工作目标要求按期开展安全检查活动，对查出的事故隐患的整改应达到整改“五定”要求，即：定整改责任人、定整改措施、定整改完成时间、定整改完成人和（　　）。

A. 定整改验收人　　B. 定整改预算　　C. 定整改方案　　D. 定整改目标

4. 安全生产必须把好“七关”，这“七关”包括教育关、措施关、交底关、防护关、验收关、检查关和（　　）。

A. 监控关　　B. 文明关　　C. 改进关　　D. 计划关

5. 施工现场设置钢制大门，大门牢固、美观。高度不宜低于 4m，大门上应标有（　　）。

A. 企业标志　　B. 企业标识　　C. 企业名称　　D. 企业代号

6. 施工现场的围挡必须沿工地四周连续设置，不得有缺口，围挡的高度：市区主要路段不宜低于 2.5m；一般路段不低于（　　）m。

A. 1.0m　　B. 1.2m　　C. 1.5m　　D. 1.8m

7. 施工现场大门内必须设置明显的五牌一图，一图是指（　　）。

A. 施工现场平面布置图　　B. 施工平面图

C. 施工结构图　　D. 工程竣工图

8. 施工现场安全指令标志是指（　　）。

A. 禁止通行　　B. 严禁抛物　　C. 禁止合闸　　D. 佩戴安全帽

9. 施工现场禁止标志是指（　　）。

A. 小心坠落等　　B. 禁止合闸　　C. 安全通道　　D. 禁止通行

10. 施工现场临时用电配电线路安装要求正确的是（　　）。

A. 按照 TN-S 系统要求配备二芯电缆

B. 按要求架设临时用电线路的电杆、横担、瓷夹、瓷瓶等，或设置电缆埋地的地沟

C. 对靠近施工现场的外电线路，设置钢质、塑料等绝缘体的防护设施

D. 按照二级配电三级漏电保护方式配电

11. 按生产安全事故造成的人员伤亡或直接经济损失可分为（　　）。

A. 轻伤事故、重伤事故、死亡事故、重大伤亡事故

B. 重伤事故、死亡事故、较大伤亡事故、特大伤亡事故

C. 重伤事故、重大事故、重大伤亡事故、特大伤亡事故

D. 特别重大事故、重大事故、较大事故、一般事故

12. 某工程施工中发生安全事故，造成 3 人死亡、9 人受伤，直接经济损失 240 万元，按生产安全事故造成的人员伤亡或直接经济损失分类，该工程事故属于（　　）。

A. 一般事故　　B. 较大事故　　C. 重大事故　　D. 特别重大事故

13. 生产安全事故发生后，（　　）接到报告后，应当在 1h 内向事故发生地县级以上人民政府建设主管部门和有关部门报告。

A. 施工单位负责人　　B. 建设单位负责人

C. 监理单位负责人　　D. 设计单位负责人

二、多项选择题

1. 施工现场的围挡必须沿工地四周连续设置，不得有缺口，并且围挡要求（　　）。

A. 坚固　　B. 平稳

C. 严密　　D. 整齐

E. 美观

2. 施工现场大门内必须设置明显的五牌一图，五牌是指（　　）。

A. 工程特征牌　　B. 安全生产制度牌

C. 文明施工制度牌　　D. 环境保护制度牌

E. 消防保卫制度牌

3. 施工现场电力安全标志是指（　　）。

A. 禁止合闸　　B. 当心有电

C. 安全通道　　D. 火警

E. 当心落物

4. 施工现场警告标志是指（　　）。

A. 当心落物　　B. 小心坠落等

C. 禁止合闸　　D. 当心有电

E. 安全通道

5. 施工现场临时用电布置三级配电要求配备（　　）。

A. 总配电箱　　B. 分配电箱

C. 临时配电箱　　D. 永久配电箱

E. 开关箱

6. 施工现场临时用电布置配电箱、开关箱设置要求说法正确的是（　　）。

A. 按三级配电要求，配备总配电箱、分配电箱、开关箱

B. 开关箱应符合一机、一箱、一闸、一漏

C. 按两级保护的要求，总配电箱和分配电箱中设置漏电保护器

D. 按两级保护的要求，分配电箱和开关箱中设置漏电保护器

E. 装置施工现场保护零线的重复接地应不少于三处

7. 下列情况中属于特别重大事故的是（　　）。

A. 造成 30 人以上死亡　　B. 造成 20 人以上死亡

C. 造成 100 人以上重伤　　D. 造成急性工业中毒 50 人以上

E. 造成直接经济损失 1 亿元以上

三、判断题（正确的在括号内填“A”，错误的在括号内填“B”）

1. 对操作者本人和其他工种作业人员以及对周围设施的安全有重大危险因素的作业人员，必须经过专门培训，并取得特种作业资格。（　　）

2. 一般工程施工安全技术措施在施工前必须编制完成，并经过项目经理部的技术部门负责人审核，项目经理部总工程师审批，报公司项目管理部、安全监督部门备案。（　　）

3. 对于重要工程或较大专业工程的施工安全技术措施，由项目（或专业公司）总工程师审核，公司项目管理部、安全监督部复核，由公司技术部或公司总工程师委托技术人员审批，并在公司项目管理部、安全监督部备案。（　　）

4. 施工安全技术交底是在建设工程施工后，项目部的技术人员向施工班组和作业人员进行有关工程安全施工的详细说明，并由双方签字确认。（　　）

5. 施工围挡材料应选用砌体、金属板材等硬质材料，禁止使用彩条布、竹笆、安全网等易变形材料。（　　）

6. 现场内的施工区、办公区和生活区要分开设置，保持安全距离，并设标志牌，办

公区和生活区应根据实际条件进行绿化。（ ）

7. 施工现场临时用电线路的布置，必须符合安装规范和安全操作规程的要求，严格按施工组织设计进行架设，严禁任意拉线接电，而且必须设有保证施工要求的夜间照明。（ ）

四、案例分析题

背景材料：2012年，南方建筑安装公司以施工总承包模式承揽了某建设单位的建筑工程项目，并将机电设备安装工程分包给某安装公司，在施工过程中发生了以下事件：

事件一：2013年7月1日，建设单位提出了设计变更，7月15日，总承包单位向甲提出了工程量签证，但建设单位拒绝了签证。

事件二：分包单位在施工过程中存在施工隐患，总承包单位乙提出了整改意见，但分包单位坚持不改，最终导致了安全事故，造成4人死亡。

根据上述背景，回答下列问题

1. 在建设单位拒绝签证后，南方建筑公司可以在约定期限内向业主工程师提出工程索赔。（ ）（判断题，正确选A，错误选B）

2. 关于工程量签证，下列说法正确的是（ ）。（多项选择题）

A. 工程量签证是指承发包双方在建设工程施工合同履行过程中因设计变更等因素导致工程量发生变化，由承发包双方达成的意见表示一致的协议，或者是按照双方约定的程序确认工程量

B. 签证保护的是施工单位，只对发包单位具有法律约束力

C. 签证可以直接作为结算的证据

D. 工程量签证必须采用书面的形式

E. 工程量签证必须经业主盖章确认，无须监理工程师签字

3. 按事故造成的人员伤亡或者直接经济损失分类，该事故属于（ ）。（单项选择题）

A. 特别重大事故　B. 重大事故　C. 较大事故　D. 一般事故

4. 对于此项事故的责任问题，下列说法正确的是（ ）。（单项选择题）

A. 由分包单位承担全部责任

B. 由分包单位承担主要责任，总承包单位承担连带责任

C. 由总承包单位承担全部责任

D. 由总承包单位承担主要责任，分包单位承担连带责任

5. 这起事故应按照事故发生后的“四不放过”原则处理。（ ）（判断题，正确选A，错误选B）

第五篇　设备安装工程信息化技术管理

第15章　信息化技术管理概述

一、单项选择题

1. 施工项目安全文明施工信息不包括（ ）。

A. 安全设施验收　B. 安全教育

C. 安全事故　　　　　　　　　　　　D. 劳动力需要量计划

2. 施工图预算、中标投标书、合同、工程款及索赔等均属于施工项目（　　）的内容。

A. 工程协调信息　　　　　　　　　　B. 施工信息

C. 成本信息　　　　　　　　　　　　D. 商务计划

3. 日施工计划表、工程统计表、材料消耗和现金台账等均属于施工项目（　　）的内容。

A. 工程协调信息　　　　　　　　　　B. 进度控制信息

C. 成本信息　　　　　　　　　　　　D. 商务计划

4. 施工进度计划表、资源计划表、完成工作分析表等均属于施工项目（　　）的内容。

A. 工程协调信息　　　　　　　　　　B. 进度控制信息

C. 成本信息　　　　　　　　　　　　D. 商务计划

5. 施工项目结算、保修书等均属于施工项目（　　）的内容。

A. 工程协调信息　　　　　　　　　　B. 竣工验收信息

C. 成本信息　　　　　　　　　　　　D. 商务计划

6. 机电工程项目开工前，（　　）单位组织有关单位对施工图设计文件会审，填写会审记录。

A. 建设　　　　B. 监理　　　　C. 设计　　　　D. 施工

7. 工程项目原材料、构配件、成品、半成品和设备的出厂合格证及进场检验报告，施工实验记录和见证检测报告均属于建设工程项目的（　　）。

A. 质量控制资料　　　　　　　　　　B. 施工质量验收资料

C. 测量记录文件　　　　　　　　　　D. 施工日志记录文件

8. 机电工程项目开工前，对施工图设计文件会审时由（　　）单位作技术交底，并作交底纪要。

A. 建设　　　　B. 监理　　　　C. 设计　　　　D. 施工

9. 机电工程项目施工组织设计由（　　）单位编制。

A. 建设　　　　B. 监理　　　　C. 设计　　　　D. 施工

10. 施工现场质量管理检查记录；单位工程质量竣工验收记录；分部工程质量验收记录均属于建设工程项目的（　　）。

A. 质量控制资料　　　　　　　　　　B. 施工质量验收资料

C. 测量记录文件　　　　　　　　　　D. 施工日志记录文件

11. 计算机辅助工程网络计划编制不具有（　　）的优点。

A. 确保工程网络计划计算的准确性　　B. 有利于工程网络计划及时调整

C. 有利于编制资源需求计划　　　　　D. 形象直观

12. 具有屏幕图形编辑灵活自如、瞬间即可生成流水网络图、多种图式转换方便快捷、子母网络系统随意分并、各种统计功能丰富多样、施工进度情况随时展现等功能的软件是（　　）。

A. Primavera P6 系列软件　　　　　B. Microsoft Project 软件

C. 梦龙 Morrowsoft 软件　　　　　　D. MicroStation 软件

13. 由微软开发销售，设计目的在于协助项目经理发展计划、为任务分配资源、跟踪进度、管理预算和分析工作量的项目管理软件程序是（　　）。

A. Primavera P6 系列软件　　B. Microsoft Project 软件

C. 梦龙 Morrowsoft 软件　　D. MicroStation 软件

14. 能够为工程项目提供全局优先次序排列、进度计划、项目管控、执行管理及多项目、组合管理等功能的项目管理软件程序是（　　）。

A. Primavera P6 系列软件　　B. Microsoft Project 软件

C. 梦龙 Morrowsoft 软件　　D. MicroStation 软件

15. 专用格式为 DGN 并兼容 AutoCAD 的 DWG/DXF 等格式的二维和三维 CAD 设计软件是（　　）。

A. 梦龙 Morrowsoft 软件　　B. BIM 软件

C. 天正建筑 CAD 软件　　D. MicroStation 软件

16. 建筑（　　）模型是利用数字模型对项目进行设计、施工和运营的过程。

A. 信息　　B. 3D　　C. CAD　　D. 仿真

17. 建筑信息模型是利用（　　）模型对项目进行设计、施工和运营的过程。

A. 数字　　B. 3D　　C. CAD　　D. 仿真

18. Primavera 项目管理软件是进行计算机辅助（　　）控制的软件。

A. 进度　　B. 质量　　C. 安全　　D. 成本

19. 项目管理软件（　　）的表现方式可以是单代号网络图，并自动生成横道图。

A. Primavera P6 系列软件　　B. Microsoft Project 软件

C. 梦龙 Morrowsoft 软件　　D. MicroStation 软件

20. 可随时展现施工进度情况，并实现资源、费用优化控制的软件是（　　）。

A. AutoCAD 系列软件　　B. 3DS MAX 软件

C. 梦龙 Morrowsoft 软件　　D. MicroStation 软件

二、多项选择题

1. 施工文件档案管理的内容主要包括：（　　）。

A. 工程施工技术管理资料　　B. 工程质量控制资料

C. 工程施工质量验收　　D. 竣工图

E. 工程研究论文

2. 现代化的大型机电安装工程项目具有（　　）的特点。

A. 系统性强　　B. 功能齐全

C. 自动化程度高　　D. 安装施工简便

E. 建设周期短

3. 安全文明施工信息包括（　　）记录。

A. 安全交底　　B. 施工设施验收

C. 安全教育　　D. 复查整改

E. 安全事故

4. 工程施工质量验收资料具体内容为（　　）。

A. 设计质量管理检查记录　　B. 单位工程质量竣工验收记录

C. 分部工程质量验收记录　　D. 分项工程质量验收记录

E. 检验批质量验收记录

5. 常用于计算机辅助进度控制的软件有（　　）。

A. Primavera P6 系列软件　　B. Microsoft Project 软件

C. 梦龙 Morrowsoft 软件　　D. MicroStation 软件

E. BIM 软件

6. Primavera 项目管理软件能够为工程项目提供（　　）功能。

A. 全局优先次序排列　　B. 进度计划

C. 项目控制　　D. 执行管理及多项目组合管理

E. 设计优化

7. 下列软件中（　　）不具有计算机辅助进度控制功能。

A. Primavera P6 系列软件　　B. Microsoft Project 软件

C. AutoCAD 软件　　D. MicroStation 软件

E. BIM 软件

8. Primavera 项目管理软件能不够为工程项目提供（　　）功能。

A. 全局优先次序排列　　B. 进度计划

C. 数字建模　　D. 执行管理及多项目组合管理

E. 设计优化

9. 不能实现资源、费用优化控制的软件是（　　）。

A. AutoCAD 系列软件　　B. 3DS　MAX 软件

C. Morrowsoft 软件　　D. MicroStation 软件

E. DeST 软件

10. 可实现建筑工程计算机绘图功能的软件是（　　）。

A. AutoCAD 系列软件　　B. 3DS　MAX 软件

C. Morrowsoft 软件　　D. MicroStation 软件

E. DeST 软件

三、判断题（正确的在括号内填“A”，错误的在括号内填“B”）

1. 随着知识经济和网络信息时代的到来，机电工程项目管理的信息化已成为必然趋势。（　　）

2. 针对建设项目的全寿命周期，机电工程项目管理采用集成化管理理念，管理涉及项目工期、造价、质量、安全、环境等要素的集成管理。（　　）

3. 工程质量控制资料是机电安装工程施工全过程全面反映工程质量控制和保证的依据性证明资料。（　　）

4. 机电安装工程信息化管理基于信息技术提供的可能性，对管理过程中需要处理的所有信息进行高效地采集、加工、传递和实时共享，减少部门之间对信息处理的重复工作。（　　）

5. 工程质量控制资料是机电安装工程施工全过程全面反映工程质量控制和保证的依据性证明资料，包括工程项目原材料、构配件、成品、半成品和设备的出厂合格证及进场检验报告；施工实验记录和见证检测报告；隐蔽工程验收记录文件，交接检查记录。

（　　）

6. 工程施工质量验收资料具体内容为：单位工程质量竣工验收记录、分部工程质量验收记录、分项工程质量验收记录、检验批质量验收记录等。（　　）

7. 建筑信息模型（Building Information Modeling）是利用虚拟模型对项目进行设计、施工和运营的过程。从建筑的设计、施工、运营，直至建筑全寿命周期的终结，BIM 可以帮助实现建筑信息的集成。（ ）

8. Microsoft Project（或 MSP）是由微软开发销售的项目管理软件程序，其表现方式为双代号网络图，并自动生成横道图。（ ）

9. 计算机辅助档案管理亦称档案管理自动化，指使用计算机输入、贮存、处理、检索、输出、传递档案信息，实现档案自动编目和检索，对档案存储环境进行监测和控制，以及对档案行政管理数据进行处理等。（ ）

10. 档案管理应用计算机技术的主要方面，是在检索语言一定程度规范化的基础上，使用计算机进行档案信息处理，建立、维护档案信息的计算机文档和数据库，实现不同水平的档案自动编目和检索。（ ）

第六篇　法律基础与职业道德

第16章　工程建设相关的法律基础知识

一、单项选择题

1. 建设单位将应当由一个承包单位完成的建设工程分解成若干部分发包给不同的承包单位的行为称为（ ）。

A. 招标分包　B. 肢解发包　C. 转包发包　D. 合法分包

2. 组成联合体的成员单位投标之前必须要签订共同投标协议，明确约定各方拟承担的工作和责任，联合体投标未附联合体各方共同投标协议的，由（ ）初审后按废标处理。

A. 评标委员会　B. 招标办公司　C. 监理单位　D. 施工单位

3. 两个以上不同资质等级的单位实行联合共同承包的，应当按照（ ）的单位的业务许可范围承揽工程。

A. 资质等级较低　B. 资质等级较高　C. 信誉较好　D. 从业年限较长

4. 工程监理在本质上是项目管理，是代表（ ）而进行的项目管理。

A. 建设单位　B. 施工单位　C. 监理单位　D. 设计单位

5. 建筑工程总承包单位按照总承包合同的约定对建设单位负责，分包单位按照分包合同的约定对总承包单位负责，总承包单位和分包单位就分包工程对（ ）承担连带责任。

A. 施工单位　B. 监理单位　C. 建设单位　D. 设计单位

6. 工程监理单位应当根据（ ）的委托，客观、公正地执行监理业务。

A. 建设单位　B. 质量监督单位　C. 施工单位　D. 设计单位

7. 生产经营单位的（ ）人员必须按照国家有关规定经专门的安全作业培训，取得特种作业操作资格证书，方可上岗作业。

A. 特种作业　B. 普通作业　C. 一般作业　D. 主要负责人

8. 生产经营单位对重大危险源应当登记建档，进行定期（ ），并制订应急预案，告知从业人员和相关人员在紧急情况下应当采取的应急措施。

A. 检测、评比、监控　　B. 检查、评估、监控

C. 检测、评估、监测　　D. 检测、评估、监控

9.《建设工程安全生产管理条例》规定，施工单位（　　）依法对本单位的安全生产工作全面负责。

A. 主要负责人　　B. 项目经理　　C. 安全员　　D. 施工技术负责人

10. 专职安全生产管理人员是指经建设主管部门或者其他有关部门（　　）的专职人员，包括施工单位安全生产管理机构的负责人及其工作人员和施工现场专职安全生产管理人员。

A. 安全生产考核合格

B. 取得安全生产考核合格证书

C. 在企业从事安全生产管理工作

D. 安全生产考核合格，取得安全生产考核合格证书，在企业从事安全生产管理工作

11. 建设工程实行施工总承包的，由（　　）对施工现场的安全生产负总责。

A. 总承包单位　　B. 设计单位　　C. 建设单位　　D. 监理单位

12.《安全生产管理条例》规定：分包单位应当服从总承包单位的安全生产管理，分包单位不服从管理导致生产安全事故的，由（　　）承担主要责任。

A. 总承包单位　　B. 分包单位　　C. 建设单位　　D. 监理单位

13. 施工单位的主要负责人、项目负责人、专职安全生产管理人员应当经（　　）考核合格后方可任职。

A. 建设行政主管部门　B. 公安部门　　C. 建设单位　　D. 监理单位

14. 建设工程勘察、设计文件内容需要作重大修改的，（　　）应当报经原审批机关批准后，方可修改。

A. 施工单位　　B. 设计单位　　C. 建设单位　　D. 监理单位

15. 施工人员对涉及结构安全的试块、试件以及有关材料，应当在建设单位或者工程监理单位监督下现场取样，并送具有相应资质等级的（　　）进行检测。

A. 质量检测单位　　B. 质量监督单位　　C. 安全检测单位　　D. 安全监督单位

16. 工程（　　）对施工中出现质量问题的建设工程或者竣工验收不合格的建设工程，应当负责返修。

A. 施工单位　　B. 设计单位　　C. 建设单位　　D. 监理单位

17. 已建立劳动关系，未同时订立书面劳动合同的，应当自用工之日起（　　）订立书面劳动合同。

A. 一个月内　　B. 三个月内　　C. 六个月内　　D. 一十二个月内

18. 用人单位自用工之日起超过一个月不满一年未与劳动者订立书面劳动合同的，应当依照劳动合同法的规定向劳动者每月支付（　　）的工资，并与劳动者补订书面劳动合同。

A. 一倍　　B. 两倍　　C. 三倍　　D. 四倍

19. 三年以上固定期限和无固定期限的劳动合同，试用期不得超过（　　）月。

A. 1个　　B. 2个　　C. 3个　　D. 6个

20. 集体合同可分为专项集体合同、行业性集体合同和（　　）集体合同。

A. 局域性　　B. 区域性　　C. 广域性　　D. 区间性

21. 集体合同订立后，应当报送（　　）部门；其自收到集体合同文本之日起十五日内未提出异议的，集体合同即行生效。

A. 劳动行政　　B. 监理　　C. 公安部门　　D. 质量监督

二、多项选择题

1. 从事建筑活动的施工建筑企业、勘测单位、设计单位和工程监理单位，应当具备国家规定的条件，具体有（　　）。

A. 注册资本　　B. 专业技术人员

C. 技术装备　　D. 从业年限

E. 历史业绩

2. 肢解发包的弊端有（　　）。

A. 导致发包人变相规避招标　　B. 不利于投资控制

C. 增加发包的成本　　D. 增加了发包人管理的成本

E. 有利于进度目标控制

3. 建设工程施工合同可认定为无效合同的是（　　）。

A. 承包人未取得建筑施工企业资质

B. 承包人超越建筑施工企业资质等级

C. 没有资质的实际施工人借用有资质的建筑施工企业名义

D. 建设工程必须进行招标而未招标或者中标无效

E. 建设工程通过合法招标，且中标有效

4. 转包指的是承包单位承包建设工程后，不履行合同约定的责任和义务，以下属于转包行为的是（　　）。

A. 将其承包的全部建设工程转给他人

B. 将其承包的全部建设工程肢解以后以分包的名义分别转给其他单位承包的行为

C. 将其所承包的工程中的专业工程发包给其他承包单位完成的活动

D. 将其劳务作业发包给其他承包单位完成的活动

E. 分包单位将其承包的建设部分工程再分包

5. 以下属于违法分包的行为有（　　）。

A. 总承包单位将建设工程分包给具备相应资质条件的单位的

B. 建设工程总承包合同中未有约定，又未经建设单位认可，承包单位将其承包的部分建设工程交由其他单位完成的

C. 施工总承包单位将建设工程主体结构的施工分包给其他单位的

D. 分包单位将其承包的建设工程再分包的

E. 总承包单位将建设工程分包给不具备相应资质条件的单位的

6. 国务院规定必须实行强制监理的建筑工程的范围有（　　）。

A. 国家重点建设项目

B. 总投资额在3000万元以上供水、供电、供气、供热等市政工程项目

C. 总投资额在2500万元以上科技、教育、文化等项目

D. 建筑面积 5 万 m^2 以下的住宅建设工程

E. 使用世界银行、亚洲开发银行等国际组织贷款资金的项目

7. 工程监理的依据包括（　　）。

A. 法律、法规　　B. 有关的技术标准

C. 设计文件　　D. 建设工程承包合同

E. 工程承包价格

8. 生产经营单位对从业人员要求有（　　）。

A. 进行安全生产教育和培训，保证从业人员具备必要的安全生产知识

B. 熟悉有关的安全生产规章制度和安全操作规程

C. 掌握本岗位的安全操作技能

D. 未经安全生产教育和培训合格的从业人员，不得上岗作业

E. 了解本岗位的安全操作技能

9. 生产经营单位新建、改建、扩建工程项目（以下统称建设项目）的安全设施，必须与主体工程执行（　　），即“三同时”制度。

A. 同时设计　　B. 同时进场

C. 同时施工　　D. 同时验收

E. 同时投入生产和使用

10. 安全生产中从业人员的权利包括（　　）。

A. 说明权　　B. 批评权和检举、控告权

C. 拒绝权　　D. 紧急避险权

E. 获得安全生产教育和培训的权利

11. 以下（　　）特种作业人员，必须按照国家有关规定经过专门的安全作业培训，并取得特种作业操作资格证书后，方可上岗作业。

A. 垂直运输机械作业人员　　B. 安装拆卸工

C. 爆破作业人员　　D. 起重信号工

E. 砌筑作业人员

12. 施工单位应采取的安全措施有（　　）。

A. 编制安全技术措施　　B. 安全施工技术交底

C. 施工现场安全警示标志的设置　　D. 编制质量技术措施

E. 办理意外伤害保险

13. 施工单位有下列（　　）行为之一的，责令限期改正；逾期未改正的，责令停业整顿，并处 5 万元以上 10 万元以下的罚款；造成重大安全事故，构成犯罪的，对直接责任人员，依照刑法有关规定追究刑事责任。

A. 施工前未对有关安全施工的技术要求作出详细说明

B. 未根据不同施工阶段和周围环境及季节、气候的变化，在施工现场采取相应的安全施工措施，或者在城市市区内的建设工程施工现场未实行封闭围挡

C. 安全防护用具、机械设备、施工机具及配件在进入施工现场前未经查验或者查验不合格即投入使用

D. 施工现场临时搭建的建筑物不符合安全使用要求

E. 未对因建设工程施工可能造成损害的毗邻建筑物、构筑物和地下管线等采取专项防护措施

14.《建设工程质量管理条例》规定：凡在中华人民共和国境内从事建设工程的（　　）等有关活动及实施对建设工程质量监督管理的，必须遵守本条例。

A. 新建　　　　B. 扩建

C. 改建　　　　D. 重建

E. 搭建

15.《建设工程质量管理条例》规定：施工单位的（　　）行为应承担法律责任。

A. 超越资质承揽工程　　　　B. 出借资质

C. 转包或者违法分包　　　　D. 偷工减料，不按图施工

E. 履行保修义务

16. 劳动者在试用期的工资不得低于（　　）的标准。

A. 本单位相同岗位最低档工资的60%　　　　B. 本单位相同岗位最低档工资的80%

C. 不得低于劳动合同约定工资的60%　　　　D. 不得低于劳动合同约定工资的80%

E. 不得低于用人单位所在地的最低工资

17. 出现以下（　　）情形之一的，用人单位与劳动者可解除约定服务期的劳动合同，劳动者应按照劳动合同约定向用人单位支付违约金。

A. 劳动者未违反用人单位的规章制度

B. 劳动者严重失职，营私舞弊，给用人单位造成重大损害

C. 劳动者同时与其他用人单位建立劳动关系，对完成本单位的工作任务造成严重影响，或者经用人单位提出，拒不改正

D. 劳动者以欺诈、胁迫的手段或者乘人之危，使用人单位在违背真实意志的情况下订立或者变更劳动合同的

E. 劳动者被依法追究刑事责任

18.《劳动合同法》规定，用人单位有下列（　　）情形之一的，劳动者可以解除劳动合同，用人单位应当向劳动者支付经济补偿。

A. 未按照劳动合同约定提供劳动保护或者劳动条件

B. 及时足额支付劳动报酬

C. 未依法为劳动者缴纳社会保险费

D. 用人单位的规章制度违反法律、法规的规定，损害劳动者权益的

E. 以欺诈、胁迫的手段使劳动者在违背真实意思的情况下订立或者变更劳动合同的规定的情形致使劳动合同无效

19. 劳动者有下列（　　）情形之一的，用人单位不得与劳动者解除劳动合同。

A. 从事接触职业病危害作业，未进行离岗前职业健康检查，或者疑似职业病病人在诊断或者医学观察期间

B. 在本单位患职业病或者因工负伤并被确认丧失或者部分丧失劳动能力

C. 患病或者非因工负伤，在规定的医疗期内的

D. 女职工在孕期、产期、哺乳期的

E. 在本单位连续工作满15年，且距法定退休年龄不足3年

三、判断题（正确的在括号内填“A”，错误的在括号内填“B”）

1. 从事建筑活动的专业技术人员，应当依法取得相应的执业资格证书，即可从事一切建筑活动。（　）

2. 共同承包的组成联合体的各方成员单位对承包合同的履行承担连带责任。（　）

3. 两个以上不同资质等级的单位实行联合共同承包的，应当按照资质等级高的单位的业务许可范围承揽工程。（　）

4. 禁止承包单位将其承包的全部建筑工程转包给他人，禁止承包单位将其承包的全部建筑工程肢解以后以分包的名义分别转包给他人。（　）

5. 禁止总承包单位将工程分包给不具备相应资质条件的单位。也禁止分包单位将其承包的工程再分包。（　）

6. 总投资额在3000万元以上关系社会公共利益、公众安全的邮政、电信枢纽、通信、信息网络等基础设施项目，国家规定必须实行监理。（　）

7. 承揽工程监理的单位应当在其资质等级许可的监理范围内，承担工程监理业务。（　）

8. 建筑施工单位和危险物品的生产、经营、储存单位，应当设置安全生产管理机构或者配备专职安全生产管理人员。（　）

9. 生产经营单位发生重大生产安全事故时，单位的主要负责人应当立即组织抢救，并不得在事故调查处理期间擅离职守。（　）

10. 生产经营场所和员工宿舍应当设有符合紧急疏散要求、标志明显、保持畅通的出口。禁止封闭、堵塞生产经营场所或者员工宿舍的出口。（　）

11. 生产、经营、储存、使用危险物品的车间、商店、仓库不得与员工宿舍在同一座建筑物内，并应当与员工宿舍保持安全距离。（　）

12. 总承包单位依法将建设工程分包给其他单位的，分包单位应当按照分包合同的约定对其分包工程的质量向总承包单位负责，总承包单位与分包单位对分包工程的质量承担连带责任。（　）

13. 施工单位必须按照工程设计要求、施工技术标准和合同约定，对建筑材料、建筑构配件、设备和商品混凝土进行检验，检验应当有书面记录和专人签字，未经检验或者检验不合格的，不得使用。（　）

14. 监理单位必须建立、健全施工质量的检验制度，严格工序管理，作好隐蔽工程的质量检查和记录。（　）

15. 劳动者患病或者非因工负伤，在规定的医疗期满后不能从事原工作，也不能从事由用人单位另行安排的工作的；劳动者不能胜任工作，经过培训或者调整工作岗位，仍不能胜任工作的，用人单位不得解除劳动合同。（　）

16. 用人单位为劳动者提供专项培训费用，对其进行专业技术培训的，可以与该劳动者订立协议，约定服务期。（　）

17. 对劳动合同的无效或者部分无效有争议的，由劳动争议仲裁机构或者人民法院确认。（　）

18. 用人单位应当严格执行劳动定额标准，不得强迫或者变相强迫劳动者加班。用人单位安排加班的，应当按照国家有关规定向劳动者支付加班费。（　）

19. 变更劳动合同，可以采用口头通知形式。（ ）

20. 集体合同的当事人一方是由工会代表的企业职工，另一方当事人是用人单位。（ ）

21. 劳动者对用人单位管理人员违章指挥、强令冒险作业，有权拒绝执行，对危害生命安全和身体健康的行为，有权提出批评、检举和控告。（ ）

第17章 职业道德

一、单项选择题

1. 职业道德是所有从业人员在职业活动中应该遵循的（ ）。

A. 行为准则　B. 思想准则　C. 行为表现　D. 思想表现

2. 下面关于道德与法纪的区别和联系说法不正确的是（ ）。

A. 法纪属于制度范畴，而道德属于社会意识形态范畴

B. 道德属于制度范畴，而法纪属于社会意识形态范畴

C. 遵守法纪是遵守道德的最低要求

D. 遵守道德是遵守法纪的坚强后盾

3. 党的十八大对未来我国道德建设作出了重要部署，强调要坚持依法治国和以德治国相结合，加强社会公德、职业道德、家庭美德、个人品德教育，弘扬中华传统美德，弘扬时代新风，指出了道德修养的（ ）性。

A. 二位一体　B. 三位一体　C. 四位一体　D. 五位一体

4. 职业道德是对从事这个职业（ ）的普遍要求。

A. 作业人员　B. 管理人员　C. 决策人员　D. 所有人员

5. 认真对待自己的岗位，对自己的岗位职责负责到底，无论在任何时候，都尊重自己的岗位职责，对自己的岗位勤奋有加，是（ ）的具体要求。

A. 爱岗敬业　B. 诚实守信　C. 服务群众　D. 奉献社会

6. 做事言行一致，表里如一，真实无欺，相互信任，遵守诺言，信守约定，践行规约，注重信用，忠实地履行自己应当承担的责任和义务，是（ ）的具体要求。

A. 爱岗敬业　B. 诚实守信　C. 服务群众　D. 奉献社会

7. 对一个人来说，“诚实守信”既是一种道德品质和道德信念，也是每个公民的道德责任，更是一种崇高的“人格力量”，因此“诚实守信”是做人的（ ）。

A. 出发点　B. 立足点　C. 闪光点　D. 基本点

8. 加强职业道德修养的途径不包括（ ）。

A. 树立正确的人生观

B. 培养自己良好的行为习惯

C. 学习先进人物的优秀品质

D. 提高个人技能，力争为企业创造更大的效益

9. 以下不是建设行业职业道德建设的特点有（ ）。

A. 人员多、专业多、岗位多、工种多　B. 条件艰苦，工作任务繁重

C. 施工面大，人员流动性大　D. 群众性

10. 某人具有“军人作风”、“工人性格”，讲的是这个人具有职业道德内容中的（ ）特征。

A. 职业性　　B. 继承性　　C. 多样性　　D. 纪律性

二、多项选择题

1. 公民道德主要包括（　　）三个方面。

A. 社会公德　　B. 社会责任心

C. 职业技能　　D. 职业道德

E. 家庭美德

2. 职业道德是从事一定职业的人们在其特定职业活动中所应遵循的符合职业特点所要求的（　　）的总和。

A. 道德准则　　B. 行为规范

C. 道德情操　　D. 道德品质

E. 道德追求

3. 我国现阶段各行各业普遍使用的职业道德的基本内容包括（　　）。

A. 爱岗敬业　　B. 诚实守信

C. 办事公道　　D. 奉献企业

E. 服务群众

4. 职业道德内容具有的基本特征有（　　）。

A. 职业性　　B. 继承性

C. 多样性　　D. 纪律性

E. 临时性

5. 职业道德建设的必要性和意义表现在（　　）。

A. 加强职业道德建设，是提高职业人员责任心的重要途径

B. 加强职业道德建设，是促进企业和谐发展的迫切要求

C. 加强职业道德建设，是提高企业竞争力的必要措施

D. 加强职业道德建设，是加强团队建设的基本保障

E. 加强职业道德建设，是提高全社会道德水平的重要手段

6. 一般职业道德要求（　　）。

A. 忠于职守，热爱本职　　B. 质量第一、金钱至上

C. 遵纪守法，安全生产　　D. 文明施工、勤俭节约

E. 钻研业务，提高技能

7. 对于工程技术人员来讲，提高职业道德要从以下（　　）着手。

A. 热爱科技，献身事业，不断更新业务知识，勤奋钻研，掌握新技术、新工艺

B. 深入实际，勇于攻关，不断解决施工生产中的技术难题提高生产效率和经济效益

C. 一丝不苟，精益求精，严格执行建筑技术规范，认真编制施工组织设计，积极推广和运用新技术、新工艺、新材料、新设备，不断提高建筑科学技术水平

D. 以身作则，培育新人，既当好科学技术带头人，又做好施工科技知识在职工中的普及工作

E. 严谨求实，坚持真理，在参与技术研究活动时，认定自己的水平，坚持自己的观点

8. 加强职业道德修养的方法主要有（　　）。

A. 学习职业道德规范、掌握职业道德知识

B. 努力工作，不断提高自己的生活水平

C. 努力学习现代科学文化知识和专业技能，提高文化素养

D. 经常进行自我反思，增强自律性

E. 提高精神境界，努力做到“慎独”

9. 加强建设行业职业道德建设的措施主要有（　　）。

A. 发挥政府职能作用，加强监督监管和引导指导

B. 发挥企业主体作用，抓好工作落实和服务保障

C. 改进教学手段和创新方式方法，结合项目现场管理，突出职业道德建设效果

D. 开展典型性教育，发挥惩奖激励机制作用

E. 倡导以效益为本理念，积极寻求节约的途径

三、判断题（正确的在括号内填“A”，错误的在括号内填“B”）

1. 道德是以善恶为标准，通过社会舆论、内心信念和传统习惯来评价人的行为，调整人与人之间以及个人与社会之间相互关系的行为规范的总和。（　　）

2. 涉及社会公共部分的道德，称为职业公德。（　　）

3. 社会公德是全体公民在社会交往和公共生活中应该遵循的行为准则，涵盖了人与人、人与社会、人与自然之间的关系。（　　）

4. 职业道德是所有从业人员在职业活动中应该遵循的行为准则，涵盖了从业人员与服务对象、职业与职工、职业与职业之间的关系。（　　）

5. 家庭美德是每个公民在家庭生活中应该遵循的行为准则，涵盖了夫妻、长幼、邻里之间的关系。（　　）

6. 忠实履行岗位职责是国家对每个从业人员的基本要求，也是职工对国家、对企业必须履行的义务。（　　）

7. 建筑工程的质量问题不仅是建筑企业生产经营管理的核心问题，而且是企业职业道德建设中的一个重大课题。（　　）

8. 遵纪守法，不是一种道德行为，而是一种法律行为。（　　）

9. 对一个团体来说，诚实守信是一种“形象”，一种品牌，一种信誉，一个使企业兴旺发达的基础。（　　）

10. 文明生产是指以高尚的道德规范为准则，按现代化生产的客观要求进行生产活动的行为，是属于精神文明的范畴。（　　）

11. 勤俭节约是指在施工、生产中严格履行节省的方针，爱惜公共财物和社会财物以及生产资料，它也是职业道德的一种表现。（　　）

12. 一个从业人员只要知道了什么是职业道德规范，就是不进行职业道德修养，也能形成良好职业道德品质。（　　）

三、参 考 答 案

第一篇　工程识图、房屋构造与结构体系、设备安装工程测量

第1章　工 程 识 图

一、单项选择题

1. C；2. A；3. D；4. A；5. D；6. D；7. C；8. D；9. B；10. B；11. B；12. B；13. D；14. C；15. C；16. D；17. A；18. C；19. D；20. B；21. C；22. D；23. B；24. D；25. B；26. C；27. A；28. B；29. A；30. A；31. A；32. D

二、多项选择题

1. A、C、D、E；2. A、B、C；3. A、B、C、D；4. A、B、C；5. A、C、E；6. A、B、C、D；7. A、B、C；8. A、B、C、D；9. A、B、C、E；10. A、B、C、D；11. A、B、C、D；12. A、B；13. A、B、C、D；14. A、C、D、E；15. A、B、C；16. A、E；17. A、B、C、D、E；18. A、B；19. A、B、C、E；20. A、C、D、E；21. A、B、C；22. A、B、C、D、E；23. A、B、C、D；24. A、E；25. A、B、C、D、E；26. A、B、C、D；27. B、C、D；28. B、C、D；29. A、B、C、D；30. A、B、C、D、E；31. A、B、C、D、E；32. A、B、C、D、E

三、判断题（正确的在括号内填“A”，错误的在括号内填“B”）

1. A；2. A；3. A；4. A；5. A；6. A；7. A；8. A；9. A；10. A；11. B；12. A；13. B；14. B；15. A；16. A；17. B；18. A；19. B；20. B；21. A；22. A；23. A；24. A；25. A；26. A；27. B；28. A；29. A；30. A；31. A；32. B；33. A；34. A；35. A；36. A；37. A；38. A；39. B

第2章　房屋构造和结构体系

一、单项选择题

1. A；2. C；3. B；4. C；5. D；6. D；7. D；8. B；9. D；10. B；11. D；12. B；13. C；14. D；15. B；16. B；17. B；18. C；19. B；20. B；21. D；22. C；23. D；24. C；25. B

二、多项选择题

1. A、B、C；2. A、B；3. A、B、C、D；4. A、B、C；5. A、B、E；6. A、D、E；7. A、B、C、D；8. A、B、C、D；9. A、C、D、E；10. A、C、D、E；11. B、D；12. A、B、C；13. A、B、C、D；14. D、E；15. A、B、C、E

三、判断题（正确的在括号内填“A”，错误的在括号内填“B”）

1. A；2. A；3. A；4. A；5. B；6. A；7. A；8. B；9. A；10. A；11. A；

12. B；13. A；14. A；15. A

第3章 设备安装工程测量

一、单项选择题

1. C；2. C；3. D；4. C；5. A；6. B；7. C；8. B；9. A；10. A；11. A；12. A；13. D；14. B；15. C；16. A；17. D；18. A；19. C；20. B

二、多项选择题

1. A、B、C、D；2. A、B、C、D；3. A、B、C、D；4. A、C、E；5. A、C；6. A、B、C；7. B、C、D、E；8. D、E；9. A、B、C；10. B、C、D；11. A、B、C；12. A、C

三、判断题（正确的在括号内填“A”，错误的在括号内填“B”）

1. A；2. A；3. B；4. B；5. A；6. A；7. B；8. A；9. A；10. B

第二篇 工程力学、电工学基础与设备安装工程材料

第4章 工程力学

一、单项选择题

1. C；2. A；3. C；4. D；5. B；6. B；7. A；8. C；9. D；10. A；11. D；12. D；13. D；14. B；15. A；16. D；17. C；18. A；19. D；20. A

二、多项选择题

1. A、B、C；2. A、B、C、D；3. A、B；4. A、B、C、D；5. A、B、C、D；6. A、C、D、E；7. A、B、C、D；8. A、E；9. A、E；10. B、C、D；11. A、B、C、E；12. B、C、D；13. A、B、C、D、E；14. A、B、C、D、E

三、判断题（正确的在括号内填“A”，错误的在括号内填“B”）

1. A；2. B；3. A；4. B；5. A；6. B；7. B；8. B；9. B；10. B；11. A；12. A；13. A；14. B；15. A

第5章 电工学基础

一、单项选择题

1. D；2. D；3. D；4. A；5. D

二、多项选择题

1. A、B、C；2. A、B、C、D；3. A、B、C；4. A、B、C；5. A、B、C；6. A、B、C；7. A、B、C

三、判断题（正确的在括号内填“A”，错误的在括号内填“B”）

1. A；2. A；3. A；4. B；5. B；6. B

第6章 设备安装工程材料

一、单项选择题

1. A；2. C；3. C；4. A；5. A；6. D；7. C；8. A；9. B；10. D；11. C；12. A；

13. B；14. A；15. B；16. B；17. A；18. A；19. D；20. C；21. B；22. D；23. C；24. D；25. C；26. D；27. B；28. C；29. B

二、多项选择题

1. A、B、C、D；2. B、C、D、E；3. A、C、D；4. A、B、C；5. A、B、D、E；6. B、C、D、E；7. B、C、D、E；8. A、B、C、D；9. B、C、D；10. B、D、E；11. A、B、C、D；12. A、B、D、E；13. B、C、E；14. A、B、C；15. A、B、D、E；16. B、C、D、E；17. B、D；18. B、C、D、E；19. A、E；20. A、B、C、D；21. A、B、D；22. B、D、E；23. B、D、E

三、判断题（正确的在括号内填“A”，错误的在括号内填“B”）

1. B；2. A；3. A；4. A；5. A；6. A；7. B；8. B；9. A；10. B；11. A；12. A；13. A；14. A；15. B；16. A；17. A；18. A；19. A；20. A

第三篇　设备安装工程施工技术

第7章　建筑给水排水工程施工技术

一、单项选择题

1. B；2. C；3. D；4. D；5. B；6. A；7. A；8. C；9. A；10. B；11. B；12. B；13. C；14. C；15. A；16. B；17. A；18. D；19. A；20. A；21. C；22. B；23. D；24. C；25. C；26. C；27. D；28. B；29. D；30. D；31. B；32. B；33. B；34. C；35. A；36. C；37. A；38. A；39. A；40. B；41. D；42. A；43. A；44. D

二、多项选择题

1. A、C、E；2. B、C；3. B、C、D；4. A、B、D、E；5. C、D；6. A、D、E；7. A、B、E；8. B、C、E；9. A、C、D、E；10. A、B、D、E；11. A、B、C；12. B、C；13. A、B；14. A、B、C、D；15. A、C、D、E；16. A、B、C、E；17. A、B、C、E；18. A、D；19. A、B、C、D；20. A、B、D、E；21. A、B、C；22. A、D；23. A、B、D、E；24. B、C、E；25. A、B、C、E；26. A、B、D、E；27. A、D、E；28. C、D、E；29. B、C、D、E；30. A、B、D、E；31. A、B、C、E；32. B、C、D、E；33. A、B、C、D；34. A、B、D、E；35. A、B、C、E；36. A、B、C、E；37. A、B、D、E；38. A、B、D、E

三、判断题（正确的在括号内填“A”，错误的在括号内填“B”）

1. A；2. A；3. A；4. B；5. A；6. B；7. A；8. A；9. A；10. A；11. A；12. A；13. A；14. A；15. A；16. B；17. A；18. A；19. A；20. B；21. A；22. A；23. A；24. A；25. A；26. A；27. A；28. A；29. A；30. B

四、案例分析题

（一）1. A、B、C、D；2. D；3. A、B；4. C；5. A

（二）1. A、C、D、E；2. A；3. B、C；4. A、B、E；5. A、B、D、E

（三）1. C；2. D；3. B；4. D；5. A

（四）1. C；2. D；3. C；4. A；5. A

（五）1. A；2. B；3. A、B；4. C；5. A

第8章 建筑电气安装工程施工技术

一、单项选择题

1. B；2. D；3. A；4. D；5. B；6. A；7. C；8. C；9. D；10. A；11. B；12. C；13. A；14. B；15. A；16. A；17. D；18. C；19. A；20. C；21. D；22. D；23. D；24. D；25. A；26. C；27. D；28. A；29. B；30. A；31. D；32. C；33. C；34. B；35. A；36. B；37. D

二、多项选择题

1. A、D、E；2. A、B、C、E；3. A、C、D；4. A、C、D、E；5. A、B、C、D；6. A、B、C；7. A、D、E；8. B、C、D；9. A、B、C；10. A、B、C、D；11. A、D；12. A、B；13. A、B、D、E；14. A、B；15. A、B、C、D；16. A、B、D、E；17. A、C、D、E；18. B、C、D、E；19. A、B、C；20. B、C、D、E；21. B、C、D、E；22. B、C、D、E；23. A、B、D、E；24. A、B、C、D；25. A、B、C、D；26. B、C、D、E；27. A、D、E；28. B、C、D；29. A、B、C、D；30. A、B、C、D；31. A、C、D、E

三、判断题（正确的在括号内填“A”，错误的在括号内填“B”）

1. A；2. A；3. A；4. A；5. A；6. A；7. A；8. A；9. B；10. A；11. A；12. A；13. A；14. A；15. A；16. A；17. A；18. A；19. A；20. B；21. A；22. A；23. A；24. A；25. A；26. A；27. A；28. A；29. A；30. A；31. B；32. A；33. B；34. B；35. B；36. B；37. B；38. A；39. A；40. B；41. A；42. A；43. A；44. A；45. B；46. A；47. B；48. A

四、案例分析题

（一）1. C；2. B；3. D；4. C；5. A、B、C

（二）1. B；2. A；3. B；4. C；5. A、B、C、D

（三）1. D；2. C；3. A；4. B；5. A、B、C、E

第9章 通风与空调工程施工技术

一、单项选择题

1. C；2. A；3. B；4. C；5. C；6. A；7. C；8. B；9. B；10. D；11. B；12. B；13. D；14. B；15. B；16. B；17. B；18. C；19. C；20. C；21. C；22. C；23. B；24. A；25. B；26. A；27. C；28. B；29. B；30. B；31. D；32. A；33. B；34. C；35. C；36. A；37. A；38. B；39. B；40. B；41. C；42. C；43. D；44. D；45. B；46. C；47. C；48. D；49. B；50. B；51. C；52. D；53. D；54. B；55. B；56. A；57. B；58. C；59. D；60. C

二、多项选择题

1. A、C、D、E；2. A、E；3. B、C、D、E；4. A、B、E；5. A、B、D；6. A、B、E；7. A、C、D、E；8. A、B、C、D；9. B、C、D；10. A、B、C；11. A、B、C、D；12. A、C、D；13. A、B、C、E；14. A、B、D、E；15. B、C、E；16. B、C、D、E；17. A、B、D；18. A、B、D、E；19. D、E；20. A、B、D；21. B、D；22. A、B、

C；23. C、D；24. A、B；25. A、B；26. B、D；27. A、B、E；28. A、C、D；29. A、D、E；30. C、D；31. A、C、D、E；32. B、E；33. A、B、D、E；34. B、E；35. B、C、D；36. C、D、E；37. A、B、C、D；38. A、B、C、D；39. A、B、C、D；40. A、B、D

三、判断题（正确的在括号内填“A”，错误的在括号内填“B”）

1. A；2. A；3. B；4. B；5. A；6. B；7. A；8. A；9. B；10. A；11. A；12. B；13. B；14. A；15. A；16. B；17. B；18. A；19. A；20. B；21. A；22. A；23. A；24. A；25. B；26. A；27. B；28. B；29. B；30. B

四、案例分析题

（一）1. B、D、E；2. D；3. B、C；4. A；5. B、E

（二）1. A、B、C、D；2. A、B、C、D；3. D；4. B、D、E；5. A

（三）1. A；2. D；3. B；4. A、C、D、E

（四）1. D；2. B；3. A；4. A

（五）1. A、C、D；2. D；3. D；4. A

第10章　智能建筑工程施工技术

一、单项选择题

1. A；2. B；3. A；4. A；5. A；6. B；7. A；8. C；9. D；10. C；11. D；12. A；13. D；14. B

二、多项选择题

1、A、B、C；2. A、C、E；3. A、B、C、D；4. A、B、C、E；5. A、B、C、D；6. A、B、D、E；7. A、B、C、D；8. A、B、C、D；9. A、B、D、E；10. A、B、C、D；11. A 、C；12. A、B、C、D；13. B、C、D、E；14. A、B、C、D；15. A、B、C、D；16. B、C、D、E；17. A、B、C、D；18. B、C、D；19. A、C、D；20. A、B、C、D；21. A、C、D、E；22. A、B、C、D；23. B、C、D、E；24. A、C、D、E；25. A、C、D、E；26. A、B、C、D；27. A、C；28. B、C

三、判断题（正确的在括号内填“A”，错误的在括号内填“B”）

1. A；2. A；3. A；4. B；5. B；6. A；7. A；8. A；9. B；10. A；11. A；12. A；13. A；14. B；15. B；16. A；17. A；18. A；19. A；20. B；21. A；22. A；23. A；24. B；25. A

四、案例分析题

（一）1. B；2. C；3. A；4. B；5. A、B、C

（二）1. D；2. B；3. A、B、C、E；4. A、B、C、D

第11章　电梯安装工程技术

一、单项选择题

1. C；2. A；3. C；4. A；5. C；6. A；7. B；8. D；9. D；10. B；11. D；12. C；13. D

二、多项选择题

1. A、B、D、E；2. C、D、E；3. C、D、E；4. A、B、C；5. A、B、C、D；

6. A、C、D、E；7. B、C、D、E；8. A、B；9. A、B、C、D；10. A、C、E

三、判断题（正确的在括号内填“A”，错误的在括号内填“B”）

1. A；2. A；3. A；4. B；5. A；6. A；7. A；8. B；9. A；10. B；11. B；12. A；13. A

四、案例分析题

1. B；2. C；3. A、B、E；4. A、B、D、E；5. B

第四篇　设备安装工程施工项目管理

第12章　设备安装工程施工项目进度管理

一、单项选择题

1. C；2. B；3. C；4. A；5. C；6. B；7. A；8. B；9. A；10. C；11. B

二、多项选择题

1. A、B；2. A、B、C；3. A、B、C、E；4. A、B、C；5. C、D、E；6. A、B、C、D

三、判断题（正确的在括号内填“A”，错误的在括号内填“B”）

1. A；2. B；3. A；4. A；5. A；6. A；7. A；8. B；9. B；10. B

第13章　设备安装工程项目施工质量管理

一、单项选择题

1. B；2. A；3. A；4. B；5. C；6. C；7. C；8. B；9. C；10. A；11. D

二、多项选择题

1. A、B、E；2. A、C、E；3. A、B、C；4. A、B、C、D；5. A、B、C、D；6. A、B、C、D；7. B、D、E

三、判断题（正确的在括号内填“A”，错误的在括号内填“B”）

1. A；2. A；3. A；4. A；5. B；6. A；7. B；8. A；9. A

四、案例分析题

1. D；2. B；3. B；4. A、D、E；5. A、B、C

第14章　设备安装工程安全管理

一、单项选择题

1. C；2. C；3. A；4. B；5. B；6. D；7. A；8. D；9. D；10. B；11. D；12. B；13. A

二、多项选择题

1. A、B、C、E；2. B、C、D、E；3. A、B；4. A、B；5. A、C、E；6. A、B、E；7. A、C、E

三、判断题（正确的在括号内填“A”，错误的在括号内填“B”）

1. A；2. A；3. A；4. B；5. A；6. A；7. A

四、案例分析题

1. A；2. A、C、D；3. C；4. B；5. A

第五篇　设备安装工程信息化技术管理

第15章　信息化技术管理概述

一、单项选择题

1. D；2. D；3. A；4. B；5. B；6. A；7. A；8. C；9. D；10. B；11. D；12. C；13. B；14. A；15. D；16. D；17. A；18. A；19. B；20. C

二、多项选择题

1. A、B、C、D；2. A、B、C；3. A、C、D、E；4. B、C、D、E；5. A、B、C；6. A、B、C、D；7. C、D、E；8. C、E；9. A、B、D、E；10. A、B、D

三、判断题（正确的在括号内填“A”，错误的在括号内填“B”）

1. A；2. A；3. A；4. A；5. A；6. A；7. B；8. B；9. A；10. A

第六篇　法律基础与职业道德

第16章　工程建设相关的法律基础知识

一、单项选择题

1. B；2. A；3. A；4. A；5. C；6. A；7. A；8. D；9. A；10. D；11. A；12. B；13. A；14. C；15. A；16. A；17. A；18. B；19. D；20. B；21. A

二、多项选择题

1. A、B、C、E；2. A、B、C、D；3. A、B、C、D；4. A、B；5. B、C、D、E；6. A、B、C、E；7. A、B、C、D；8. A、B、C、D；9. A、C、E；10. B、C、D、E；11. A、B、C、D；12. A、B、C、E；13. A、B、D、E；14. A、B、C；15. A、B、C、D；16. B、D、E；17. B、C、D、E；18. A、C、D、E；19. A、B、C、D

三、判断题（正确的在括号内填“A”，错误的在括号内填“B”）

1. B；2. A；3. B；4. A；5. A；6. A；7. A；8. A；9. A；10. A；11. A；12. A；13. A；14. B；15. A；16. A；17. A；18. A；19. B；20. A；21. A

第17章　职业道德

一、单项选择题

1. A；2. B；3. C；4. D；5. A；6. B；7. B；8. D；9. D；10. A

二、多项选择题

1. A、D、E；2. A、B、C、D；3. A、B、C、E；4. A、B、C、D；5. A、B、C、E；6. A、C、D、E；7. A、B、C、D；8. A、C、D、E；9. A、B、C、D

三、判断题（正确的在括号内填“A”，错误的在括号内填“B”）

1. A；2. B；3. A；4. A；5. A；6. A；7. B；8. B；9. A；10. B；11. A；12. B

第二部分

专业管理实务

一、考 试 大 纲

第 1 章 建筑工程质量管理

1. 了解质量管理的发展；
2. 了解工程质量监督的概念；
3. 掌握影响建筑工程质量的因素；
4. 掌握工程验收资料的收集、整理，验收记录的填写；
5. 熟悉建筑工程施工质量验收标准、有关技术法规和行政法规；
6. 熟悉工程质量试验与检测；
7. 熟悉质量员职责；
8. 熟悉强制性条文以及强制性标准、强制性条文的区别。

第 2 章 建筑工程施工质量验收统一标准

1. 了解施工现场应建立的质量管理制度，检验批质量验收时抽样方案的选择，单位（子单位）工程观感质量检查评定；

2. 掌握检验批、分项工程、分部（子分部）工程、单位（子单位）工程的划分，质量验收的程序和组织；

3. 掌握检验批、分项工程、分部（子分部）工程、单位（子单位）工程各层次验收合格的标准；

4. 掌握符合条件时，可适当调整抽样复验、试验数量的规定；

5. 掌握制定专项验收要求的规定；

6. 掌握工程竣工预验收的规定；

7. 熟悉勘察单位应参加单位工程验收的规定；

8. 熟悉工程质量控制资料缺失时，应进行相应的实体检验或抽样试验的规定；

9. 熟悉建筑工程质量不符合要求的处理方法与程序；

10. 熟悉单位（子单位）工程质量控制资料、安全和功能检验资料的核查；

11. 熟悉检测报告和复验报告的区别；

12. 熟悉有关标准对建筑材料现场抽样检测的抽样频率、检测参数；

13. 熟悉检验批、分项工程、分部（子分部）工程、单位（子单位）工程质量验收记录表格的填写；

14. 熟悉单位（子单位）工程观感质量检查记录的填写；

15. 熟悉《建筑工程施工质量验收统一标准》GB 50300—2013 中的强制性条文。

第 3 章 优质建筑工程质量评价

1. 了解江苏省优质结构工程和优质单位工程的质量评价方法；

2. 掌握检验批、分项工程、分部（子分部）工程、单位（子单位）工程的质量评价标准及程序；

3. 掌握分项工程检验批的优质标准；

4. 掌握分部（子分部）工程的优质标准；

5. 掌握单位（子单位）工程的优质标准；

6. 掌握有关节能建筑的要求；

7. 熟悉优质工程质量评价时的必备条件与否决项目；

8. 熟悉优质工程实体质量检测的要求；

9. 掌握优质结构工程和优质单位工程的质量否决指标；

10. 掌握优质结构工程检查时，抽查数量的规定；

11. 掌握优质质量控制资料、安全和功能检验资料；

12. 掌握优质各分项工程观感质量要求。

第4章　住宅工程质量通病控制

1. 了解江苏省工程建设标准《住宅工程质量通病的控制标准》的范围、方法、措施、和要求；

2. 掌握防水混凝土结构裂缝、渗水控制的要求；

3. 掌握柔性防水层空鼓、裂缝、渗漏水控制的要求；

4. 掌握砌体裂缝控制的要求；

5. 掌握砌体标高、轴线等几何尺寸偏差的要求；

6. 掌握混凝土结构裂缝控制的要求；

7. 掌握混凝土构件的轴线、标高等几何尺寸偏差的要求；

8. 掌握水泥楼地面起砂、空鼓、裂缝控制的要求；

9. 掌握厨房、卫生间楼地面渗漏水控制的要求；

10. 掌握底层地面沉陷控制的要求；

11. 掌握外墙空鼓、开裂、渗漏控制的要求；

12. 掌握顶棚裂缝、脱落控制的要求；

13. 掌握屋面防水层渗漏控制的要求；

14. 掌握外墙外保温裂缝、保温效果差的控制要求；

15. 熟悉住宅工程质量通病控制的专项验收。

第5章　住宅工程质量分户验收

1. 了解江苏省工程建设标准《住宅工程质量分户验收》验收的内容；

2. 掌握住宅工程质量分户验收的条件、准备工作及有关规定；

3. 熟悉普通水泥楼地面（水泥混凝土、水泥砂浆楼地面）的验收要求；

4. 熟悉室内墙面的验收要求；

5. 熟悉室内顶棚抹灰的验收要求；

6. 熟悉门窗、护栏和扶手、隔断、玻璃安装工程的验收要求；

7. 熟悉外墙防水，外墙（窗）淋水试验的要求；

8. 熟悉外门、窗防水，外窗现场抽测的要求；

9. 熟悉屋面防水的验收要求；

10. 熟悉住宅工程质量分户验收记录的填写。

第6章 建筑给水排水及供暖工程

了解国家现行的有关标准、规范的规定和室外给水管网、室外排水系统管网、室外供热管网、建筑中水系统及游泳池水系统施工质量验收和检验批中一般项目的要求。

掌握各分项工程检验批主控项目施工质量验收的标准及检查要求，主要设备、材料、成品和半成品进场验收的质量要求。

熟悉各项承压系统管道和设备的水压试验以及非承压系统管道和系统的灌水试验的指标和过程，熟悉施工过程管理的内容和要求以及与之配套使用的规范。

1. 基本规定；

2. 各项承压系统管道和设备的水压试验以及非承压系统管道和系统的灌水试验；

3. 各种管材、管件的质量和卫生要求及检查要点；

4. 各种管道的支承形式和间距、伸缩节、接口、伸缩器的安装要点；

5. 室内排水管道的通水、通球试验；

6. 管道焊接要求及检查要点；

7. 安全阀及报警联动系统动作试验；

8. 各分项工程检验批主控项目和一般项目的要求；

9. 分部（子部分）工程质量验收；

10.《建筑给水排水及采暖工程施工质量验收规范》GB 50242—2002 中 19 条强制性条文。

第7章 自动喷水灭火系统

了解主控项目、一般项目的检验方法，建设、施工、监理单位在施工质量验收工作中的职责和组织程序。

掌握调试验收的规定及要求。

熟悉合格判定标准和工程质量缺陷划分等级的规定，熟悉新技术新产品的功效。

第8章 建筑电气工程

了解国家现行的有关标准、规范的规定和柴油发电机组、槽板配线、建筑物景观照明、航空障碍标志灯和庭院灯、建筑等电位联结和检验批中一般项目的施工质量验收的要求。

掌握各分项工程检验批中主控项目施工质量验收的标准及检查要求。主要设备、材料、成品和半成品进场验收的质量要求和强制性条文。

熟悉工序交接确认和过程管理的内容和要求以及与之配套使用的规范。

1. 基本规定；

2. 成套配电柜、控制柜（屏、台）和动力、照明配电箱（盘）安装的质量要求和检查要点；

3. 低压电气动力设备试验和试运行的检查要点；

4. 裸母线、封闭母线、插接式母线质量要求和检查要点；
5. 电线导管、电缆导管的质量要求和检查要点；
6. 电线、电缆的连接；
7. 开关、插座、照明器具的安装、试验和试运行；
8. 各种接地和接零的检查；
9. 导线间及导线对地间绝缘电阻的测试；
10. 接地装置、接闪器避雷系统的检查；
11. 分部（子分部）工程验收的要求；
12. 《建筑电气工程施工质量验收规范》GB 50303—2002 中 16 条强制性条文。

第9章　建筑物防雷工程

了解规范适用于工程的范围，掌握接地装置、引下线、等电位联结等分项施工检查的方法。

掌握工程质量验收的内容。

熟悉工程中采用的主要设备、材料、成品和半成品。

第10章　通风与空调工程

了解国家现行的有关标准、规范的规定和净化空调系统施工质量验收和各检验批中一般项目的要求。

掌握各分项工程检验批主控项目施工质量验收的标准及检查要求，主要设备、材料、成品和半成品进场验收的质量要求。

熟悉金属和非金属风管、空调水系统及部件的安装质量验收和消防控制的指标要求、施工过程管理以及与之配套使用的规范。

1. 基本规定；
2. 金属风管的制作和安装质量检查要点；
3. 非金属风管的制作和安装质量检查要点；
4. 部件制作的质量检查要求；
5. 空气处理室、通风机质量和安装检查要点；
6. 制冷管道系统的管道焊接、安装质量检查；
7. 制冷管道系统及阀部件系统有关试验的检查；
8. 管道的防腐、保温和绝热质量检查；
9. 通风空调系统的测定和调整；
10. 竣工验收的要求；
11. 综合效能的测定与调整；
12. 《通风与空调工程施工质量验收规范》GB 50243—2002 中 20 条强制性条文。

第11章　电 梯 工 程

了解电梯安装工程质量验收的概念。

掌握分项工程检验批主控项目施工质量验收的标准及检查要求，主要设备进场、土建交接验收的质量要求。

熟悉电梯工程的安装质量验收和施工过程管理以及与之配套使用的规范。

1. 基本规定；
2. 设备进场验收；
3. 土建交接验收；
4. 层门与电气安全装置的联锁；
5. 电气装置检查要点；
6. 整机安装验收的要求；
7. 分部（子分部）工程质量验收；
8. 《电梯工程施工质量验收规范》GB 50310—2002 中 9 条强制性条文。

第 12 章　智能建筑工程

了解《智能建筑工程质量验收规范》GB 50339—2013 的主要内容。

掌握智能建筑工程质量验收的程序。

熟悉系统检测的有关内容。

第 13 章　民用建筑节能工程

1. 了解国家能源政策及节能建筑的有关要求；
2. 了解国家标准《建筑节能施工质量验收规程》GB 50411—2007 的内容；
3. 了解新型外墙外保温系统；
4. 掌握江苏省工程建设标准《建筑节能施工质量验收规程》DGJ32/T 19—2007 的内容；
5. 掌握分项工程质量检验批主控项目、一般项目的检验方法；
6. 掌握子分部、分项、分项工程检验批的划分原则；
7. 掌握分项工程质量检验批、分项工程、分部（子分部）工程的合格质量标准；
8. 掌握原材料进场验收的程序，抽样检测频率、参数；
9. 掌握隐蔽工程验收的项目；
10. 熟悉安装中所规定的具体内容；
11. 熟悉热工性能现场检测的抽样数量；
12. 熟悉建筑节能分部工程的验收。

二、习　　题

第1章　建筑工程质量管理

一、单项选择题

1. 满足安全、防火、卫生、环保及工期、造价、劳动、材料定额等的标准为（　　）。

A. 基础标准　　B. 控制标准　　C. 方法标准　　D. 管理标准

2. 建设工程质量监督机构是（　　）具有独立法人资格的事业单位。

A. 由当地人民政府批准　　B. 由建设主管部门批准的

C. 由省级以上建设行政主管部门考核认定　　D. 自行设立且

3. （　　）申请领取施工许可证之前，应办理工程质量监督登记手续。

A. 建设单位　　B. 监理单位　　C. 施工单位　　D. 中介机构

4. 工程质量监督站对质量责任主体行为进行检查时，核查施工现场参建各方主体及（　　）。

A. 参建人员的数量　　B. 有关人员的资格

C. 施工单位管理人员的数量　　D. 质量员的业绩

5. 如发现工程质量隐患，工程质量监督站应通知（　　）。

A. 建设单位　　B. 监理单位　　C. 设计单位　　D. 施工单位

6. 建设工程竣工验收备案系指工程竣工验收合格后，（　　）在指定的期限内，将与工程有关的文件资料送交备案部门查验的过程。

A. 建设单位　　B. 监理单位　　C. 设计单位　　D. 施工单位

7. 《建设工程质量管理条例》规定施工图设计文件（　　），不得使用。

A. 未经监理单位同意的　　B. 未经建设单位组织会审的

C. 未经审查批准的　　D. 未经技术交底的

8. 《建设工程质量管理条例》规定：（　　）对建设工程的施工质量负责。

A. 建设单位　　B. 勘察单位、设计单位

C. 施工单位　　D. 工程监理单位

9. 《建设工程质量管理条例》规定施工人员对涉及结构安全的试块、试件以及有关材料，应当在（　　）监督下现场取样，并送具有相应资质等级的质量检测单位进行检测。

A. 建设单位　　B. 工程监理单位

C. 建设单位或者工程监理单位　　D. 检测单位

10. 《房屋建筑和市政基础设施工程施工图设计文件审查管理办法》规定（　　）应当将施工图送审查机构审查。

A. 建设单位　　B. 设计单位　　C. 监理单位　　D. 施工单位

11. 《房屋建筑和市政基础设施工程竣工验收规定》规定工程竣工验收由（　　）负责组织实施。

A. 工程质量监督机构　　B. 建设单位

C. 监理单位　　D. 施工单位

12. 施工单位的工程质量验收记录应由（　　）填写，质量检查员必须在现场检查和资料核查的基础上填写验收记录，应签字和加盖岗位证章，对验收文件资料负责，并负责工程验收资料的收集、整理。其他签字人员的资格应符合《建筑工程施工质量验收统一标准》GB 50300 的规定。

A. 资料员　　B. 工程质量检查员　　C. 质量负责人　　D. 技术负责人

13. 移交给城建档案馆和本单位留存的工程档案应符合国家法律、法规的规定，移交给城建档案馆的纸质档案由（　　）一并办理，移交时应办理移交手续。

A. 建设单位　　B. 施工单位　　C. 设计单位　　D. 监理单位

14. 由建设单位采购的工程材料、构配件和设备，建设单位应向（　　）提供完整、真实、有效的质量证明文件。

A. 设计单位　　B. 监理单位　　C. 检测单位　　D. 施工单位

15. 勘察、设计单位在工程竣工验收前，应及时向建设单位出具工程勘察、设计的（　　）。

A. 质量验收记录　　B. 竣工图　　C. 变更记录　　D. 质量检查报告

二、多项选择题

1. 质量检验的基本环节有（　　）。

A. 量测（度量）比较　　B. 判断

C. 处理　　D. 报告

E. 处罚

2. 工程质量标准主要有（　　）。

A. 国家标准　　B. 行业标准

C. 地方标准　　D. 企业标准

E. 专业标准

3. 对工程材料质量，主要控制其相应的（　　）。

A. 力学性能　　B. 物理性能

C. 化学性能　　D. 经济性能

E. 相容性

4.《建设工程质量管理条例》所称建设工程，是指（　　）。

A. 土木工程　　B. 建筑工程

C. 线路管道和设备安装工程及装修工程　　D. 交通工程

E. 水利工程

5.《建设工程质量管理条例》规定（　　）依法对建设工程质量负责。

A. 建设单位　　B. 勘察单位、设计单位

C. 施工单位　　D. 工程监理单位

E. 工程质量检测单位

6.《建设工程质量管理条例》规定施工单位必须建立、健全施工质量的检验制度，严格工序管理，作好隐蔽工程的质量检查和记录。隐蔽工程在隐蔽前，施工单位应当通知（　　）。

A. 建设单位　　B. 勘察单位

C. 设计单位　　D. 监理单位

E. 建设工程质量监督机构

7.《建设工程质量管理条例》规定在正常使用条件下，建设工程的最低保修期限为

(　　)。

A. 基础设施工程、房屋建筑的地基基础工程和主体结构工程，为设计文件规定的该工程的合理使用年限

B. 屋面防水工程、有防水要求的卫生间、房间和外墙面的防渗漏，为5年

C. 供热与供冷系统，为2个供暖期、供冷期

D. 电气管线、给水排水管道、设备安装和装修工程，为2年

E. 外墙围护结构，为50年

8.《房屋建筑和市政基础设施工程质量监督管理规定》规定工程质量监督管理，是指主管部门依据有关法律法规和工程建设强制性标准，对工程实体质量、(　　)(以下简称工程质量责任主体)和质量检测等单位的工程质量行为实施监督。

A. 工程建设　　B. 勘察、设计

C. 施工　　D. 监理单位

E. 施工图审查机构

9.《房屋建筑和市政基础设施工程竣工验收规定》工程竣工验收时，(　　)。

A. 建设、勘察、设计、施工、监理单位分别汇报工程合同履约情况和在工程建设各个环节执行法律、法规和工程建设强制性标准的情况

B. 审阅建设、勘察、设计、施工、监理单位的工程档案资料

C. 实地查验工程质量

D. 对工程实体质量进行抽测

E. 对工程勘察、设计、施工、设备安装质量和各管理环节等方面作出全面评价，形成经验收组人员签署的工程竣工验收意见

10. 质量管理计划应包括下列内容(　　)。

A. 按照项目具体要求确定项目目标并进行目标分解，质量目标应具有可测量性

B. 建立项目质量管理的组织机构并明确职责

C. 制定符合项目特点的技术保障和资源保障措施，通过可靠的预防控制措施，保证质量目标的实现

D. 建立质量过程检查制度，并对质量事故的处理作出相应的规定。

E. 以最经济的方法提高工程质量

11. 质量员在资料管理中的职责是(　　)。

A. 进行或组织进行质量检查的记录

B. 负责编制或组织编制本岗位相关技术资料

C. 汇总、整理本岗相关技术资料，并向资料员移交

D. 组织单位工程的竣工验收

E. 试验资料的收集

12. 建筑工程的质量检查验收与评定由(　　)等层次组成。

A. 分项工程检验批　　B. 分项工程

C. 分部工程　　D. 单位工程

E. 项目工程

13. 根据工程质量事故造成的人员伤亡或者直接经济损失，工程质量事故分为(　　)等级。

A. 特别重大事故　　B. 重大事故

C. 较大事故　　　　　　　　　　　　D. 一般事故

E. 普通事故

14. “工程档案资料”是在工程（　　）等建设活动中直接形成的反映工程管理和工程实体质量，具有归档保存价值的文字、图表、声像等各种形式的历史记录。

A. 勘察　　　　　　　　　　　　B. 设计

C. 施工　　　　　　　　　　　　D. 材料生产

E. 验收

15.（　　）等单位工程项目负责人应对本单位工程文件资料形成的全过程负总责。建设过程中工程文件资料的形成、收集、整理和审核应符合有关规定，签字并加盖相应的资格印章。

A. 建设　　　　　　　　　　　　B. 监理

C. 勘察、设计　　　　　　　　　D. 施工

E. 材料供应

三、判断题（正确的在括号内填“A”，错误的在括号内填“B”）

1. 在工程施工过程中，发生重大工程质量事故，建设单位必须在 24h 内，一般工程质量事故在 48h 内向当地建设行政主管部门和质监站上报。（　　）

2. 施工中出现的质量问题，应由施工单位负责整改。（　　）

3. 死亡 30 人以上或直接经济损失 300 万元以上为一级重大事故。（　　）

4. 工程建设重大事故不含农民自建房屋。（　　）

5. 工程质量监督机构可对施工单位资质和有关人员资格进行审查。（　　）

6.《建设工程质量管理条例》规定施工单位必须按照工程设计图纸和施工技术标准施工，不得擅自修改工程设计，不得偷工减料。（　　）

7.《建设工程质量管理条例》规定施工单位必须按照工程设计要求、施工技术标准和合同约定，对建筑材料、建筑构配件、设备和商品混凝土进行检验，检验应当有书面记录和专人签字；未经检验或者检验不合格的，不得使用。（　　）

8. 移交给城建档案馆和本单位留存的工程档案应符合国家法律、法规的规定，移交给城建档案馆的纸质档案由建设单位一并办理，移交时应办理移交手续。（　　）

9. 施工文件资料可分为施工与技术管理资料、工程质量控制资料、工程质量验收记录、竣工验收文件资料、竣工图五类。（　　）

10. 工程文件资料应编制页码，并与目录的页码相对应。（　　）

第 2 章　建筑工程施工质量验收统一标准

一、单项选择题

1. 见证取样检测是检测试样在（　　）见证下，由施工单位有关人员现场取样，并委托检测机构所进行的检测。

A. 监理单位具有见证人员证书的人员

B. 建设单位授权的具有见证人员证书的人员

C. 监理单位或建设单位具备见证资格的人员

D. 设计单位项目负责人

2. 检验批的质量应按主控项目和（　　）验收。

A. 保证项目　　B. 一般项目　　C. 基本项目　　D. 允许偏差项目

3. 建筑工程质量验收应划分为单位（子单位）工程、分部（子分部）工程、分项工程和（　　）。

A. 验收部位　　B. 工序　　C. 检验批　　D. 专业验收

4. 分项工程可由（　　）检验批组成。

A. 若干个　　B. 不少于十个　　C. 不少于三个　　D. 不少于五个

5. 分项工程应由（　　）组织施工单位项目专业技术负责人等进行验收。

A. 专业监理工程师　　B. 质量检查员　　C. 项目经理　　D. 总监理工程师

6. 分部工程的验收应由（　　）组织。

A. 监理单位　　B. 建设单位

C. 总监理工程师（建设单位项目负责人）　　D. 监理工程师

7. 单位工程的观感质量应由验收人员通过现场检查，并应（　　）确认。

A. 监理单位　　B. 施工单位　　C. 建设单位　　D. 共同

8. 施工组织设计应由（　　）主持编制，可根据需要分阶段编制和审批。

A. 项目负责人　　B. 施工员　　C. 质量员　　D. 技术负责人

9. 单位工程施工组织设计应由（　　）审批。

A. 施工单位技术负责人

B. 技术负责人授权的技术人员

C. 施工单位技术负责人或技术负责人授权的技术人员

D. 项目部技术负责人

10. 当专业验收规范对工程中的验收项目未作出相应规定时，应由（　　）组织监理、设计、施工等相关单位制定专项验收要求。涉及安全、节能、环境保护等项目的专项验收要求应由建设单位组织专家论证。

A. 建设单位　　B. 监理单位　　C. 施工单位　　D. 设计单位

11. 工程质量控制资料应齐全完整，当部分资料缺失时，应委托有资质的检测机构按有关标准进行相应的（　　）。

A. 原材料检测　　B. 实体检验

C. 抽样试验　　D. 实体检验或抽样试验

12. 照明节能工程属于（　　）分部工程。

A. 电气动力　　B. 电气　　C. 可再生能源　　D. 建筑节能

13.《建筑工程施工质量验收统一标准》GB 50300—2013 规定隐蔽工程在隐蔽前，施工单位应当通知（　　）进行验收。

A. 建设单位　　B. 建设行政主管部门

C. 工程质量监督机构　　D. 监理单位

14.《建设工程质量管理条例》规定隐蔽工程在隐蔽前，施工单位应当通知（　　）。

A. 建设单位　　B. 建设行政主管部门

C. 工程质量监督机构　　D. 建设单位和工程质量监督机构

15. 经工程质量检测单位检测鉴定达不到设计要求，经设计单位验算可满足结构安全和使用功能的要求，应视为（　　）。

A. 符合规范规定质量合格的工程

B. 不符合规范规定质量不合格，但可使用工程

C. 质量不符合要求，但可协商验收的工程

D. 质量不符合要求，不得验收

16. 检验批应由专业监理工程师组织（　　）等进行验收。

A. 施工员　　B. 项目专业质量检查员

C. 专业工长　　D. 资料员

二、多项选择题

1. 建筑工程质量是指反映建筑工程满足相关标准规定或合同约定的要求，包括其在（　　）等方面所有明显和隐含能力的特性总和。

A. 安全　　B. 使用功能

C. 耐久性能　　D. 环境保护

E. 经济性能

2. 分项工程应按主要（　　）等进行划分。

A. 工种　　B. 材料

C. 施工工艺　　D. 设备类别

E. 楼层

3. 观感质量验收的检查方法有（　　）。

A. 观察　　B. 凭验收人员的经验

C. 触摸　　D. 简单量测

E. 科学仪器

4. 参加单位工程质量竣工验收的单位为（　　）等。

A. 建设单位　　B. 施工单位

C. 勘察、设计单位　　D. 监理单位

E. 材料供应单位

5. 检验批可根据施工及质量控制和专业验收需要按（　　）等进行划分。

A. 楼层　　B. 施工段

C. 变形缝　　D. 专业性质

E. 施工程序

6. 符合下列条件之一时，可按相关专业验收规范的规定适当调整抽样复验、试验数量，调整后的抽样复验、试验方案应由施工单位编制，并报监理单位审核确认。（　　）

A. 同一项目中由相同施工单位施工的多个单位工程，使用同一生产厂家的同品种、同规格、同批次的材料、构配件、设备

B. 同一施工单位在现场加工的成品、半成品、构配件用于同一项目中的多个单位工程

C. 在同一项目中，针对同一抽样对象已有检验成果可以重复利用

D. 同一项目中，同一监理单位的监理的工程检验成果可可重复利用

E. 施工单位提出，监理单位认可的可重复利用的检测成果

7. 检验批的质量检验，应根据检验项目的特点在下列抽样方案中选择：（　　）。

A. 计量、计数的抽样方案采用一次、二次或多次抽样方案

B. 对重要的检验项目，当有简易快速的检验方法时，选用全数检验方案

C. 根据生产连续性和生产控制稳定性情况，采用调整型抽样方案

D. 经实践检验有效的抽样方案

E. 随机抽样方案

8. 建设单位收到工程竣工报告后，应由建设单位项目负责人组织（　　）等单位项目负责人进行单位工程验收。

A. 监理　　B. 施工

C. 设计　　D. 勘察

E. 检测

9. 质量员将验收合格的检验批，填好表格后交监理（建设）单位有关人员，有关人员应及时验收，可采取（　　）来确定是否通过验收。

A. 抽样方法　　B. 宏观检查方法

C. 必要时抽样检测　　D. 抽样检测

E. 全数检测

三、判断题（正确的在括号内填“A”，错误的在括号内填“B”）

1. 地基基础中的基坑子分部工程不构成建筑工程的实体，故不作为施工质量验收的内容。（　　）

2. 单位工程质量验收时，要求质量控制资料基本齐全。（　　）

3. 返修是指对不合格工程部位采取重新制作、重新施工的措施。（　　）

4. 一般项目是指允许偏差的检验项目。（　　）

5. 交接检验是由施工的完成方与承接方经双方检查、并对可否继续施工作出确认的活动。（　　）

6. 检验批是按同一生产条件或按规定的方式汇总起来供检验用的，由一定数量样本组成的检验体。（　　）

7. 计量检验是在抽样检验的样本中，对每一个体测量其某个定量特性的检查方法。（　　）

8. 单位工程质量竣工验收应由总监理工程师组织。（　　）

9. 通过返修或加固处理仍不能满足安全使用要求的工程，可以让步验收。（　　）

10. 当参加验收的各方对建筑工程施工质量验收意见不一致时，可请工程质量监督机构协调处理。（　　）

11. 为保证建筑工程的质量，对施工质量应全数检查。（　　）

12. 主要建筑材料进场后，必须对其全部性能指标进行复验合格后方使用。（　　）

13. 使用进口工程材料必须符合我国相应的质量标准，并持有商检部门签发的商检合格证书。（　　）

14. 市场准入制度是指各建设市场主体包括发包方，承包方、中介方，只有具备符合规定的资格条件，才能参与建设市场活动，建立承发包关系。（　　）

15. 国家施工质量验收规范是最低的质量标准要求。（　　）

16. 工程建设中拟采用的新技术、新工艺、新材料，不符合现行强制性标准规定的，不得采用。 （ ）

17. 工程质量监督机构应当对工程建设勘察设计阶段执行强制性标准的情况实施监督。 （ ）

18. 建筑工程竣工验收时，有关部门应按照设计单位的设计文件进行验收。 （ ）

19. 施工技术标准系指国家施工质量验收规范。 （ ）

20. 检验批工程验收时，明显不合格的个体可不纳入检验批，但必须进行处理，使其满足有关专业验收规范的规定，对处理的情况应予以记录并重新验收。 （ ）

21. 检验批抽样样本应随机抽取，满足分布均匀、具有代表性的要求，抽样数量不应低于有关专业验收规范及《建筑工程施工质量验收统一标准》的规定。 （ ）

22. 单位工程完工后，施工单位应组织有关人员进行自检。总监理工程师应组织各专业监理工程师对工程质量进行竣工预验收。存在施工质量问题时，应由施工单位及时整改。整改完毕后，由施工单位向建设单位提交工程竣工报告，申请工程竣工验收。（ ）

第3章 优质建筑工程质量评价

一、单项选择题

1.《优质建筑工程施工质量验收评定标准》适用于江苏省（ ）的施工质量验收评定。

A. 优质安装　B. 优质单位工程　C. 优质装饰　D. 优质园林

2. 电梯启动、运行和停止时，（ ）内无较大振动和冲击。

A. 轿箱　B. 轿门　C. 曳引线　D. 轿壁

3. 分项工程有（ ）以上（含60%）达到分部的优质标准。

A. 80%　B. 85%　C. 60%　D. 90%

4. 有观感质量要求的分部工程观感质量评定应为（ ）。

A. 好　B. 一般　C. 可以　D. 较好

5. 冷热量计量装置应齐全，并应实行（ ）控制。

A. 电动　B. 人工　C. 智能　D. 自动化

6. 风管与变风量末端装置应经（ ）试验。

A. 风量　B. 风速　C. 动作　D. 工况

7. 管道与建筑物交接处（ ）严密无渗漏。

A. 宜　B. 不宜　C. 应　D. 不应

8. 泵房设备（ ）装置齐全有效。

A. 减震　B. 给水　C. 运转　D. 排污

9. 防水、防潮电气设备的接线盒盖有（ ）处理。

A. 防潮　B. 防渗　C. 密封　D. 防冻

10. 接地测试点位置正确，防护盖板齐全，（ ）正确、明显。

A. 标志　B. 固定　C. 接线　D. 连接

11. 机柜内线缆敷设应绑扎牢固，各线端回路（ ）清晰准确。

A. 标志　B. 线路　C. 相色　D. 排列

12. 电缆线进场后抽样复验按同一生产厂家同类产品不少于（　　）。

A. 1　　B. 2　　C. 3　　D. 4

13. 太阳能热水系统属于（　　）分部工程。

A. 智能　　B. 空调　　C. 节能　　D. 给水排水

14. 电缆线（　　）后应抽样进行复验。

A. 进场　　B. 安装　　C. 验收　　D. 竣工

15. 沟槽式连接支吊托架与接头净间距不应小于（　　）。

A. 100　　B. 150　　C. 250　　D. 300

16. 前沿板及活动盖板等部位的（　　）应清理。

A. 外表面　　B. 内表面　　C. 平面　　D. 立面

17. 通风空调观感质量应抽查（　　）。

A. 20%　　B. 10%　　C. 15%　　D. 30%

18. 智能分部观感质量应抽查（　　）。

A. 30%　　B. 10%　　C. 20%　　D. 15%

19. 太阳能热水器系统之间的连接应（　　）可靠。

A. 保证　　B. 密封　　C. 作用　　D. 防潮

二、多项选择题

1. 风管与变风量（　　）装置应经动作试验，按总数抽查（　　）。

A. 前端　　B. 末端

C. 15%　　D. 25%

E. 30%

2. 安全防范系统的视频、图像显示应清晰、连续，能清晰地辨别人物脸部（　　）、检查数量不少于（　　）个探测点。

A. 特点　　B. 5%

C. 特征　　D. 10%

E. 15%

3. 液压电梯机房（　　）不应大于（　　）。

A. 噪声　　B. 振动声

C. 70dB　　D. 80dB

E. 90dB

4. 设备的（　　）安装位置正确，压缩量应（　　）一致。

A. 部件　　B. 隔振器

C. 零料　　D. 均匀

E. 连接管道

5. （　　）连接的端子排（　　）和连接可靠符合规定要求。

A. 厚度　　B. 尺寸

C. 长度　　D. 等电位

E. 材料

6. 风管（　　）整齐，（　　）齐全。

A. 装置　　B. 标识

C. 配套　　D. 排列

E. 部件

7. 风口与（　　）的连接（　　）严密、牢固。

A. 宜　　B. 不宜

C. 应　　D. 风管

E. 不应

8.（　　）安装区域内不应有降低冷却效果的（　　）物。

A. 安装　　B. 遮挡

C. 设置　　D. 隔离

E. 冷却塔

三、判断题（正确的在括号内填“A”，错误的在括号内填“B”）

1. 供暖系统节能工程各种产品和设备的质量证明文件和相关技术资料应齐全，并应符合国家现行有关标准和规定。（　　）

2. 室内温度调控装置、热计量装置、水力平衡装置以及热力入口装置的安装位置应符合设计要求并便于观察、操作和调试。（　　）

3. 保温管壳的粘贴牢固，铺设平整，无滑动、松弛及断裂。（　　）

4. 通风空调系统节能工程的验收，可按系统、楼层等进行。（　　）

5. 同一厂家的风机盘管机应按数量验 2%，但不得少于 1 台。（　　）

6. 组合式、柜式、新风机组、单元式空调机组分别按总数量各抽查 20%，且均不得少于 1 台。（　　）

7. 伸缩缝、沉降缝、抗震缝的保温或密封做法应符合设计要求。（　　）

8. 机房设备布局合理，排列有序，机房环境符合规范要求。（　　）

9. 空调设备进出口方向连接正确，标识齐全。（　　）

10. 接地线涂以黄色相间的条纹，且条纹清晰，间距一致。（　　）

第 4 章　住宅工程质量通病控制

一、单项选择题

1.（　　）负责组织实施住宅工程质量通病控制。

A. 建设单位　　B. 施工单位　　C. 监理单位　　D. 设计单位

2. 住宅工程中使用的新技术、新产品、新工艺、新材料，应经过（　　）技术鉴定，并应制定相应的技术标准。

A. 省建设行政主管部门　　B. 省质量监督技术部门

C. 法定检测单位　　D. 设计单位

3. 建设单位负责成立分户验收小组，组织制定分户（　　），进行技术交底。

A. 检查措施　　B. 验收方案　　C. 分部验收　　D. 单位工程验收

4. 建筑（　　）的显著部位镶刻工程铭牌。

A. 门厅　　B. 外墙　　C. 小区内明显部位　　D. 大门处

5. 上下水管等须留洞口坐标位置应正确，洞口形状（　　）。

A. 上小下大　　B. 上大下小　　C. 上下一致　　D. 半大半小

6. 有防水要求的地面施工完毕后，应进行（　　）h 蓄水试验，蓄水高度为 20～30mm，不渗不漏为合格。

A. 12　　B. 24　　C. 36　　D. 48

7. 烟道根部向上（　　）mm 范围内宜采用聚合物防水砂浆粉刷，或采用柔性防水层。

A. 120　　B. 240　　C. 300　　D. 480

8. 伸出屋面管道与基层交接处应预留的凹槽，槽内用（　　）密封材料嵌填严密。

A. 10mm×10mm　　B. 15mm×15mm　　C. 20mm×20mm　　D. 30mm×30mm

9. （　　）与智能化有线系统线缆应分隔布设。

A. 水管道　　B. 风管　　C. 电源线　　D. 设备

10. 电梯门固定采用焊接时（　　）使用点焊固定。

A. 可以　　B. 宜　　C. 严禁　　D. 不宜

11. 电梯接地干线（　　）从接地体单独引出。

A. 不宜　　B. 宜　　C. 禁止　　D. 必须

12. 风管应按照（　　）要求进行漏风量（漏光）检验。

A. 设计　　B. 建设方　　C. 监理方　　D. 规范

13. 风管系统应做（　　）平衡计算。

A. 阻力　　B. 系统　　C. 分支　　D. 风向

14. 截面积在 $10mm^2$ 及以下的单股铜芯线（　　）与设备、器具的端子连接。

A. 直接　　B. 间接　　C. 过渡连接　　D. 伸缩连接

15. 安装高度低于（　　）m 的电源插座必须选用防护型插座。

A. 1.4　　B. 1.6　　C. 1.5　　D. 1.8

16. 每个设备和器具的端子接线不多于（　　）根电线。

A. 1　　B. 3　　C. 2　　D. 4

17. 墙体内暗敷电管时，严禁在承重墙上开长度大于（　　）mm 的水平槽。

A. 300　　B. 400　　C. 500　　D. 600

18. 金属导管（　　）选用镀锌管材。

A. 宜　　B. 禁止　　C. 不宜　　D. 应

19. 管道穿过结构缝处应采取（　　）连接。

A. 柔性　　B. 刚性　　C. 加固措施　　D. 套管

20. 排烟系统（　　）明确每个系统开启风口的数量加每个排风口的排烟量。

A. 宜　　B. 不宜　　C. 应　　D. 不应

二、多项选择题

1. 江苏省地方标准《住宅工程质量通病控制标准》控制的住宅工程质量通病范围，以工程完工后常见的、影响（　　）的为主。

A. 安全　　B. 使用功能

C. 外观质量　　D. 环境质量

E. 环保评估

2. 住宅工程质量通病控制是对住宅工程质量通病从（　　）等方面进行的综合有效的防治方法、措施和要求。

A. 设计　　B. 材料

C. 施工　　D. 管理

E. 物业

3. 住宅工程中使用的（　　），应经过省建设行政主管部门技术鉴定，并应制定相应的技术标准。

A. 新技术　　B. 新产品

C. 新工艺　　D. 新材料

E. 新工法

4. 地下室防水应选用（　　）好的防水卷材或防水涂料作地下柔性防水层，且柔性防水层应设置在迎水面。

A. 承载力　　B. 强度

C. 耐久性　　D. 延伸性

E. 刚度

5. 装饰施工前，应认真复核房间的（　　）等几何尺寸，发现超标时，应及时进行处理。

A. 轴线　　B. 标高

C. 门窗洞口　　D. 面积

E. 地面平整度

6. 住宅工程厨卫间和有防水要求的楼板周边除门洞外，应向上做一道高度不小于（　　）mm 的混凝土翻边，与楼板一同浇筑，地面标高应比室内其他房间地面低（　　）mm 以上。

A. 200　　B. 120

C. 60　　D. 30

E. 20

7. 变形缝的防水构造处理应符合下列要求：（　　）。

A. 变形缝的泛水高度不应小于 250mm

B. 防水层应铺贴到变形缝两侧砌体的上部

C. 变形缝内应填充聚苯乙烯泡沫塑料，上部填放衬垫材料，并用卷材封盖

D. 变形缝顶部应加扣混凝土或金属盖板，混凝土盖板的接缝应用密封材料嵌填

E. 变形缝的泛水高度不应小于 200mm

8. 伸出屋面管道周围的找平层应做成圆锥台，管道与找平层间应留凹槽，并嵌填密封材料；防水层收头处，应用金属箍箍紧，并用密封材料封严，具体构造应符合下列要求：（　　）。

A. 管道根部 500mm 范围内，砂浆找平层应抹出高 30mm 坡向周围的圆锥台，以防根部积水

B. 管道与基层交接处预留 20mm×20mm 的凹槽，槽内用密封材料嵌填严密

C. 管道根部周围做附加增强层，宽度和高度不小于300mm

D. 防水层贴在管道上的高度不应小于300mm，附加层卷材应剪出切口，上下层切缝粘贴时错开，严密压盖。附加层及卷材防水层收头处用金属箍箍紧在管道上，并用密封材料封严

E. 管道根部周围做附加增强层，宽度和高度不小于200mm

9. 民用住宅照明系统通电连续试运行必须不少于（　　）h，所有照明灯具均应开启，且每（　　）h记录运行状况1次，连续试运行时段内无故障。

A. 2　　　　B. 4

C. 6　　　　D. 8

E. 7

10. 塑料排水管（　　）间距不得大于（　　）。

A. 4m　　　　B. 5m

C. 6m　　　　D. 连接件

E. 伸缩节

三、判断题（正确的在括号内填“A”，错误的在括号内填“B”）

1. 江苏省住宅工程质量标准控制的住宅工程质量通病范围，以工程施工过程常见的、影响安全和使用功能及外观质量的缺陷为主。（　　）

2. 住宅工程质量通病控制所发生的费用应由施工单位承担。（　　）

3. 住宅工程中使用的新技术、新产品、新工艺、新材料，应经过省建设行政主管部门技术鉴定，并应制定相应的技术标准。（　　）

4. PVC管道穿过楼面时，宜采用预埋接口配件的方法。（　　）

5. 使用全省统一规定的《建筑工程施工质量验收资料》或《建筑工程质量评价验收系统》软件。（　　）

6. 质量通病控制专项验收资料一并纳入建筑工程施工质量验收资料。（　　）

7. 通风与排烟工程完毕，应进行设备单机试运转及调试和系统无生产荷载下的联合试运转及调试。（　　）

8. 照明系统通电连续试运行必须不少于8h，所有照明灯具均应开启。（　　）

9. 智能系统调试、检验、评测和验收应在试运行周期结束后进行。（　　）

10. 室内给水系统管道宜采用明敷方式，不得在混凝土结构层内敷设。（　　）

第5章　住宅工程质量分户验收

一、单项选择题

1. 江苏省《住宅工程质量分户验收规程》于（　　）实施。

A. 2010年6月14日实施　　　　B. 2010年8月1日实施

C. 2010年5月14日实施　　　　D. 2010年7月1日实施

2. 每一检查单元计量检查的项目中有90%及以上检查点在允许偏差范围内，超过允许偏差范围的偏差值不大于允许偏差值的（　　）倍。

A. 1.1　　B. 1.2　　C. 1.3　　D. 1.5

3. 对有防水、排水要求的房间进行蓄水试验，蓄水深度最浅处大于2cm，蓄水时间

不少于（　　）h。

A. 6　　B. 12　　C. 24　　D. 48

4. 分户验收资料应单独整理、组卷，随（　　）技术资料一并归档。

A. 建设单位　　B. 施工单位

C. 设计单位　　D. 工程质量监督机构

5. 分户验收所做的给水管道及配件安装工程通水及压力试验，要求给水管道末端应保持水压在 0.05～0.35 MPa 范围内，保压（　　）小时后每户逐一打开用水点，检查卫生器具、阀门及给水管管道及接口不渗不漏；室内各用水点放水通畅，水质清澈。

A. 6　　B. 8　　C. 12　　D. 24

6. 导线连接分户验收时应打开导线连接处进行检查，每户抽查不少于（　　）处，并作已查标记。

A. 1　　B. 2　　C. 3　　D. 4

7. 信息插座面板安装工程分户验收时，打开信息插座面板抽查接线不少于（　　）处，并作已查标记。

A. 1　　B. 2　　C. 3　　D. 4

8. 卫生器具满水后各连接件应不渗（　　）。

A. 牢固　　B. 不漏　　C. 紧密　　D. 连接

9. 冷热水管上下平行安装时热水管应在冷水管（　　）。

A. 下方　　B. 上方　　C. 平行方　　D. 垂直方

10. 地漏应低于地面高度，（　　）合理。

A. 基本　　B. 位置　　C. 安装　　D. 设计

11. 排水塑料管必须按设计及（　　）设置伸缩节。

A. 监理　　B. 位置　　C. 实际　　D. 规范

12. 上人屋面通气管应高出屋面（　　）mm。

A. 1000　　B. 1500　　C. 1800　　D. 2000

13. 排水通气管应高出屋面（　　）mm。

A. 300　　B. 200　　C. 150　　D. 280

14. 安装在楼板内的套管，其顶部应高出装饰面（　　）mm。

A. 20　　B. 10　　C. 15　　D. 25

15. 开关安装位置距门框边（　　）mm。

A. 100～140　　B. 110～140　　C. 120～140　　D. 150～200

二、多项选择题

1. 排水管道安装工程分户验收内容有（　　）。

A. 管道支、吊架　　B. 管道坡度

C. 塑料管道伸缩节　　D. 排水管道材料质量

E. 给水管道质量

2. 室内供暖系统管道及管配件安装工程分户验收质量要求有（　　）。

A. 供回水水平干管宜采用热镀锌钢管，镀锌层破坏处应作防腐处理；保温层应完整

无缺损，材质、厚度、平整度符合要求

B. 供回水干管的固定与补偿器的位置应符合要求；当散热器支管>1.5m 时应设管卡固定

C. 供回水水平干管坡度和连接散热器支管的坡度应满足使用功能要求

D. 立管过楼板处应设套管，防水要求的房间套管高度为 50mm，其他为 20mm，套管与管道之间封闭严密

E. 暗装管道饰面应作醒目标志，供、回水管道应有明显标识

3. 卫生器具安装工程分户验收质量要求应符合（　　）规定。

A. 卫生器具安装尺寸、接管及坡度应符合设计及规范要求；固定牢固；接口封闭严密；支、托架等金属件防腐良好

B. 卫生器具给水配件应完好无损伤，接口严密，启闭灵活

C. 地漏位置合理，低于排水表面，地漏水封高度不小于 50mm

D. 卫生器具应全数检查盛水和通水试验，盛水试验满水后各连接件不渗不漏，通水试验排水畅通

E. 地漏水封高度不小于 40mm

4. 分户配电箱安装工程分户验收时应全数检查终端器件规格、型号、回路功能标识、内部接线。检查方法为（　　）。

A. 对照规范和设计图纸检查，核对断路器、漏电保护的技术参数额定电流、极数

B. 剩余电流测试按剩余电流保护器的试验按钮三次和用漏电测试仪测量插座回路保护动作参数进行

C. 通过开关通、断电试验检查回路功能标识

D. 观察检查导线分色、内部配线、接线

E. 墙体砌体交接处

5. 开关、插座安装工程分户验收时应全数检查开关插座型号、位置、PE 线串接。检查方法为（　　）。

A. 对照规范和设计图纸检查开关、插座型号

B. 核查插座安全门

C. 通电后用插座相位检测仪检查接线

D. 打开插座面板查看 PE 线连接。PE 是否串接每户抽查不少于两处，并作已查标记

E. 观察检查

三、判断题（正确的在括号内填“A”，错误的在括号内填“B”）

1. 住宅工程质量分户验收由施工单位负责实施。（　　）

2. 住宅工程质量分户验收前所含（子）分部工程的质量均验收合格。（　　）

3. 建筑物外墙的显著部位镶刻工程铭牌。（　　）

4. 住宅工程质量分户验收对参加分户验收的建设、施工、监理单位人员资格提出了明确的要求。（　　）

5. 住宅工程质量分户验收时如不符合《江苏省住宅工程质量分户验收规则》的要求，无论何种情况，必须对不符合要求的部位进行返修或返工。（　　）

6. 住宅工程交付使用时，建设单位应向住户提交《住宅工程质量分户验收合格证书》（ ）

7. 开关安装位置距边框边 100～150mm。（ ）

8. 灯具及其配件基本齐全，无机械损伤、变形、涂层剥落、灯罩破裂。（ ）

9. 等电位联结异种材料搭接面宜有防止电化学腐蚀措施。（ ）

10. 散热器背面与装饰后的内墙面安装距离宜为 30mm。（ ）

第6章　建筑给水排水及供暖工程

一、单项选择题

1. 室内给水管道的水压试验必须符合设计要求。当设计未注明时，应按（ ）的标准进行水压试验。

A. 系统工作压力的 1.1 倍，但不得小于 1MPa

B. 系统工作压力的 1.5 倍，但不得小于 0.6MPa

C. 系统工作压力的 1.5 倍，但不得小于 1.5MPa

D. 系统工作压力的 1.1 倍，但不得小于 1.5MPa

2. 给水水平管道应有（ ）的坡度坡向泄水装置。

A. 0.0012～0.003　B. 0.001～0.002　C. 0.002～0.005　D. 0.0015～0.002

3. 室内给水与排水管道平行敷设时，两管间的最小水平净距离不得小于（ ）m。

A. 0.5　B. 0.15　C. 1.0　D. 1.2

4. 室内给水与排水管道交叉敷设时，垂直净距不得小于（ ）m。

A. 0.5　B. 0.15　C. 1.0　D. 1.3

5. 管道的支、吊架安装应平整牢固，塑料管的固定支架与滑动支架的配置与（ ）密切相关。

A. 固定支架　B. 滑动支架　C. 伸缩节　D. 固定吊架

6. 冷、热水管道同时安装，上、下平行安装时热水管应在冷水管（ ），垂直平行安装时热水管应在冷水管左侧。

A. 上方　B. 下方　C. 左方　D. 右方

7. 安装箱式消防栓，栓口应朝外，并不应安装在门轴处；栓口中心距地面为 1.1m，允许偏差为 20mm，阀门中心距箱侧面为 140mm，距箱后内表面为（ ）mm，允许偏差 5mm，保证栓口与水龙带接驳顺利。

A. 100　B. 120　C. 150　D. 180

8. 管道小于或等于 100mm 的镀锌钢管应采用（ ）连接，破坏的镀锌层表面应作防腐处理。

A. 焊接　B. 螺纹　C. 法兰　D. 抱箍

9. 敞口水箱满水试验的检验方法是满水试验静置（ ）h 观察，不渗不漏。

A. 24　B. 10　C. 8　D. 12

10. 密闭水箱水压试验的检验方法是在试验压力下（ ）min 压力不降，不渗不漏。

A. 5　B. 10　C. 20　D. 15

11. 排水主立管及水平干管管道应做通球试验，通球球径不小于排水管道管径的（　　）。

A. 3/4　　B. 3/5　　C. 2/3　　D. 1/3

12. 排水塑料管必须按设计要求装设伸缩节。但是，当设计无要求时，伸缩节间距不得大于（　　）m。

A. 2　　B. 4　　C. 6　　D. 8

13. 管径为110mm塑料排水管垂直安装时，其支、吊架最大间距应为（　　）m。

A. 1　　B. 2　　C. 0.5　　D. 1.5

14. 雨水斗管的连接应固定在屋面承重结构上。雨水斗边缘与屋面相连处应严密不漏。与雨水斗连接的连接管管径，在设计无要求的情况下不得小于（　　）mm。

A. 100　　B. 200　　C. 150　　D. 180

15. 安装在室内的雨水管，安装完毕应作灌水试验。其灌水高度必须到（　　）。

A. 每根立管上部的雨水斗　　B. 每根立管2/3处

C. 每根立管中间段　　D. 底部

16. 热水供应系统竣工后必须进行（　　）。

A. 消毒　　B. 冲洗　　C. 试压　　D. 通水

17. 住宅工程雨水系统塑料管伸缩处理应按室内排水系统塑料管的方式设置（　　）。

A. 伸缩节　　B. 检查口　　C. 透气口　　D. 连接措施

18. 住宅工程顶层塑料排水立管必须安装（　　），管道出屋面处应设固定支架。

A. 滑动支架　　B. 接头　　C. 伸缩节　　D. 固定支架

19. 住宅工程当地漏水封高度不能满足（　　）mm时，应设置管道水封。

A. 30　　B. 60　　C. 50　　D. 40

20. 浴盆软管淋浴器挂钩的高度，当设计无要求时，应距地面（　　）m。

A. 1.5　　B. 2　　C. 1.8　　D. 1.6

21. 住宅工程排水通气管不得与风道或烟道连接，严禁封闭（　　）。

A. 屋顶透气口　　B. 立管检查口　　C. 楼面检查口　　D. 井道检查口

22. 中水管道与生活饮用水管道、排水管道平行埋设时，其水平净距离不得小于（　　）m。

A. 0.3　　B. 0.5　　C. 0.6　　D. 1.0

23. 地沟内的供热管道安装位置，其净距应与沟底相距（　　）mm。

A. 50～100　　B. 100～150　　C. 100～200　　D. 200～300

24. 架空敷设的供热管道安装高度，如设计无规定时，在人行地区，不小于（　　）m。

A. 2.0　　B. 2.5　　C. 3.0　　D. 3.5

25. 排水管管径为50mm的洗脸盆的排水管道最小坡度为（　　）。

A. 0.01　　B. 0.02　　C. 0.025　　D. 0.03

26. 公称直径为100mm的消防水镀锌钢管（保温）水平安装的支、吊架的最大间距为（　　）m。

A. 3.0　　B. 4.0　　C. 4.5　　D. 6.0

27. 自动喷水灭火系统闭式喷头应进行密封性能试验，并以无渗漏、无损伤为合格。试验压力应为（　　），保压时间不得少于3min。

A. 1.5倍工作压力　B. 1.4MPa　C. 3.0MPa　D. 1.1MPa

28. 自动喷水灭火系统墙壁消防水泵结合器安装位置应符合设计及规范要求，设计无要求时，其安装高度距地面宜为（　　）m。

A. 0.4　B. 0.5　C. 0.7　D. 1.0

29. 自动喷水灭火系统管道支架、吊架的安装位置不应妨碍喷头的喷水效果，管道支架、吊架与喷头之间的距离不宜小于300mm，与末端喷头之间的距离不宜大于（　　）mm。

A. 300　B. 500　C. 750　D. 1000

30. 自动喷水灭火系统配水支管上每一直管段、相邻两喷头之间的管段设置的吊架均不宜少于1个，吊架的间距不宜大于（　　）m。

A. 3.0　B. 3.6　C. 4　D. 4.5

31. 当梁、通风管道、排管、桥架宽度大于（　　）m时，自动喷水灭火系统增设的喷头应安装在其腹面以下部位。

A. 1.0　B. 1.2　C. 1.5　D. 2.0

32. 自动喷水灭火系统水压强度试验的测试点应设在系统管网的最低点。对管网注水时，应将管网内的空气排净，并应缓慢升压；达到试验压力后，稳压30min后，管网应无泄漏、无变形，且压力降不应大于（　　）MPa。

A. 0.02　B. 0.03　C. 0.04　D. 0.05

33. 自动喷水灭火系统气压严密性试验压力应为（　　）MPa，且稳压24h，压力降不应大于0.01MPa。

A. 0.10　B. 0.20　C. 0.28　D. 0.5

34. 住宅工程塑料排水管道与室外塑料雨水管道用材应区别检查、验收，同时按照同品牌、同批次进行不少于2个规格的见证取样，（　　）进行复试，合格后方可使用。

A. 委托监理单位　B. 委托法定检测单位

C. 委托建设单位　D. 委托施工单位

35. 住宅工程同品牌、同批次进场的阀门应对其强度和严密性能进行抽样检验，抽检数量为同批进场总数的10%，且每一个批次不少于2只。安装在主干管上起切断作用的闭路阀门，应逐个作强度和严密性检验，（　　）进行复试。

A. 委托监理单位

B. 有异议时可见证取样委托法定检测单位

C. 委托建设单位

D. 施工单位

36. 由室内通向室外排水检查井的排水管，井内引入管应（　　）排出管或两管顶相平，并有不小于90°的水流转角，如跌落差大于300mm可不受角度限制。

A. 高于　B. 低于　C. 略低于　D. 相平

37. 住宅工程埋地及（　　）的排水管道，应在隐蔽或交付前做灌水试验并合格。

A. 所有可能隐蔽　B. 塑料管材水平安装

C. 立管垂直安装　　　　　　　　　　D. 管道交叉

38. 住宅工程洗面盆排水管水封宜设置在（　　）。

A. 本层内　　　　B. 下一层　　　　C. 楼层混凝土板内　D. 砖砌体内

39. 消火栓箱的施工图设置坐标位置，施工时不得随意改变，确需调整，应经（　　）认可。

A. 消防部门　　　B. 监理工程师　　C. 质量检查员　　D. 项目经理

40. 住宅工程室外金属支吊架宜采用热镀锌或经设计认可的有效防腐措施；室内明装钢支吊架应除锈，且刷（　　）。

A. 二度防锈漆和二度面漆　　　　　　B. 一度防锈漆和二度面漆

C. 二度防锈漆和一度面漆　　　　　　D. 三度防锈漆和一度面漆

41. 住宅工程应明确保温（绝热）材料的材质、规格、密度、厚度以及耐火等级，并且能够满足（　　）的要求。

A. 消防　　　　　B. 环境　　　　　C. 施工　　　　　D. 进度

42. 住宅工程保温（绝热）管（板）的胶粘剂、封裹材料的阻燃和防潮性能应符合设计要求，封闭保温（绝热）管材（板材）的胶带或粘胶应选用符合（　　）要求的产品。

A. 消防　　　　　B. 环境　　　　　C. 操作　　　　　D. 进度

43. 住宅工程室外管道保温必须防水性能良好，搭接应顺水，防潮层的叠合不得少于（　　）mm。

A. 25　　　　　　B. 35　　　　　　C. 10　　　　　　D. 20

44. 住宅工程供暖系统安装结束后，应在（　　）进行供暖区域内的温度场测定。

A. 系统联动调试前　　　　　　　　　B. 系统联动调试后

C. 系统联动调试过程中　　　　　　　D. 单机试运行

二、多项选择题

1. 热水供应系统安装完毕，在管道保温前应进行水压试验。当设计未注明试验压力时，试验压力应为系统顶点的工作压力加（　　）MPa，同时不小于（　　）MPa。

A. 0.1　　　　　　　　　　　　　　B. 0.3

C. 0.6　　　　　　　　　　　　　　D. 0.8

E. 1.0

2. 给水塑料管和复合管的连接可以采用下列连接形式：（　　）。

A. 橡胶圈接口　　　　　　　　　　　B. 粘接接口

C. 热熔连接　　　　　　　　　　　　D. 专用管件

E. 法兰连接

3. 管道安装坡度，当设计未注明时，应符合下列规定：气、水同向流动的热水供暖管道和汽、水同向流动的蒸汽管道及凝结水管道，坡度应为（　　），不得小于（　　）；气、水逆向流动的热水供暖管道和汽、水逆向流动的蒸汽管道，坡度不应小于（　　）；散热器支管的坡度应为（　　），坡向应利于排水和泄水。

A. 2‰　　　　　　　　　　　　　　B. 3‰

C. 5‰　　　　　　　　　　　　　　D. 1%

E. 1‰

4. 住宅工程禁止在一个排水点上设置（　　）水封装置。

A. 一个　　B. 三个

C. 二个　　D. 四个

E. 五个

5. 管道在穿过结构伸缩缝、抗震缝及沉降缝时，管道系统应采取（　　）措施。

A. 在结构缝处应采取柔性连接

B. 管道或保温层的外壳上、下部均应留有不小于150mm可位移的净空

C. 在位移方向按照设计要求设置水平补偿装置

D. 管道或保温层的外壳上、下部均应留有不小于180mm可位移的净空

E. 管道或保温层的外壳上、下部均应留有不小于200mm可位移的净空

6. 住宅工程中用于管道熔接连接的工艺参数、（　　）、施工方法及施工环境条件应能够满足管道工艺特性的要求。

A. 熔接温度　　B. 熔接时间

C. 熔接速度　　D. 熔接设备

E. 熔接方案

7. 住宅工程给水、排水及供暖管道的管材、管件产品质保书上的规格、品牌、生产日期等内容与（　　）的标注必须一致。

A. 进场实物上　　B. 进场验收记录上

C. 规格少量的不一致　　D. 品牌少量可不一致

E. 可无生产日期

8. 自动喷水灭火系统闭式喷头应进行密封性能试验，试验数量宜从每批中抽查（　　）%，但不得少于（　　）只，当有（　　）只及以上不合格时，不得使用该批喷头。当仅有（　　）只不合格时，应再抽查（　　）%，但不得少于（　　）只。重新进行密封性能试验，当仍有不合格，亦不得使用该批喷头。

A. 1　　B. 2

C. 3　　D. 5

E. 10

9. 自动喷水灭火系统报警阀应进行渗漏试验。试验压力应为额定工作压力的（　　）倍，保压时间不应少于（　　）min。阀瓣处应无渗漏。

A. 1　　B. 2

C. 3　　D. 5

E. 10

10. 自动喷水灭火系统热镀锌钢管安装应采用（　　）连接。

A. 螺纹　　B. 沟槽式管件

C. 焊接　　D. 法兰

E. 承插

11. 当自动喷水灭火系统设计工作压力等于或小于1.0MPa时，水压强度试验压力应为设计工作压力的1.5倍，并不应低于（　　）MPa；当系统设计工作压力大于1.0MPa时，水压强度试验压力应为该工作压力加（　　）MPa。

A. 0.4

B. 0.5

C. 0.8

D. 1.0

E. 1.4

12. 自动喷水灭火系统调试应包括下列内容（　　）。

A. 水源测试

B. 消防水泵调试

C. 稳压泵调试

D. 报警阀组调试

E. 排水装置调试

13. 消防水泵调试应符合下列要求：(1) 以自动或手动方式启动消防水泵时，消防水泵应在（　　）s内投入正常运行；(2) 以备用电源切换方式或备用泵切换启动消防水泵时，消防水泵应在（　　）s内投入正常运行。

A. 10

B. 30

C. 60

D. 120

E. 90

14. 生活给水系统的（　　），必须符合饮用水卫生标准的要求。

A. 管材

B. 管件

C. 接口填充材料

D. 接口胶粘剂

E. 支架

三、判断题（正确的在括号内填“A”，错误的在括号内填“B”）

1. 地下室或地下构筑物外墙有管道穿过的，应采取防水措施。对有严格防水要求的建筑物，必须采用柔性防水套管。（　　）

2. 各种承压管道系统和设备应做水压试验，非承压管道系统和设备应做灌水试验。（　　）

3. 给水管道必须采用与管材相适应的管件。生活给水系统所涉及的材料必须达到饮用水卫生标准。（　　）

4. 生活给水系统管道在交付使用前必须冲洗和消毒，并经有关部门取样检验，符合国家《生活饮用水标准》方可使用。（　　）

5. 室内消火栓系统安装完成后应取屋顶层（或水箱间内）试验消火栓和首层取二处消火栓做试射试验，达到设计要求为合格。（　　）

6. 隐蔽或埋地的排水管道在隐蔽前必须做灌水试验，其灌水高度应不低于底层卫生器具的上边缘或底层地面高度。（　　）

7. 住宅工程供暖、给水及热水供应系统设计时必须明确系统工作压力，排水系统应明确试验类别。（　　）

8. 低温热水地板辐射供暖系统安装，在地面下敷设的盘管埋地部分允许有接头。（　　）

9. 住宅工程供暖、给水及热水供应系统设计时应注明管材、部件的温度特性参数、连接方式及规格。（　　）

10. 供暖系统安装完毕，管道保温之前应进行水压试验。（　　）

11. 高温热水供暖系统，试验压力应为系统顶点工作压力加0.3MPa。使用塑料管及复合管的热水供暖系统，应以系统顶点工作压力加0.2MPa作水压试验，同时在系统顶点的试验压力不小于0.4MPa。（　　）

12. 室外给水管道在竣工后，必须对管道进行冲洗，饮用水管道还要在冲洗后进行消

毒，满足饮用水卫生要求。（ ）

13. 排水管道的坡度必须符合设计要求，严禁无坡或倒坡。（ ）

14. 室内供暖管道冲洗完毕应通水、加热，进行试运行和调试。（ ）

15. 住宅工程室内给水、热水及供暖系统采用工程塑料管时，其明敷和非直埋敷设的管道，应明确伸缩补偿装置及支承的结构形式、设置数量和坐标位置。（ ）

16. 锅炉和省煤器安全阀的定压和调整应符合规定。锅炉上装有两个安全阀时，其中的一个按表中较高值定压，另一个按较低值定压。装有一个安全阀时，应按较高值定压。（ ）

17. 住宅工程给水管道系统施工时，应复核冷、热水管道的压力等级和类别；不同种类的塑料管道不得混装，安装时，管道标记应朝向易观察的方向。（ ）

18. 住宅工程引入室内的埋地管其覆土深度，不得小于当地冻土线深度的要求。管沟开挖应平整，不得有突出的尖硬物体，塑料管道垫层和覆土层应采用细砂土。（ ）

19. 住宅工程室内给水系统管道宜采用明敷方式，可以在混凝土结构层内敷设。（ ）

20. 高层建筑中明设排水塑料管道应按设计要求设置阻火圈或防火套管。（ ）

21. 住宅工程给排水管道穿越基础预留洞时，给水引入管管顶上部净空一般不小于100mm；排水排出管管顶上部净空一般不小于100mm。（ ）

22. 住宅工程室内给水系统管道确需暗敷时，直埋在地坪面层内及墙体内的管道，不得有机械式连接管件；塑料供暖管暗敷不应有接头。（ ）

23. 温度计与压力表在同一管道上安装时，按介质流动方向温度计应在压力表上游处安装。（ ）

24. 蒸汽锅炉安全阀的排汽管口可安装在室内。（ ）

25. 锅炉烟管与引风机连接时可采用硬接头，烟管重量可由风机承担。（ ）

26. 以天然气为燃料的锅炉的天然气释放管或大气排放管不得直接通向大气，应通过储存或处理装置。（ ）

27. 管道暗敷设时，管道固定应牢固，楼地面应有防裂措施，墙体管道保护层宜采用不小于墙体强度的材料填补密实，管道保护层厚度不得小于15mm，在墙表面或地表面上应标明暗管的位置和走向，管道经过处严禁局部重压或尖锐物体冲击。（ ）

28. 游泳池的泄水口可采用铸铁材料制造。（ ）

29. 中水管道不宜暗装于墙体和楼板内，如必须暗装于墙槽内时，必须在管道上有明显且不会脱落的标志。（ ）

30. 中水管道与生活饮用水管道、排水管道交叉埋设时，应位于生活饮用水管道上面。（ ）

31. 中水给水管道可装设取水水嘴，但不得与生活饮用水给水管道连接。（ ）

32. 住宅工程当给水排水管道穿过楼板（墙）、地下室等有严格防水要求的部位时，其防水套管的材质、形式及所用填充材料应在施工方案中明确。（ ）

33. 住宅工程安装在楼板内的套管顶部必须高出装饰地面20mm，卫生间或潮湿场所的套管顶部必须高出装饰地面50mm，套管与管道间环缝间隙宜控制在10～15mm之间，套管与管道之间缝隙应采用阻燃和防水柔性材料封堵密实。（ ）

34. 输送生活给水的塑料管道可露天架空铺设，但架空高度必须符合要求。（ ）

35. 自动喷水灭火系统水泵吸水管水平段上不应有气囊和漏气现象，变径连接时，应采用偏心异径管件并应采用管顶平接。 （ ）

36. 自动喷水灭火系统法兰连接可采用焊接法兰或螺纹法兰。焊接法兰焊接处应作防腐处理，并宜重新镀锌后连接。 （ ）

37. 自动喷水灭火系统喷头应在系统试压、冲洗合格前进行。 （ ）

38. 自动喷水灭火系统管网穿过墙体或楼板时宜加设套管，套管长度不得小于墙体厚度；穿过楼板的套管其顶部应高出装饰地面20mm，穿过卫生间或厨房楼板的套管，其顶部应高出装饰地面50mm，且套管底部应与楼板底面相平。套管与管道的间隙应采用不燃材料填塞密实。 （ ）

39. 自动喷水灭火系统水力警铃应安装在公共通道或值班室附近的外墙上，且应安装检修、测试用的阀门。 （ ）

40. 自动喷水灭火系统水压严密性试验应在水压强度试验和管网冲洗合格后进行。试验压力应为设计工作压力，稳压24h，应无泄漏。 （ ）

41. 自动喷水灭火系统工程质量验收判定条件：(1) 系统工程质量缺陷划分为：严重缺陷项（A），重缺陷项（B），轻缺陷项（C）。(2) 系统验收合格判定应为：A=0，且B≤2，且B+C≤6为合格，否则为不合格。 （ ）

42. 建筑给水钢塑复合管管道安装时，可采用锯床、砂轮切割、手工锯、盘锯切割（转速不大于800r/min）等截管。 （ ）

43. 住宅工程防火套管、阻火圈本体应标有规格、型号、耐火等级和品牌，合格证和检测报告必须齐全有效。 （ ）

44. 住宅工程管道井或穿墙洞应按消防规范的规定进行封堵。 （ ）

45. 住宅工程卫生器具与相关配件必须匹配成套，安装时，应采用预埋螺栓或膨胀螺栓固定，陶瓷器具与紧固件之间必须设置弹性隔离垫。 （ ）

46. 住宅工程卫生器具在轻质隔墙上固定时，应预先设置固定件并标明位置。（ ）

47. 住宅工程卫生器具安装接口填充料必须选用可拆性防水材料，安装结束后，应做盛水和通水试验。 （ ）

48. 住宅工程带有溢流口的卫生器具安装时，排水栓溢流口应对准卫生器具的溢流口，镶接后排水栓的上端面应低于卫生器具的底部。 （ ）

49. 住宅工程室内的排水系统在受水口处，设计应注明水封的位置和选用的水封部件类型。屋顶水箱溢流管和疏水管应设置空气隔断和防止污染的措施，可以与排水管及雨水管相连。 （ ）

50. 住宅工程地漏安装应平整、牢固，低于排水地面5～10mm，地漏周边地面应以2%的坡度坡向地漏，且地漏周边应防水严密，不得渗漏。 （ ）

51. 住宅工程给水排水管道系统敷设在可能出现结露场所时，设计应明确防结露的措施。 （ ）

52. 设计住宅工程室外明敷管道保温（绝热）应明确防雨、防晒的措施，潮湿区域的管道保温（绝热）应明确防潮措施。 （ ）

53. 住宅工程各类保温（绝热）材料耐火等级必须符合设计要求。材料进场后应对其材质、规格、密度和厚度以及阻燃性能进行抽检，同品牌、同批次抽检不得少于二个规

格，有异议时，应见证取样委托有资质的检测单位复试。（ ）

54. 住宅工程保温（绝热）管（板）的结合处不得出现裂缝、空隙等缺陷，管道保温（绝热）材料在过支架和洞口等处，应连续并结合紧密。阀门和其他部件应根据部件的形状选用专用保温（绝热）管壳，确保阀门、部件与保温（绝热）管壳能够结合紧密。

（ ）

55. 住宅工程设计应明确不同供暖区域的设计温度。（ ）

56. 住宅工程内的热水供暖系统设计宜采用共用立管的分户独立系统形式，分户独立系统入户装置应包括供回水锁闭调节阀、分户用热量表，热量表前应设过滤器。共用立管和分户独立系统入户装置应设在公共部位。（ ）

57. 住宅工程供暖水平管与其他管道交叉时，其他管道应避让供暖管道，当供暖管道被迫上下绕行时，应在绕行高点安装排气阀。水平管变径时应采用顶平异径管。（ ）

四、判断分析题

（一）室内消火栓系统安装工程检验批质量验收，施工单位视以下情况，请给出相应的检查评定结论意见。

主控项目

1. 某一学校四层教学楼，两个楼梯间均设有室内消火栓系统，取屋顶和一层各一处的消火栓做试射试验，均达到设计要求。（ ）

A. 合格　　B. 不合格

2. 消火栓水龙带与水枪及快速接头绑扎好挂放在箱内的支架上。（ ）

A. 合格　　B. 不合格

3. 箱式消火栓栓口朝外，并装在开门侧，栓口中心距地面为 1.09m，阀门中心距箱侧面为 135mm，距箱后内表面为 104mm，消火箱安装的垂直度偏差为 2mm。（ ）

A. 合格　　B. 不合格

4. 施工单位检查评定结论。（ ）

A. 合格　　B. 不合格

（二）某六层住宅楼雨水管道及配件安装工程检验批质量验收，施工单位视以下情况，请给出相应的检查评定结论意见。

主控项目

1. 安装在室内的雨水管道做灌水试验，灌水高度为底层横管到立管的±0.000 位置，满水 15min 水面下降后，再灌满观察 5min，液面不下降，管道及接口无渗漏。（ ）

A. 合格　　B. 不合格

2. 管材采用塑料雨水管，材料已检查合格，其立管伸缩节每隔 3m 安装一只，立管采用固定支架每隔 1.5m 设一只。（ ）

A. 合格　　B. 不合格

3. 管径为 100 的雨水管道在一层埋地的坡度为 10‰。（ ）

A. 合格　　B. 不合格

一般项目

4. 雨水管道单独直接通向雨水管道井，雨水斗管固定在屋面的承重结构上，雨水斗边缘与屋面相连处严密不漏。（ ）

A. 合格　　　　B. 不合格

5. 经抽测允许偏差项目。（　　）

项目	允许偏差(mm)	实测偏差值(mm)
坐标	15	10,9,8,11,15, 17,20,15,20,12
标高	±15	11,13,15,17,19,20,11,10,15,9
立管垂直度	(每1m)　3	3,2,1,4,5,3,2,2,2,3,3
	(全长)≯15	9,12,11,13,14,16,21,11,18,14

A. 合格　　　　B. 不合格

6. 施工单位检查评定结论。（　　）

A. 合格　　　　B. 不合格

第7章　自动喷水灭火系统工程

一、单项选择题

1. 设有人孔的池顶，顶板面与上面建筑本体板底的净空不应小于（　　）m。

A. 0.3　　B. 0.6　　C. 0.7　　D. 0.8

2. 地下消防水泵接合器的安装，应使进水口与井盖底面的距离不大于（　　）m。

A. 0.3　　B. 0.5　　C. 0.4　　D. 0.8

3. 机械三通开孔间距不应小于500mm，机械四通开孔间距不应小于（　　）mm。

A. 300　　B. 500　　C. 800　　D. 1000

4. 配水支管上每一直管段、相邻两喷头之间的管段设置的吊架均不宜少于1个，吊架的间距不宜大于（　　）m。

A. 2.5　　B. 2.6　　C. 3.2　　D. 3.6

5. 喷头安装应在系统试压、（　　）合格后进行。

A. 灌水　　B. 通水　　C. 冲洗　　D. 蓄水

6. 当喷头的公称直径小于（　　）mm时，应在配水干管或配水管上安装过滤器。

A. 10　　B. 12　　C. 14　　D. 16

7. 以备用电源切换方式或备用泵切换启动消防水泵时，消防水泵应在（　　）s内投入正常运行。

A. 30　　B. 32　　C. 34　　D. 40

8. 调试过程中，系统排出的水应通过（　　）全部排走。

A. 给水设施　　B. 消防设施　　C. 排水设施　　D. 电气设施

9. 雨淋阀调试宜利用检测、试验管道进行。自动和手动方式启动的雨淋阀，应在（　　）s之内启动。

A. 10　　B. 15　　C. 20　　D. 25

10. 干式系统的联动试验，启动（　　）只喷头。

A. 1　　B. 2　　C. 3　　D. 4

二、多项选择题

1. 配水支管上每一直管段、相邻两喷头之间的管段设置的吊架均不宜少于（　　）个，吊架的间距不宜大于（　　）m。

A. 1　　B. 2　　C. 2.6　　D. 3.6　　E. 4.6

2. 配水干管、配水管应作红色或红色环圈标志。红色环圈标志，宽度不应小于（　）mm，间隔不宜大于（　）m，在一个独立的单元内环圈不宜少于（　）处。

A. 20　　B. 30　　C. 35　　D. 2　　E. 4

3. 报警阀除应有（　）、（　）、（　）等标志外，尚应有（　）的永久性（　）。

A. 商标　　B. 型号　　C. 规格　　D. 标志　　E. 水流方向

4. 消防水箱、消防水池的容积、安装位置应符合设计要求。安装时，池（箱）外壁与建筑本体结构墙面或其他池壁之间的净距，应满足施工或装配的需要。无管道的侧面，净距不宜小于（　）m；安装有管道的侧面，净距不宜小于（　）m，且管道外壁与建筑本体墙面之间的通道宽度不宜小于（　）m。

A. 0.7　　B. 1.0　　C. 0.6　　D. 0.8　　E. 1.2

5. 机械三通连接时，应检查机械三通与孔洞的间隙，各部位应均匀，然后再紧固到位；机械三通开孔间距不应小于（　）mm，机械四通开孔间距不应小于（　）mm。

A. 500　　B. 600　　C. 700　　D. 800　　E. 1000

第8章　建筑电气工程

一、单项选择题

1. 用塑料制品的电线保护管、线槽必须由（　）处理的材料制成。

A. 可燃　　B. 难燃　　C. 阻燃　　D. 易燃

2. 管内穿线下列（　）做法不对。

A. 管内导线包括绝缘层在内的总截面面积不大于管子内截面的40%

B. 导线在管内没有接头和扭结

C. 同一根管内穿入1个照明回路导线

D. 同一台设备的电机回路和有抗干扰要求的控制回路穿一根管子内

3. 金属导管内外壁应作防腐处理；埋设于混凝土内的导管内壁应作防腐处理，外壁（　）防腐处理。

A. 可以不作　　B. 应作　　C. 宜作　　D. 按建设方要求不作

4. 变压器中性点应与接地装置引出的干线（　）连接。

A. 直接　　B. 不　　C. 过渡　　D. 间接

5. 电动机、电加热器及执行机构的可接近裸露导体必须（　）。

A. 接地　　B. 接零　　C. 接地和接零　　D. 接地或接零

6. 电动机、电加热器及执行机构的绝缘电阻值应大于（　）MΩ。

A. 0.1　　B. 0.2　　C. 0.5　　D. 1.0

7. 接地装置的焊接采用搭接焊，圆钢与圆钢搭接为圆钢直径的（　）倍，双面施焊。

A. 2　　B. 3　　C. 4　　D. 6

8. 接地或接零线在插座间（　　）连接。

A. 串联　　B. 不串联

C. 按建设方要求不串联　　D. 宜不串联

9. 当灯具距离地面高度小于（　　）m时，灯具的可接近裸露导体必须接地或接零可靠，并应有专用接地螺栓，且有标识。对有双层床铺的学生宿舍应以上铺距灯具距离确定。

A. 2.0　　B. 2.2　　C. 2.4　　D. 2.5

10. 低压电线和电缆，线间和线对地间的绝缘电阻值必须大于（　　）MΩ。

A. 0.1　　B. 0.2　　C. 0.5　　D. 1.0

11. 测定电机定子绕组及励磁回路绝缘电阻，适用1000V兆欧表测量，绝缘电阻值不得小于（　　）MΩ。

A. 0.1　　B. 0.3　　C. 0.5　　D. 1.0

12. 额定电压交流1kV及以下、直流1.5kV及以下的应为（　　）电气设备、器具和材料。

A. 低压　　B. 高压　　C. 中压　　D. 超高压

13. 花灯吊钩圆钢直径不应小于灯具挂销直径，且不得小于（　　）mm。

A. 10　　B. 8　　C. 6　　D. 5

14. 高压的电气设备和布线系统及继电保护系统的交接试验，必须符合现行的国家标准（　　）。

A.《电气装置安装工程　电气设备交接试验标准》GB 50150

B.《建筑电气工程施工质量验收规范》GB 50303

C.《电气装置安装工程　电缆线路施工及验收规范》GB 50168

D.《电气装置安装工程　接地装置施工及验收规范》GB 50169

15. 对开关、插座的电气和机械性能进行现场抽样检测，绝缘电阻值不小于（　　）MΩ。

A. 0.5　　B. 1.0　　C. 2.0　　D. 5.0

16. 进场的开关、插座、配电箱（柜、盘）、电缆（线）、照明灯具等电气产品必须具有（　　），随带技术文件必须合格、齐全有效。

A. 3C标记　　B. 消防标记　　C. 环保标记　　D. 检测标记

17. 建筑物景观照明灯具的导电部分对地的绝缘电阻值应大于（　　）MΩ。

A. 0.5　　B. 2　　C. 5　　D. 20

18. 在人行道等人员来往密集场所安装的落地式景观照明灯具，无围栏防护，安装高度应距离地面（　　）m以上。

A. 2.0　　B. 2.5　　C. 3.0　　D. 3.5

19. 庭院灯具的导电部分对地的绝缘电阻值大于（　　）MΩ。

A. 0.5　　B. 2　　C. 5　　D. 20

20. 室外埋地敷设的电缆导管，埋深不应小于（　　）m。壁厚小于2mm的钢电线导管不应埋设于室外土壤内。

A. 0.5　　　　B. 0.6　　　　C. 0.7　　　　D. 0.8

21. 塑料管在砖墙体内敷设时，采用强度等级不少于 M10 的水泥砂浆抹面保护，保护层厚度不应小于（　　）mm。

A. 10　　　　B. 15　　　　C. 25　　　　D. 24

22. 室内进入落地式柜、台、箱、盘内的导管管口，应高出柜、台、箱、盘的基础面（　　）mm。

A. 10～20　　　　B. 20～30　　　　C. 50～80　　　　D. 30～40

23. 镀锌钢管或薄壁钢管、可挠金属电线保护管的跨接线易采用专用接地卡，不应采用（　　）连接。

A. 熔焊　　　　B. 电线　　　　C. 镀锌扁钢　　　　D. 导电胶

24. 住宅工程质量通病控制标准对局部等电位和总等电位的做法均有严格的要求。对于全装修房应严格执行；如果是毛坯房要针对在竣工验收时的实际状况，完成局部或全部等电位施工应该完成的工作量，并要求在（　　）中注明等电位要求。

A. 住宅使用说明书　　　　B. 施工方案

C. 施工图纸　　　　D. 施工记录

25. 动力和照明工程的漏电保护装置（　　）模拟动作试验。

A. 可不作　　　　B. 应作　　　　C. 宜作　　　　D. 严禁作

26. 接地（PE）或接零（PEN）支线（　　）接地（PE）或接零（PEN）干线相连接。

A. 可以不与　　　　B. 必须与　　　　C. 必须单独与　　　　D. 必须混合与

27. 钢索配线中，当钢索长度在（　　）m 以下时，应在钢索一端装设花篮螺栓紧固。

A. 20　　　　B. 30　　　　C. 40　　　　D. 50

28. 对成套灯具的进场检验，其绝缘电阻值应不小于（　　）MΩ。

A. 0.5　　　　B. 1.0　　　　C. 2.0　　　　D. 5.0

29. 对开关、插座的电气和机械性能进行现场抽测检验中，其绝缘电阻值应不小于（　　）MΩ。

A. 0.5　　　　B. 1.0　　　　C. 2.0　　　　D. 5.0

30. 柜、屏、台、箱、盘的金属框架及基础型钢必须（　　）。

A. 接地（PE）或接零（PEN）　　　　B. 接地（PE）

C. 接零（PEN）　　　　D. 可不接地或接零

31. 柜、屏、台、箱、盘间二次回路的线间和线对地绝缘电阻值必须大于（　　）MΩ。

A. 0.5　　　　B. 1.0　　　　C. 2.0　　　　D. 5.0

32. 柜、屏、台、箱、盘间二次回路交流工频耐压试验，当绝缘电阻值大于 10MΩ 时，用（　　）V 兆欧表摇测 1min，应无闪络击穿现象。

A. 500　　　　B. 1000　　　　C. 2000　　　　D. 2500

33. 照明配电箱（盘）内，（　　）设置零线（N）和保护地线（PE 线）汇流排，零线和保护地线经汇流排配出。

A. 共同　　B. 分别　　C. 可不　　D. 严禁

34. 发电机组至低压配电柜馈电线路的相间和相对地绝缘电阻值应大于（　　）MΩ。

A. 0.5　　B. 1.0　　C. 2.0　　D. 5.0

35. 不间断电源装置间连线的线间和线对地绝缘电阻值应大于（　　）MΩ。

A. 0.5　　B. 1.0　　C. 2.0　　D. 5.0

36. 不间断电源输出端的中性线（N 极），（　　）由接地装置直接引来的接地干线相连接，做重复接地。

A. 必须与　　B. 不必与　　C. 严禁与　　D. 可以与

37. 绝缘子的底座、套管的法兰、保护网（罩）及母线支架等可接近裸露导体应接地（PE）或接零（PEN）可靠。（　　）作为接地（PE）或接零（PEN）的连续导体。

A. 必须　　B. 不应　　C. 可以　　D. 宜

38. 金属电缆桥架极其支架全长应不少于（　　）处与接地（PE）或接零（PEN）干线相连接。

A. 1　　B. 2　　C. 3　　D. 4

39. 非镀锌电缆桥架间连接板的两端跨接铜芯接地线，最小允许截面积不小于（　　）mm^2。

A. 1.5　　B. 2.5　　C. 4.0　　D. 6.0

40. 镀锌电缆桥架间连接板的两端不跨接地线，但连接板两端不少于（　　）个有防松螺帽或防松垫圈的连接固定螺栓。

A. 1　　B. 2　　C. 3　　D. 4

41. 金属电缆支架、电线导管必须（　　）可靠。

A. 接地（PE）　　B. 接地（PE）或接零（PEN）

C. 接零（PEN）　　D. 接地（PE）和接零（PEN）

42. 金属线槽（　　）作为设备的接地导体。

A. 不　　B. 可以　　C. 宜　　D. 严禁

43. 当设计无要求时，金属线槽全长不少于（　　）处与接地（PE）或接零（PEN）干线连接。

A. 1　　B. 2　　C. 3　　D. 4

44. 镀锌的钢导管、可挠性导管和金属线槽（　　）熔焊跨接接地线。

A. 不得　　B. 宜　　C. 可以　　D. 最好不要

45. 镀锌的钢导管、可挠性导管和金属线槽以专用接地卡跨接的两卡间连线为铜芯软导线，截面积不小于（　　）mm^2。

A. 1.5　　B. 2.5　　C. 4.0　　D. 6.0

46. 三相或单相的交流单芯电缆，（　　）单独穿于钢导管内。

A. 可以　　B. 宜　　C. 不得　　D. 允许

47. 爆炸危险环境照明线路的电线和电缆的额定电压不得低于（　　）V，且电线必须穿于钢导管内。

A. 36　　B. 380　　C. 750　　D. 1000

48. 住宅工程进场的开关、插座、配电箱（柜、盘）、电缆（线）、照明灯具等电气产品必须具有3C标记，随带技术文件必须合格、齐全有效。电气产品进场应按规范要求进场验收。对起切断保护作用的开关、插座、配电箱以及电缆（线）实施见证取样，（　　）进行电气和机械性能复试。

A. 委托监理单位　　B. 委托法定检测单位

C. 委托建设单位　　D. 委托施工单位

49. 住宅电气工程接地故障保护应采用（　　）接地保护形式。

A. TN-C-S　　B. TN-S　　C. TN-C　　D. 电涌保护器

50. 设有地下人防的居住建筑，各防护区域内电源系统（　　）；当电源线路穿越其他防护单元时应有防护措施。

A. 至少保证一路独立　　B. 至少保证二路独立

C. 可以不独立设置　　D. 至少保证三路独立

51. 住宅电气工程等电位联结端子板宜采用厚度不小于（　　）mm的铜质材料，当铜质材料与钢质材料连接时，应有防止电化学腐蚀措施。当设计无要求时，防雷及接地装置中所使用材料应采用经热浸镀锌处理的钢材。

A. 2　　B. 3　　C. 4　　D. 2.5

52. 住宅工程墙体内暗敷电导管时，严禁在承重墙上开长度大于（　　）mm的水平槽；墙体内集中布置电导管和大管径电导管的部位应用混凝土浇筑，保护层厚度应大于15mm。

A. 300　　B. 400　　C. 500　　D. 600

53. 电导管和线槽在穿过建筑物结构的伸缩缝、抗震缝和沉降缝时，应设置（　　）。

A. 补偿装置　　B. 套管　　C. 螺栓　　D. 导管

二、多项选择题

1. 金属导管（　　）对口熔焊；镀锌和壁厚小于等于（　　）mm的钢导管不得套管熔焊连接。

A. 严禁　　B. 宜采用　　C. 1.5　　D. 2　　E. 3

2. 公用建筑照明系统通电连续试运行时间为（　　）h，民用住宅照明系统通电连续试运行时间为（　　）h。

A. 24　　B. 12　　C. 8　　D. 6　　E. 10

3. 除设计要求外，承力建筑钢结构构件上，（　　）采用熔焊连接固定电气线路、设备和器具的支架、螺栓等部件；且（　　）热加工开孔。

A. 不得　　B. 严禁　　C. 可以　　D. 宜　　E. 应

4. 照明配电箱（盘）安装应符合：带有漏电保护的回路，漏电保护装置动作电流不大于（　　）mA，而工作时间不大于（　　）s。

A. 30　　B. 10　　C. 0.5　　D. 0.1　　E. 60

5. 住宅工程埋设在墙内或混凝土结构内的电导管应选用（　　）的绝缘导管；金属导管宜选用镀锌管材。

A. 中型　　B. 中型以上　　C. 轻型　　D. 重型

6. 住宅工程严禁在混凝土楼板中敷设管径大于板厚（　　）的电导管，对管径大于（　　）mm的电导管在混凝土楼板中敷设时应有加强措施，严禁管径大于（　　）mm

的电导管在找平层中敷设。混凝土板内电导管应敷设在上下层钢筋之间，成排敷设的管距不得小于（　　）mm，如果电导管上方无上层钢筋布置，应参照土建要求采取加强措施。

A. 1/3　　B. 2/3　　C. 40　　D. 25　　E. 20

7. 住宅工程中安装高度低于 1.8m 的电源插座必须选用（　　），卫生间和阳台的电源插座应采用（　　），洗衣机、电热水器的电源插座应（　　）。

A. 防护型插座　　B. 带开关

C. 防溅型　　D. 普通型

E. 不带开关

8. 住宅工程同一回路电源插座间的接地保护线（PE）不得串联连接。插座处连接应采用（　　）措施。

A. "T" 形或并线铰接搪锡后，引出单根线插入接线孔中固定

B. 选用质量可靠的压接帽压接连接

C. 并线铰接后直接插入接线孔中

D. 线直接插入接线孔中

9. 在住宅工程卫生间 0-2 防护区域内，（　　）有与洗浴设备无关的配电线路敷设，防护区域的墙上（　　）装设与配电箱等无关的用电设施。

A. 不应　　B. 应　　C. 宜　　D. 不宜

三、判断题（正确的在括号内填"A"，错误的在括号内填"B"）

1. 额定交流电压 10kV 及以下、直流电压 1.5kV 及以下的应为低压电气设备、器具和材料。（　　）

2. 建筑电气的动力工程的空载试运行和建筑电气照明工程的负荷试运行，应按照现行国家标准《建筑电气工程施工质量验收规范》GB 50303 的要求执行。（　　）

3. 动力和照明工程的漏电保护装置应作模拟动作试验（　　）

4. 接地（PE）或接零（PEN）支线必须单独与接地（PE）或接零（PEN）干线相连接。（　　）

5. 电气系统设备和布线系统的交接试验，应按照现行国家标准《建筑电气工程施工质量验收规范》GB 50303 的要求执行。（　　）

6. 进口设备、器具和材料进场后，提供规格、型号、性能均合格的质量证明材料即可验收。（　　）

7. 经批准的免检产品或名牌产品，当进场时产品应免检。（　　）

8. 对于开关、插座的现场抽样检测的绝缘电阻值不小于 5MΩ。（　　）

9. 高压电气设备和布线及继电保护系统的交接试验，必须符合现行国家标准《电气装置安装工程电器设备交接试验标准》GB 50150 的规定。（　　）

10. 裸母线、裸导线不应松股、扭折和断股现象，可以根据接线柱孔的大小处理导线截面，且接线不多于 2 根，使其能够与接线柱紧密连接。（　　）

11. 配电盘、屏、柜、箱内的回路中的电子元件不应参加交流工频耐压试验，48V 及以下的回路可不做交流工频耐压试验。（　　）

12. 母线的绝缘底座、套管、保护网等应接地可靠，但不应作为接地（PE）、接零

（PEN）的接续体。 （ ）

13. 住宅工程照明系统通电连续试运行必须达到 8h，所有照明灯具均应开启，且每 2h 记录运行状况 1 次，连续试运行时间内无故障。 （ ）

14. 住宅电气工程在各区域电源进线处应设置总等电位联结，各区域的总等电位联结装置宜通过建筑物地下结构内设置的等电位联结装置（带）连接，并作用于全建筑物。 （ ）

15. 住宅电气工程中设有洗浴设备的卫生间应预设局部等电位联结板（盒）做局部等电位联结，并应在设计平面图中标明所有外露、外部可导电部分与其联结。 （ ）

16. 配电箱（柜、盘）内应分别设置中性（N）和保护（PE）线汇流排，汇流排的孔径和数量必须满足 N 线和 PE 线经汇流排配出的需要，严禁导线在管、箱（盒）内分离或并接。配电箱（柜、盘）内回路功能标识齐全准确。 （ ）

四、判断分析题

接地装置安装分项工程检验批质量验收，施工单位视以下情况，请选择最符合题意的检查评定结论。

主控项目

1. 某住宅楼为人工接地装置，断接卡位置按设计要求设置在室外地坪以上 1.5m 的暗埋专用箱内。断接卡为－40×4 的镀锌扁钢，搭接长度为 200mm，有 2 只镀锌 M12 的螺栓连接紧密。（ ）

A. 合格　　B. 不合格

2. 接地装置的接地电阻测试设计值为不大于 2Ω，实测值为 1.2Ω，季节修正系数为 1.15。（ ）

A. 合格　　B. 不合格

3. 接地干线埋设经出户楼梯口处的埋地深度为 0.8m，并在接地干线上方采取铺设卵石和均压措施。（ ）

A. 合格　　B. 不合格

一般项目

4. 防雷接地桩顶部埋深为 0.8m，垂直打下的桩与桩之间的间距为 6m。引下线的镀锌扁钢与接地桩的角钢外侧紧贴两面，上下两侧施焊，焊缝饱满。（ ）

A. 合格　　B. 不合格

5. 接地装置采用热浸镀锌角钢∟50×5 作为接地桩，热浸镀锌扁钢－40×4 作为引下线。（ ）

A. 合格　　B. 不合格

6. 该检验批施工质量评定结果。（ ）

A. 合格　　B. 不合格

第 9 章　建筑物防雷工程

一、单项选择题

1.《建筑物防雷工程施工与质量验收规范》GB 50601 适用于（ ）建筑物防雷工程的施工与质量验收。

A. 维修　　B. 装饰　　C. 改建和扩建　　D. 室内

2. 未经（　　）或建设单位技术负责人检查确认，不得进行下道工序施工。

A. 施工　　B. 使用单位　　C. 监督部门　　D. 监理工程师

3. 自然接地体底板钢筋敷设完成，应按（　　）做接地施工，应经检查确认并作隐蔽工程验收记录后再支模或浇捣混凝土。

A. 施工单位　　B. 建设单位　　C. 监督部门　　D. 设计要求

4. 在易受机械损伤之处，地面上（　　）m 至地面下 0.3m 的一段接地应采用暗敷保护，也可采用镀锌角钢、改性塑料管或橡胶等保护，并应在每一根引下线上距地面不低于 0.3m 处设置断接卡连接。

A. 1.8　　B. 1.9　　C. 2.0　　D. 2.1

5. 在建筑物入户处应做总等电位联结。建筑物等电位联结干线与接地装置应有不少于（　　）处的直接连接。

A. 1　　B. 2　　C. 3　　D. 4

6. 低压配电线路（三相或单相）的单芯线缆（　　）单独穿于金属管内。

A. 不应　　B. 宜　　C. 应　　D. 可以

7. 在条件许可时，（　　）采用多层走线槽盒，强、弱电线路宜分层布设。

A. 宜　　B. 不宜　　C. 应　　D. 不应

8. 已安装固定的线槽（盒）、桥架或金属管应与建筑物内的等电位联结带进行电气连接，连接处的过渡电阻不应大于（　　）Ω。

A. 1　　B. 0.6　　C. 0.24　　D. 0.28

9. 接地装置安装工程应按人工接地装置和利用建筑物基础钢筋的自然接地体各分为（　　）个检验批，大型接地网可按区域划分为几个检验批进行质量验收和记录。

A. 1　　B. 2　　C. 3　　D. 4

10. 测量引下线两端和引下线连接处的电气连接状况，其间直流过渡电阻值不应大于（　　）Ω。

A. 0.2　　B. 0.3　　C. 1　　D. 2

二、多项选择题

1. 检查明敷接闪器的布置，接闪导线（避雷网）的网络尺寸是否大于第一类防雷建筑物（　　）或 4m×6m、第二类防雷建筑物 10m×10m 或（　　）、第三类防雷建筑物（　　）或 16m×24m 的要求。

A. 5m×5m　　B. 4m×4m

C. 8m×8m　　D. 8m×12m

E. 20m×20m

2. 当利用建筑物金属屋面、（　　）等金属物作闪接器时，建筑物金属屋面、旗杆、铁塔等金属物的材料、规格应符合有关规定。

A. 旗杆　　B. 铁塔

C. 管材　　D. 塑料管

E. 透气管

3. 建筑物顶部和外墙上的接闪器必须与建筑物栏杆、旗杆、（　　）、管道、（　　）、

（　　）支架等外露的金属物进行电气连接。

A. 设备　　B. 太阳能热水器

C. 门窗　　D. 幕墙支架

E. 吊车梁

4. 在易受机械损伤之处，地面上（　　）m至地面下（　　）m的一段接地应采用暗敷保护，也可采用镀锌角钢、改性塑料管或橡胶等保护，并应在每一根引下线上距地面不低于0.3m处设置断接卡连接。

A. 1.7　　B. 0.3

C. 1.8　　D. 0.5

E. 1

5. 外露引下线在高（　　）m以下部分穿不小于（　　）mm厚的交联聚乙烯管，交联聚乙烯管应能耐受100kV冲击电压（1.2/50μs波形）。

A. 2.7m　　B. 3mm

C. 2.5mm　　D. 2 mm

E. 2.5m

三、判断题（正确的在括号内填“A”，错误的在括号内填“B”）

1. 在安装和调试中使用的各种计量器具，宜经法定计量认证机构检定合格。（　　）

2. 接地装置的接地电阻值宜符合设计文件的要求。（　　）

3. 利用建筑物桩基、梁、柱内钢筋作接地装置的自然接地体和为接地需要而专门埋设的人工接地体，应在地面以上按设计要求的位置设置可供测量、接人工接地体和作等电位联结用的连接板。（　　）

4. 敷设在土壤中的接地体与混凝土基础中的钢材相连接时，宜采用铜材或不锈钢材料。（　　）

5. 接地装置隐蔽应经检查验收合格后再覆土回填。（　　）

6. 第一类、第二类和第三类防雷建筑物专设引下线不应少于2根，并应沿建筑物周围均匀布设，其平均间距分别不应大于12m、18m和25m。（　　）

7. 明敷在建筑物上的接闪器应在接地装置和引下线施工完成后再安装，并应与引下线电气连接。（　　）

8. 等电位联结可采取焊接、螺钉或螺栓连接等。（　　）

9. 等电位联结工程应按建筑物外大尺寸金属物等电位联结、金属管线等电位联结、各防雷区等电位联结和电子系统设备机房各分为1个检验批进行质量验收和记录。（　　）

10. 综合布线工程中的工程主控项目和一般项目应逐项进行检查和测量。（　　）

第10章　通风与空调工程

一、单项选择题

1. 按风管系统工作压力划分，风管系统可分为低压系统、中压系统和高压系统。其中系统工作压力小于等于（　　）Pa为低压系统。

A. 300　　B. 400　　C. 500　　D. 600

2. 按材质分类，下列哪种风管不属于金属风管？（　　）

A. 镀锌钢板风管　　B. 不锈钢风管　　C. 铝板风管　　D. 玻璃钢风管

3. 砖、混凝土风道的允许漏风量不应大于矩形低压系统风管规定值的（　　）倍。

A. 1.2　　B. 1.5　　C. 2.0　　D. 3.0

4. 可伸缩性金属或非金属软风管的长度不宜超过（　　）m，并不得有死弯及塌凹。

A. 1　　B. 1.5　　C. 2　　D. 2.5

5. 圆形金属风管（不包括螺旋风管）直径大于等于 800mm，且其管段长度大于（　　）mm或总表面积大于 $4m^2$ 均应采取加固措施。

A. 1000　　B. 1250　　C. 1500　　D. 2000

6. 法兰螺栓及铆钉的间距，低压和中压系统风管应小于或等于（　　）mm。

A. 50　　B. 100　　C. 150　　D. 200

7. 截面积大于（　　）m^2 的风阀应实施分组调节。

A. 1.0　　B. 1.2　　C. 1.5　　D. 2.0

8. 圆形风管无法兰连接采用承插连接形式时，要求插入深度大于（　　）mm 且有密封措施。

A. 20　　B. 25　　C. 30　　D. 40

9. 防火分区隔墙两侧的防火阀，距墙表面不应大于（　　）mm。

A. 100　　B. 200　　C. 1000　　D. 2000

10. 输送空气温度高于 70℃的风管，其法兰垫料的材质应采用（　　）。

A. 石棉绳　　B. 石棉橡胶板

C. 闭孔海绵橡胶板　　D. 密封胶带

11. 过滤器与框架之间、框架与空气处理室的围护结构之间应（　　）。

A. 平整　　B. 留出空隙　　C. 设置垫料　　D. 严密

12. 对于工作压力大于（　　）MPa 及在空调水系统主干管上起切断作用的阀门，应进行强度和严密性试验，合格后方准使用。

A. 0.5　　B. 0.8　　C. 1.0　　D. 1.5

13. 通风与空调工程施工质量的保修期限，自竣工验收合格日起计算为（　　）供暖期、供冷期。

A. 一个　　B. 二个　　C. 三个　　D. 四个

14. 硬聚氯乙烯风管的直径或边长大于（　　）mm 时，其风管与法兰的连接处应设加强板，且间距不得大于 450mm。

A. 400　　B. 500　　C. 600　　D. 800

15. 采用隔振措施的制冷设备或制冷附属设备，其隔振器安装位置应正确；各个隔振器的压缩量，应均匀一致，偏差不应大于（　　）mm。

A. 1.0　　B. 2.0　　C. 5　　D. 10

16. 冷热水、冷却水系统的试验压力，当工作压力小于等于 1.0MPa 时，为（　　）倍工作压力，但最低不小于 0.6MPa；当工作压力大于 1.0MPa 时，为工作压力加 0.5MPa。

A. 1.1　　B. 1.2　　C. 1.5　　D. 2.0

17. 冷凝水排水管坡度，应符合设计文件的规定。当设计无规定时，其坡度宜大于或等于（　　）；软管连接的长度，不宜大于 150mm。

A. 2‰　　B. 3‰　　C. 5‰　　D. 8‰

18. 通风与空调工程系统无生产负荷的联合试运转及调试，应在制冷设备和通风与空调设备单机试运转合格后进行。空调系统带冷（热）源的正常联合试运转不应少于（　　）h，通风、除尘系统的连续试运转不应少于2h。

A. 2　　B. 5　　C. 8　　D. 24

19. 输送空气温度高于（　　）℃的风管，应按设计规定采取防护措施。

A. 60　　B. 80　　C. 100　　D. 150

20. 矩形风管弯管的制作，一般应采用曲率半径为一个平面边长的内外同心弧形弯管。当采用其他形式的弯管，平面边长大于（　　）mm时，必须设置弯管导流片。

A. 400　　B. 500　　C. 600　　D. 800

21. 风管垂直安装，支、吊架的间距应不大于（　　）m且每根立管的固定件不应小于2个。

A. 4　　B. 3　　C. 5　　D. 6

22. 当水平悬吊的主、干风管长度超过（　　）m时，应设置防止摆动的固定点，每个系统不应少于1个。

A. 15　　B. 20　　C. 30　　D. 40

23. 消声器、消声弯管均应设（　　），其重量不得由两端风管承担。

A. 独立支、吊架　　B. 防晃支架　　C. 防雨罩　　D. 防尘罩

24. 通风机的传动装置外露部分应有防护罩，当风机的进口或进风管路直通大气时，应加装（　　）或采取其他安全措施。

A. 防雨罩　　B. 防尘罩　　C. 防护罩（网）　　D. 活动百页格

25. 固定通风机的地脚螺栓，除应带有垫圈外，并应有（　　）。

A. 螺母　　B. 防松装置　　C. 橡胶垫　　D. 防腐措施

26. 管道压力试验时，当压力升到试验压力后，稳压10min，压力下降不得大于（　　）MPa。再将系统压力降到工作压力，外观检查无渗漏为合格。

A. 0.01　　B. 0.02　　C. 0.05　　D. 0.1

27. 硬聚氯乙烯风管的直段连续长度大于（　　）m，应按设计要求设置伸缩节；支管的重量不得由干管来承受，必须自行设置支、吊架。

A. 15　　B. 20　　C. 30　　D. 40

28. 消声器的穿孔板应平整，孔眼排列均匀，不得有（　　），穿孔率应符合图纸规定。

A. 穿孔　　B. 连体　　C. 内凹　　D. 毛刺

29. 在防火分区隔墙两侧的风管应（　　）。

A. 顺气流　　B. 逆气流　　C. 加设防火阀　　D. 加设风阀

30. 风机盘管机组安装前宜进行单机三速试运转及水压检漏试验。试验压力为系统工作压力的（　　）倍，试验观察时间为2min，不渗漏为合格。

A. 1.1　　B. 1.15　　C. 1.2　　D. 1.5

31. 通风与空调系统总风量调试结果与设计风量的偏差不应大于（　　）。

A. 5%　　B. 10%　　C. 15%　　D. 20%

32. 防排烟系统柔性短管的制作材料必须为（　　）。

A. 难燃材料　　B. 不燃材料　　C. 难燃B1级材料　D. 可燃材料

33. 低压系统风管的严密性检验应采用抽检，抽检率为（　　），且不得少于1个系统。

A. 5%　　B. 10%　　C. 20%　　D. 100%

34. 风管、部件和设备的绝热工程施工应在（　　）进行。

A. 风管系统严密性试验合格后

B. 风管系统安装完毕

C. 质量检验合格后

D. 无须试验监理的认可后

35. 带有防潮层的绝热材料的拼缝应采用粘胶带封严，粘胶带的宽度不应小于(　　) mm。

A. 30　　B. 40　　C. 50　　D. 60

36. 工作压力大于（　　）Pa的调节风阀，生产厂应提供强度测试合格的证书（或试验报告)。

A. 500　　B. 800　　C. 1000　　D. 1500

37. 中压系统风管的严密性检验，应在漏光法检测合格后，对系统漏风量测试进行抽检，抽检率为（　　)%。且不得少于1个系统。

A. 5　　B. 10　　C. 20　　D. 100

38. 整体安装的活塞式制冷机组，其机身纵、横向水平度允许偏差为（　　）。

A. 0.1/1000　　B. 0.2/1000　　C. 1/1000　　D. 2/1000

39. 在风管穿过需要封闭的防火、防爆的墙体或楼板时，应设预埋管或防护套管，其钢板厚度不应小于（　　）mm。风管与防护套管之间，应用不燃且对人体无危害的柔性材料封堵。

A. 1.0　　B. 1.5　　C. 1.6　　D. 2.0

40. 连接电加热器的风管的法兰垫片，应采用（　　）。

A. 难燃材料　　B. 耐热不燃材料　　C. 难燃B1级材料　D. 可燃材料

41. 当采用漏光法检测系统的严密性时，低压系统风管以每10m接缝，漏光点不大于2处，且100m接缝平均不大于（　　）处为合格。

A. 15　　B. 16　　C. 18　　D. 20

42. 安装通风机隔振器的地面应平整，各组隔振器承受负载的压缩量（　　）。

A. 应均匀　　B. 必须相同

C. 应小于2/3的最大压缩量　　D. 不得偏心

43. 通风机试运转应无异常振动，滑动轴承最高温度不得超过（　　)℃，滚动轴承最高温度不得超过80℃。

A. 60　　B. 70　　C. 75　　D. 80

44. 住宅工程各类保温（绝热）材料耐火等级必须符合设计要求。材料在进场后应对其材质、规格、密度和厚度以及阻燃性能进行抽检，同品牌、同批次抽检不得少于2个规格，（　　）进行复试。

A. 委托监理单位

B. 有异议时可见证取样委托法定检测单位

C. 委托建设单位

D. 委托施工单位。

45. 住宅工程通风与排烟系统风管法兰结合应紧密，翻边一致，风管的密封应以板材连接的密封为主，密封胶的性能应适合（　　）的要求，密封面宜设在风管的正压侧。

A. 使用环境　　B. 消防产品　　C. 产品质量　　D. 施工要求

46. 住宅工程通风与排烟工程竣工验收前，应由（　　）单位检测，并出具检测报告，检测结果不合格的应进行调试，直至合格。

A. 有通风空调检测资质的检测

B. 监理

C. 建设

D. 施工单位

二、多项选择题

1. 组装式的制冷机组和现场充注制冷剂的机组，必须进行下列哪些试验？（　　）

A. 吹污

B. 气密性试验

C. 真空试验

D. 充注制冷剂检漏试验

E. 吹扫

2. 硬质或半硬质绝热管壳的拼接缝隙，保温时不应大于（　　）mm、保冷时不应大于（　　）mm，并用粘结材料勾缝填满。

A. 2

B. 3

C. 5

D. 10

E. 12

3. 空调系统综合效能试验包括下列哪些项目？（　　）

A. 室内噪声的测定

B. 室内温湿度的测定

C. 系统总风量的测定

D. 空调冷热水总流量的测试

E. 支管送风量

4. 在下列场合必须使用不燃绝热材料：电加热器前后（　　）mm 的风管和绝热层；穿越防火隔墙两侧（　　）mm 范围内风管、管道和绝热层。

A. 500

B. 800

C. 1000

D. 1500

E. 2000

5. 水泵连续运转 2h 后，滑动轴承外壳最高温度不得超过（　　）℃；滚动轴承不得超过（　　）℃。

A. 70

B. 75

C. 80

D. 85

E. 90

6. 燃气系统管道与机组的连接不得使用非金属软管。燃气管道的吹扫和压力试验应为（　　）。当燃气供气管道压力大于 0.005MPa 时，焊缝的无损检测的执行标准应按设计规定。当设计无规定，其采用超声波探伤时，应全数检测，以质量不低于Ⅱ级为合格。

A. 压缩空气

B. 氮气

C. 水

D. 煤气

E. 辅助水系统

7. 中、低压系统金属风管法兰的螺栓及铆钉孔的孔距不得大于（　　）；高压系统金属风管不得大于（　　）。矩形金属风管法兰的四角部位应设有螺孔。非金属风管法兰的螺栓孔的间距不得大于（　　）。

A. 80mm　　B. 100mm

C. 120mm　　D. 150mm

E. 110mm

8. 通风与空调工程安装完毕，必须进行系统的测定和调整（简称调试）。系统调试应包括下列项目：（　　）。

A. 设备单机试运转及调试

B. 系统无生产负荷下的联合试运转及调试

C. 带生产负荷的综合效能测定

D. 有负荷下的联合试运转

E. 有负荷下的调试

9. 矩形风管边长大于或等于（　　）mm 和保温风管边长大于或等于（　　）mm。且其管段长度大于（　　）mm 时均应采取加固措施。

A. 630　　B. 800　　C. 1200　　D. 1250

10. 风管安装，支吊架不得设置在（　　）处。

A. 风口　　B. 风阀

C. 检查门　　D. 自控机构

E. 控制阀

11. 风管水平安装，直径或边长尺寸小于 400mm，间距应不大于（　　）m；大于或等于 400mm，应不大于（　　）m。

A. 4　　B. 3

C. 5　　D. 6

E. 7

12. 采用铝箔离心玻璃棉纤维板为保温材料的矩形风管及设备保温钉应均匀，其数量底面不应少于每 m^2（　　）个，侧面不应少于（　　）个。顶面不应少于（　　）个，首行保温钉距风管或保温材料边沿的距离应小于（　　）mm。

A. 16　　B. 14　　C. 12　　D. 10

E. 8　　F. 6　　G. 100　　H. 120

三、判断题（正确的在括号内填“A”，错误的在括号内填“B”）

1. 通风与空调工程竣工的系统调试，应在建设和监理单位的共同参与下进行，施工企业应具有专业检测人员和符合有关标准规定的测试仪器。（　　）

2. 高压系统风管的严密性检验，应全数进行漏风量测试。（　　）

3. 设置弹簧隔振的制冷机组，应设有防止机组运行时水平位移的定位装置。（　　）

4. 保温管道与套管四周间隙应使用难燃绝热材料填塞紧密。（　　）

5. 防火风管的本体、框架与固定材料、密封材料必须为不燃材料，其耐火等级应符合设计的规定。（　　）

6. 输送含有易燃、易爆气体或安装在易燃、易爆环境的风管系统应有良好的接地，

通过生活区或其他辅助生产车间时必须严密，并不得设置接口。（　）

7. 通风与空调工程所使用的主要原材料、成品、半成品和设备的进场，必须对其进行验收。验收应经监理工程师认可，并应形成相应的质量记录。（　）

8. 柔性短管应选用防腐、防潮、不透气、不易霉变的柔性材料。用于空调系统的应采取防止结露的措施；用于净化空调系统的还应是内壁光滑、不易产生尘埃的材料。（　）

9. 对含有凝结水或其他液体的风管，坡度应符合设计要求，并在最低处设排液装置。（　）

10. 高效过滤器安装前需进行外观检查和仪器检漏。安装后，在调试前应进行扫描检漏。（　）

11. 焊接钢管、镀锌钢管安装时不得采用热摵弯。（　）

12. 复合材料风管的覆面材料必须为不燃材料，内部的绝热材料应为不燃或难燃 B1 级，且对人体无害的材料。（　）

13. 燃油管道系统必须设置可靠的防静电接地装置，其管道法兰应采用镀锌螺栓连接或在法兰处用铜导线进行跨接，且结合良好。（　）

14. 镀锌钢板及各类含有复合保护层的钢板，应采用咬口连接或铆接，不得采用影响其保护层防腐性能的焊接连接方法。（　）

15. 金属风管板材拼接的咬口缝应错开，不得有十字形拼接缝。（　）

16. 柔性短管的长度，一般宜为 150～300mm，其连接处应严密、牢固可靠。（　）

17. 管道与设备的连接，应在设备安装完毕后进行，与水泵、制冷机组的接管必须为柔性接口。柔性短管不得强行对口连接，与其连接的管道应设置独立支架。（　）

18. 冷热水管道与支、吊架之间，应有绝热衬垫，其厚度可小于绝热层厚度，宽度应大于支、吊架支承面的宽度。（　）

19. 防爆风阀的制作材料必须符合设计规定，不得自行替换。（　）

20. 通风与空调工程施工过程中发现设计文件有差错的，应及时提出修改意见或更正建议，并形成书面文件及归档。（　）

21. 风管的密封，应以板材连接的密封为主，可采用密封胶嵌缝和其他方法密封。密封胶性能应符合使用环境的要求，密封面宜设在风管的正压侧。（　）

22. 风管系统安装后，必须进行严密性检验，合格后方能交付下道工序。在加工工艺得到保证的前提下，低压风管系统可采用漏光法检测。（　）

23. 冷热水及冷却水系统应在系统冲洗、排污合格（目测：以排出口的水色和透明度与入水口对比相近，无可见杂物），再循环试运行 2h 以上，且水质正常后才能与制冷机组、空调机组相贯通。（　）

24. 凝结水系统采用充水试验，应以不渗漏为合格。（　）

25. 闭式系统管路应在最高处及所有可能积聚空气的高点设置排气阀，在管路最低点应设置排水管及排水阀。（　）

26. 静电空气过滤器金属外壳接地必须良好。（　）

27. 复合材料风管采用法兰连接时，法兰与风管板材的连接应可靠，其绝热层不得外露，不得采用降低板材强度和绝热性能的连接方法。（　）

28. 净化空调系统风管所用的螺栓、螺母、垫圈和铆钉均应采用与管材性能相匹配、不会产生电化学腐蚀的材料，或采取镀锌或其他防腐措施，并不得采用抽芯铆钉。（　　）

29. 斜插板风阀的安装，阀板必须为向下拉启；水平安装时，阀板还应为顺气流方向插入。（　　）

30. 通风机的叶轮旋转应平稳，停转后应每次停留在同一位置上。（　　）

31. 变风量末端装置的安装，应设单独支、吊架，与风管连接前宜做动作试验。（　　）

32. 固定在建筑结构上的管道支、吊架，不得影响结构的安全。管道穿越墙体或楼板处应设钢制套管，管道接口不得置于套管内，钢制套管应与墙体饰面或楼板底部平齐，上部应高出楼层地面 20～50mm，并不得将套管作为管道支撑。（　　）

33. 安装在保温管道的各类手动阀门，手柄均不得向上。（　　）

34. 防排烟系统联合试运转与调试的结果（风量及正压），必须符合设计与消防的规定。（　　）

35. 电加热器与钢构架间的绝热层必须为不燃材料。（　　）

36. 通风与排烟工程竣工验收前应经法定检测单位进行检测并出具检测报告。（　　）

37. 住宅工程通风与排烟系统设计应明确系统设计总风量，每个送风口的送风量和回风量，风管系统应做阻力平衡计算。排烟系统应明确每个系统开启风口的数量和每个排风口的排烟量。（　　）

38. 住宅工程通风与排烟系统的风管应按照规范要求进行漏风量（漏光）检验。（　　）

四、综合分析题

1. 某工程通风与空调系统施工完毕（无净化要求）在单机试运转的基础上，作了无生产负荷的系统联合试运转的测定和调整，包括以下内容：

1）系统与风口的风量测定与调整。

2）空调系统不带冷热（热）源的试运转。

3）室内噪声的测定。

4）室内空气温度与相对湿度的测定与调整。

请问该测定与调整是否还有遗漏及其中有哪些项目是属于带生产负荷的系统联合试运转的测定和调整的内容？

2. 现有一 120m 长接缝的中压系统风管，论述一下正确的漏光检测方法和评定方法，如该系统风管有 11 处漏光点，你将如何评判，如有不合格点你将如何进行修补措施。

第11章　电梯工程

一、单项选择题

1. 机房应设有固定的电气照明，地板表面的照度不应小于（　　）lx。

A. 120　　B. 200　　C. 250　　D. 300

2. 电源零线和接地线应分开。机房内接地装置的接地电阻值不应大于（　　）Ω。

A. 1.0　　B. 4.0　　C. 5.0　　D. 10.0

3. 层门锁钩必须动作灵活，在证实锁紧的电气安全装置动作之前，锁紧元件的最小啮合长度为（　　）mm。

A. 5　　B. 7　　C. 9　　D. 12

4. 电梯悬挂装置、随行电缆如果有钢丝绳应严禁出现以下情况：（　　）。

A. 死弯　　B. 打结　　C. 断丝　　D. 波浪扭曲

5. 每根钢丝绳张力与平均值偏差不应大于（　　）。

A. 5%　　B. 10%　　C. 20%　　D. 25%

6. 客梯门扇与门套、门扇下端与地坎的间隙不应大于（　　）mm。

A. 6　　B. 8　　C. 10　　D. 12

7. 货梯门扇与门套、门扇下端与地坎的间隙不应大于（　　）mm。

A. 6　　B. 8　　C. 10　　D. 12

8. 电缆（线）导体之间和导体对地之间的绝缘电阻必须大于1000Ω/V，且其动力电路和电气安全装置电路不得小于（　　）MΩ。

A. 0.5　　B. 1.0　　C. 5.0　　D. 10.0

9. 电缆（线）导体之间和导体对地之间的绝缘电阻必须大于1000Ω/V，且其他电路（控制、照明、信号）不得小于（　　）MΩ。

A. 0.25　　B. 0.50　　C. 0.75　　D. 1.0

10. 液压电梯当轿箱载有（　　）%额定载荷时，液压电梯严禁启动。

A. 80　　B. 100　　C. 120　　D. 90

11. 电梯门固定采用焊接时严禁使用（　　）固定，搭接焊缝长度应符合要求。

A. 点焊　　B. 满焊　　C. 分段焊接　　D. 螺栓

12. 电梯的电缆头应密封处理，电缆按要求挂标志牌，控制电缆宜与电力电缆（　　）敷设。

A. 分开　　B. 合并　　C. 半合并　　D. 半分

二、多项选择题

1. 限速器安全钳联动试验时：（　　）。

A. 限速器与安全钳电气开关载联动时，必须动作可靠，且应使驱动主机立即制动

B. 对瞬时安全钳，轿厢应载有均匀分布的额定载重量

C. 对渐进式安全钳，轿厢应载有125%均匀分布的额定载重量

D. 对渐进式安全钳，轿厢应载有150%均匀分布的额定载重量

E. 对渐进式安全钳，轿厢应载有100%均匀分布的额定载重量

2. 随行电缆的安装应符合以下要求：（　　）。

A. 电缆的端部应固定可靠

B. 电缆在运行中应避免与井道内其他部件干涉

C. 电缆在运行中可以避免与部分井道内其他部件干涉

D. 当轿箱完全压在缓冲器上时，随行电缆不得与底坑地面接触

E. 当轿箱完全压在缓冲器上时，随行电缆宜与底坑地面接触

3. 每列导轨工作面（包括侧面和顶面）与安装基准线每5m的偏差均不大于下

列要求：（　　）。

A. 轿厢导轨和设有安全钳的对重（平衡重）导轨为1.0mm

B. 不设安全钳的对重（平衡重）导轨为0.6mm

C. 轿厢导轨和设有安全钳的对重（平衡重）导轨为0.6mm

D. 不设安全钳的对重（平衡重）导轨为1.0mm

E. 不设安全钳的对重（平衡重）导轨为0.3mm

4. 主电源开关不应切断下列供电电路：（　　）。

A. 轿箱照明和通风　　B. 机房和滑轮间照明

C. 机房、轿顶和地坑的电源插座　　D. 井道照明

E. 报警装置　　F. 应急照明

5. 自动扶梯在下列情况时，开关的动作必须通过安全触点或安全电路来完成：（　　）。

A. 无控制电压　　B. 电路接地的故障

C. 过载　　D. 梯级带入口保护装置下陷

E. 符合负载

6. 电力驱动曳引式电梯的整机安装验收时，下列开关必须动作可靠：（　　）。

A. 限速器张紧开关　　B. 轿箱安全窗（如果有）开关

C. 有补偿张紧轮时，补偿绳张紧开关　　D. 安全门、地坑门和检修门（如果有）的开关

三、判断题（正确的在括号内填“A”，错误的在括号内填“B”）

1. 电梯接地干线宜从接地体单独引出，机房内所有正常不带电的金属物体应单独与总接地排连接。（　　）

2. 电梯所有电气设备及导管、线槽的外露、外部可导电的部分必须与保护（PE）线可靠连接。接地支线应分别直接接至接地干线，不得串联连接后再接地。绝缘导线作为保护接地线时必须采用黄绿相间双色线。（　　）

3. 动力电路、控制电路、安全电路必须配有与负载匹配的短路保护装置；动力电路必须有过载保护装置。（　　）

4. 高强度螺栓埋设深度应符合要求，张拉牢固可靠，锚固应符合要求。（　　）

5. 电梯的型钢应作防腐处理并接地，配电柜（箱）接线整齐，箱内无接头，导线连接应按电气要求进行。回路功能标识齐全准确。（　　）

第12章　智能建筑工程

一、单项选择题

1. 智能系统电源与接地系统必须保证（　　）。

A. 建筑物内各智能化系统的正常运行

B. 建筑物内人身、设备安全

C. 建筑物内人身安全

D. 建筑物内各智能化系统的正常运行和人身、设备安全

2. 智能系统的缆线在进场时应在同品牌、同批次和同规格的任意三盘中各抽100m，见证取样后（　　）进行复试，合格后方可投入使用。

A. 委托监理单位　　B. 委托法定检测单位
C. 委托建设单位　　D. 委托施工单位。

3. 住宅工程有线电视线缆宜选用（　　）。

A. 数字电视屏蔽电缆　　B. 屏蔽电缆
C. 普通电缆　　D. 电力电缆

4. 智能系统系统调试、检验、评测和验收应在（　　）进行。

A. 试运行周期结束后　　B. 试运行周期结束前
C. 试运行前

二、多项选择题

1. 智能系统导线连接应按电气要求进行，线路分色符合规范，同时应达到（　　）。

A. 接线模块、线缆标志清楚，编号易于识别。

B. 机房内系统框图、模块、线缆标号齐全、清楚。

C. 接线模块，线缆标志宜清楚，编号易于识别。

D. 机房内系统框图、模块、线缆标号宜齐全、清楚。

三、判断题（正确的在括号内填“A”，错误的在括号内填“B”）

1. 如果与因特网连接，智能建筑网络安全系统必须安装防火墙和防病毒系统。（　　）

2. 安全防范系统中相应的视频安防监控（录像、录音）系统、门禁系统、停车场（库）管理系统等对火灾报警的响应及火灾模式操作等功能的检测，应采用在控制室模拟发出火灾报警信号的方式进行。（　　）

3. 各系统功能、操作指南及安全事项等基本信息应载入《住宅使用说明书》。（　　）

4. 各种评测和检验应编制相应检测（检验）方案，经监理（建设）单位确认后实施。检测单位应有相应的检测资质。（　　）

5. 智能系统的设计应明确接地形式以及保护接地电阻值，进入机房内的各种系统线路应设计防雷电入侵设施。（　　）

6. 住宅工程建筑智能化系统保护接地必须采用铜质材料，如果是异种材料连接时，应采取措施防止电化学腐蚀。（　　）

7. 智能系统设计时电源线与智能化布线系统线缆应分隔布放，明确智能化线缆与电源线、其他管线之间的距离。应明确各系统技术参数、使用功能、检测方法。（　　）

8. 智能系统施工单位应具有相应的施工资质。（　　）

第13章　民用建筑节能工程质量验收

一、单项选择题

1. 民用建筑节能工程质量验收时原材料的型式检验报告应包括产品标准的（　　）。

A. 主要质量指标　　B. 规程要求复验的指标
C. 产品出厂检验的指标　　D. 全部性能指标

2. 建筑节能工程采用的原材料在施工进场后应进行（　　）。

A. 见证取样检测　　B. 产品性能检测
C. 型式检验　　D. 现场抽样复验

3. 建筑节能工程专项验收合格应是其（　　）验收合格。

A. 检验批　　　　　　　　　　B. 各分项项目

C. 各工序　　　　　　　　　　D. 各子分部工程

4. 室内集中热水供暖工程，温度不超过（　　）℃。

A. 80　　　　B. 85　　　　C. 90　　　　D. 95

5. 供暖系统节能工程验收，可按系统（　　）等进行。

A. 楼层　　　　B. 单元　　　　C. 户室　　　　D. 井道

6. 自控阀门与仪表的规格、（　　）应符合设计要求。

A. 参数　　　　B. 数量　　　　C. 尺寸　　　　D. 性能

7. 空调水系统的冷热水管道与支吊架之间应设置（　　）。

A. 隔离层　　　　B. 绝热衬垫　　　　C. 防潮层　　　　D. 隔热层

8. 通风与空调系统安装完毕，并应进行系统的（　　）调试。

A. 单机试运转　　　　B. 风量平衡　　　　C. 风速　　　　D. 联运转

9. 三相照明配电干线的各相负荷宜（　　）平衡。

A. 分配　　　　B. 传递　　　　C. 均匀　　　　D. 交流

10. 工程实施由施工单位和监理单位随工程实施（　　）进行。

A. 方案　　　　B. 阶段　　　　C. 过程　　　　D. 中间

11. 系统安装完成后，应在供暖期内与热源联合试运转和调试。联合试运转和调试结果应符合设计要求，供暖房间温度相对于设计计算温度不得低于（　　），且不高于1℃。

A. 4℃　　　　B. 2℃　　　　C. 1℃　　　　D. 3℃

12. 低温热水地面辐射供暖系统的安装中室内温控装置的传感器应安装在避开阳光直射和有发热设备，且距地（　　）m 处的内墙面上。

A. 1.6　　　　B. 1.4　　　　C. 1.3　　　　D. 1.2

13. 散热器按组数抽查（　　），不得少于 5 组。

A. 20%　　　　B. 15%　　　　C. 10%　　　　D. 5%

14. 风机盘管机组进场时，应对其技术性能参数进行复验，检查数量为同一厂家的风机盘管机组按数量复验（　　），但不得少于 2 台。

A. 2%　　　　B. 5%　　　　C. 10%　　　　D. 3%

15. 通风与空调节能工程中的送、排风系统，空调风系统，空调水系统的安装，下列规定不正确的是：（　　）。

A. 各系统的制式，应符合设计要求

B. 各种设备、自控阀门与仪表可增减和更换

C. 水系统各分支管路水力平衡装置、温控装置与仪表的安装位置、方向应符合设计要求，并便于观察、操作和调试

D. 空调系统应能实现设计要求的分室（区）温度调控功能。对设计要求分栋、分区或分户（室）冷、热计量的建筑物，空调系统应能实现相应的计量功能

16. 通风与空调系统安装完毕，应进行通风机和空调机组等设备的单机试运转和调试，并应进行系统的风量平衡调试。单机试运转和调试结果应符合设计要求；系统的总风量与设计风量的允许偏差均不应大于（　　）。

A. 15%　　　　B. 10%　　　　C. 20%　　　　D. 25%

17. 空调与供暖系统冷热源及管网节能工程的绝热管道、绝热材料进场时，应对绝热材料的导热系数、密度、吸水率等技术性能参数进行复验，复验应为见证取样送检。同一厂家同材质的绝热材料复验次数不得少于（　　）。

A. 4次　　B. 3次　　C. 2次　　D. 1次

18. 低压配电系统选择的电缆、电线截面不得低于设计值，进场时应对其截面和每芯导体电阻值进行见证取样送检，同厂家各种规格总数的（　　），且不少于2个规格。

A. 30%　　B. 20%　　C. 10%　　D. 15%

19. 在通电试运行中，应测试并记录照明系统的照度和功率密度值，其中照度值不得小于设计值的（　　）。

A. 95%　　B. 90%　　C. 85%　　D. 80%

20. 供暖、通风与空调、配电与照明工程安装完成后，应进行系统节能性能的检测，其中各风口的风量按风管系统数量抽查10%，且不得少于（　　）个系统。

A. 3　　B. 1　　C. 4　　D. 5

二、多项选择题

1. 建筑能源管理系统的数据采集与（　　），（　　）和运行管理功能（　　）等应符合验收要求。

A. 分析功能　　B. 设备管理

C. 优化能源调度功能　　D. 质量优化

E. 质量管理

2. 检测监测与控制系统有（　　）、（　　）、（　　）等系统性能。

A. 连续性　　B. 可靠性

C. 实时性　　D. 可维护性

E. 可操作性

3. 监测与计量装置的检测（　　）数据应准确，并符合系统对（　　）准确度要求。

A. 计量　　B. 计算

C. 测量　　D. 核定

E. 核算

4. 对不具备试运行条件的项目，应在（　　）调试记录的同时进行（　　）检测。

A. 运行　　B. 审核

C. 试运行　　D. 模拟

E. 联运行

5. 在通电试运行中，应测试并记录照明系统的（　　）和（　　）值。

A. 照度　　B. 功率密度

C. 绝缘　　D. 模拟

E. 接地

6. 工程完成后应对低压配电系统进行调试，（　　）合格后应对低压配电（　　）进行检测。

A. 运行　　B. 调试

C. 电源质量　　D. 电流

E. 电压

7. 空调冷（热）水系统应能实现（　　）的（　　）或（　　）运行。

A. 设计要求

B. 变流量

C. 定流量

D. 正常

E. 顺畅

8. 冷却塔（　　）位置应（　　）良好，并远离厨房（　　）等高温气体。

A. 安装

B. 排风

C. 设置

D. 通风

E. 运转

9. 空气风幕机的安装，（　　）和（　　）的偏差不应大于2/1000。

A. 纵向垂直度

B. 纵向水平度

C. 横向水平度

D. 横向垂直度

E. 纵向倾斜度

10. 供暖房间温度不得低于设计计算温度（　　）℃，且不应高于（　　）℃。

A. 1

B. 2

C. 3

D. 4

E. 5

三、判断题（正确的在括号内填“A”，错误的在括号内填“B”）

1. 供暖系统节能工程各种产品和设备的质量证明文件和相关技术资料应齐全，并应符合国家现行有关标准和规定。（　　）

2. 室内温度调控装置、热计量装置、水力平衡装置以及热力入口装置的安装位置应符合设计要求并便于观察、操作和调试。（　　）

3. 热力入口装置中各种部件规格、数量应符合设计要求。（　　）

4. 通风空调系统节能工程的验收，可按系统、楼层等进行。（　　）

5. 同一厂家的风机盘管机应按数量验2%，但不得少于1台。（　　）

6. 组合式、柜式、新风机组、单元式空调机组分别按总数量各抽查看20%，且均不得少于1台。（　　）

7. 通风与空调系统的总风量与设计风量允许偏差不应大于15%。（　　）

8. 通风与空调系统风口的风量与设计风量的允许偏差不大于10%。（　　）

9. 空调与供暖系统的冷热源设备及辅助设备、配件的绝热，不得影响其操作功能。（　　）

10. 供暖系统应能实现设计要求的分室区温度调控，分栋热计量和分户或分室区热量分摊功能。（　　）

三、参考答案

第1章　建筑工程质量管理

一、单项选择题

1. B；2. C；3. A；4. B；5. D；6. A；7. C；8. C；9. C；10. A；11. B；12. B；13. A；14. D；15. D

二、多项选择题

1. A、B、C；2. A、B、C、D；3. A、B、C；4. A、B、C；5. A、B、C、D；6. A、E；7. A、B、C、D；8. A、B、C、D；9. A、B、C、E；10. A、B、C、D；11. A、B、C；12. A、B、C、D；13. A、B、C、D；14. A、B、C、E；15. A、B、C、D

三、判断题（正确的在括号内填“A”，错误的在括号内填“B”）

1. A；2. A；3. A；4. A；5. A；6. A；7. A；8. A；9. A；10. A

第2章　建筑工程施工质量验收统一标准

一、单项选择题

1. C；2. B；3. C；4. A；5. A；6. C；7. D；8. A；9. C；10. A；11. D；12. D；13. D；14. D；15. A；16. B

二、多项选择题

1. A、B、C、D；2. A、B、C、D；3. A、B、C、D；4. A、B、C、D；5. A、B、C；6. A、B、C；7. A、B、C、D；8. A、B、C、D；9. A、B、C

三、判断题（正确的在括号内填“A”，错误的在括号内填“B”）

1. B；2. B；3. B；4. B；5. A；6. A；7. A；8. B；9. B；10. A；11. B；12. B；13. A；14. A；15. A；16. B；17. B；18. B；19. B；20. A；21. A；22. A

第3章　优质建筑工程质量评价

一、单项选择题

1. B；2. A；3. C；4. A；5. C；6. C；7. C；8. A；9. C；10. A；11. A；12. B；13. D；14. A；15. B；16. A；17. B；18. B；19. B

二、多项选择题

1. B、C；2. C、D；3. A、D；4. B、D；5. D、A；6. D、B；7. D、C；8. E、B

三、判断题（正确的在括号内填“A”，错误的在括号内填“B”）

1. A；2. A；3. A；4. A；5. A；6. A；7. A；8. A；9. A；10. A

第4章　住宅工程质量通病控制

一、单项选择题

1. A；2. A；3. B；4. B；5. B；6. B；7. C；8. C；9. C；10. C；11. B；12. D；13. A；14. A；15. D；16. C；17. A；18. A；19. A；20. C

二、多项选择题

1. A、B、C；2. A、B、C、D；3. A、B、C、D；4. C、D；5. A、B、C、D；6. A、D；7. A、B、C、D；8. A、B、C、D；9. D、A；10. E、A

三、判断题（正确的在括号内填“A”，错误的在括号内填“B”）

1. B；2. B；3. A；4. A；5. A；6. A；7. A；8. A；9. A；10. A

第5章　住宅工程质量分户验收

一、单项选择题

1. D；2. A；3. C；4. B；5. D；6. B；7. B；8. B；9. B；10. B；11. B；12. D；13. A；14. A；15. D

二、多项选择题

1. A、B、C；2. A、B、C、D、E；3. A、B、D；4. A、B、C、D；5. A、B、C、D

三、判断题（正确的在括号内填“A”，错误的在括号内填“B”）

1. B；2. A；3. A；4. A；5. B；6. A；7. B；8. A；9. B；10. A

第6章　建筑给水排水及供暖工程

一、单项选择题

1. B；2. C；3. A；4. B；5. C；6. A；7. A；8. B；9. A；10. B；11. C；12. B；13. B；14. A；15. A；16. B；17. A；18. C；19. C；20. C；21. A；22. B；23. C；24. B；25. B；26. C；27. C；28. C；29. C；30. B；31. B；32. D；33. C；34. B；35. B；36. A；37. A；38. A；39. A；40. A；41. A；42. A；43. B；44. B

二、多项选择题

1. A、B；2. A 、B、C 、D、E；3. B、A、C、D；4. B、C、D；5. A、B、C；6. A、B；7. A、B；8. A、D、B、A、B、E；9. B、D；10. A、B、D；11. E、A；12. A、B、C、D、E；13. B、B；14. A、B、C、D

三、判断题（正确的在括号内填“A”，错误的在括号内填“B”）

1. A；2. A；3. A；4. A；5. A；6. A；7. A；8. B；9. A；10. A；11. B；12. A；13. A；14. A；15. A；16. B；17. A；18. A；19. B；20. A；21. B；22. A；23. A；24. B；25. B；26. A；27. A；28. B；29. A；30. B；31. B；32. A；33. A；34. B；35. A；36. A；37. B；38. B；39. A；40. A；41. A；42. B；43. A；44. A；45. A；46. A；47. A；48. A；49. B；50. B；51. A；52. A；53. A；54. A；55. A；56. A；57. A

四、判断分析题

(一) 1. B；2. A；3. A；4. B

(二) 1. B；2. B；3. A；4. A；5. B；6. B

第7章　自动喷水灭火系统工程

一、单项选择题

1. D；2. C；3. D；4. D；5. C；6. A；7. A；8. C；9. B；10. A

二、多项选择题

1. A、D；2. A、E、D；3. A、B、C、E、D；4. A、B、C；5. A、E

第8章　建筑电气工程

一、单项选择题

1. C；2. D；3. A；4. A；5. D；6. C；7. D；8. B；9. C；10. C；11. C；12. A；13. C；14. A；15. D；16. A；17. B；18. B；19. B；20. C；21. B；22. C；23. A；24. A；25. B；26. C；27. D；28. C；29. D；30. A；31. B；32. D；33. B；34. A；35. A；36. A；37. B；38. B；39. C；40. B；41. B；42. A；43. B；44. A；45. C；46. C；47. C；48. B；49. A；50. A；51. C；52. A；53. A

二、多项选择题

1. A、D；2. A 、C；3. A、B；4. A、D；5. A、B；6. A、C、D、E；7. A、C、B；8. A、B；9. A、A

三、判断题（正确的在括号内填“A”，错误的在括号内填“B”）

1. A；2. A；3. A；4. A；5. B；6. B；7. B；8. A；9. A；10. B；11. A；12. A；13. A；14. A；15. A；16. A

四、判断分析题

1. A；2. A；3. B；4. A；5. A；6. B

第9章　建筑物防雷工程

一、单项选择题

1. C；2. D；3. D；4. A；5. B；6. A；7. A；8. C；9. A；10. A；

二、多项选择题

1. A、D、E；2. A、B；3. E、A、B；4. A、B；5. A、B

三、判断题（正确的在括号内填“A”，错误的在括号内填“B”）

1. B；2. B；3. A；4. A；5. A；6. A；7. A；8. A；9. A；10. A

第10章　通风与空调工程

一、单项选择题

1. C；2. D；3. B；4. C；5. B；6. C；7. B；8. C；9. B；10. A；11. D；12. C；13. B；14. B；15. B；16. C；17. D；18. C；19. B；20. B；21. A；22. B；23. A；24. C；25. B；26. B；27. B；28. D；29. C；30. D；31. B；32. B；33. A；34. A；35. C；36. C；37. C；38. C；39. C；40. B；41. B；42. A；43. B；44. B；45. A；46. A

二、多项选择题

1. B、C、D；2. C 、A；3. A、B；4. B、D；5. A、B；6. A、B；7. D、B、C；8. A、B；9. A、B、D；10. A、B、C、D；11. A、B；12. A、D、E、H

三、判断题（正确的在括号内填“A”，错误的在括号内填“B”）

1. A；2. A；3. A；4. B；5. A；6. A；7. A；8. A；9. A；10. B；11. A；12. A；13. A；14. A；15. A；16. A ；17. A；18. B；19. A；20. A；21. A；22. A；23. A；24. A；25. A；26. A；27. A；28. A；29. B；30. B；31. A；32. A；33. B；34. A；35. A；36. A；37. A；38. A

四、综合分析题

1. 答：（1）遗漏项目：设备单机试运转及调试；

（2）属于带生产负荷的系统联合试运转的测定和调整的内容：室内噪声的测定、室内空气温度与相对湿度的测定与调整。

2. 答：（1）检测方法：漏光检测应采用具有一定强度的安全光源。手持移动光源可采用不低于100W带保护罩的低压照明灯，或其他低压光源。系统风管漏光检测时，光源可置于风管内侧或外侧，但其相对侧应为暗黑环境。检测光源应沿着被检测接口部位与接缝作缓慢移动，在另一侧进行观察，当发现有光线射出，则说明查到明显漏风处，并应做好记录。对系统风管的检测，宜采用分段检测、汇总分析的方法。在严格安装质量管理的基础上，系统风管的检测以总管和干管为主。

评定方法：当采用漏光法检测系统的严密性时，低压系统风管以每10m接缝，漏光点不大于2处，且100m接缝平均不大于16处为合格；中压系统风管每10m接缝，漏光点不大于1处，且100m接缝平均不大于8处为合格。

（2）该系统风管有11处漏光点，大于合格标准9.6点，该系统风管严密性不合格。

（3）应作密封处理或返修。

第11章 电梯工程

一、单项选择题

1. B；2. B；3. B；4. A；5. A；6. A；7. B；8. A；9. A；10. C；11. A；12. A

二、多项选择题

1. A、B、C；2. A、B、C；3. C、D；4. A、B、C、D、E；5. A、B、C；6. A、B、C、D

三、判断题（正确的在括号内填“A”，错误的在括号内填“B”）

1. A；2. A；3. A；4. A；5. A

第12章 智能建筑工程

一、单项选择题

1. D；2. B；3. A；4. A

二、多项选择题

1. A、B

三、判断题（正确的在括号内填“A”，错误的在括号内填“B”）

1. A；2. A；3. A；4. A；5. A；6. A；7. A；8. A

第13章 民用建筑节能工程质量验收

一、单项选择题

1. D；2. D；3. B；4. D；5. A；6. B；7. B；8. B；9. A；10. C；11. B；12. B；13. D；14. A；15. B；16. B；17. C；18. C；19. B；20. B

二、多项选择题

1. A、B、C；2. B、C、D；3. A、C；4. B、D；5. A、B；6. B、C；7. A、B、C；8. C、D、B；9. A、C；10. B、A

三、判断题（正确的在括号内填“A”，错误的在括号内填“B”）

1. A；2. A；3. A；4. A；5. B；6. A；7. B；8. B；9. A；10. A

第三部分

模拟试卷

模拟试卷

第一部分　专业基础知识（共60分）

一、单项选择题（以下各题的备选答案中都只有一个是最符合题意的，请将其选出，并在答题卡上将对应题号后的相应字母涂黑。每题0.5分，共20分）

1. 在建筑给水排水工程施工图中，图例“　”表示（　　）。

A. 闸阀　B. 截止阀　C. 角阀　D. 延时自闭冲洗阀

2. 绘制建筑给水排水工程图时，当管径尺寸无法按规定位置标注时，应用（　　）示意该尺寸与管段的关系。

A. 索引线　B. 引申线　C. 引下线　D. 引出线

3. 通风系统敷设在地下的风道，应避免与工艺设备及建筑物的基础相冲突，注意与其他各种地下管道和电缆的敷设相配合，设置必要的（　　）。

A. 检查井　B. 观测井　C. 隔离井　D. 检查口

4. 在通风空调工程施工图中，图例“　”表示（　　）。

A. 止回阀　B. 电动对开式多页调节阀

C. 手动对开式多页调节阀　D. 三通调节阀

5. 以下选项中不属于建筑通风空调系统平面图识读的内容是（　　）。

A. 风管系统　B. 水管系统

C. 空气处理设备　D. 标高

6. 在建筑电气施工图线路标注中，能表示为2号照明线路，导线型号为铜芯塑料绝缘线，3根导线截面2.5mm^2，穿钢管敷设，管径为15mm，沿墙暗敷方式的是（　　）。

A. WL2-BV（3×2.5）SC15. WC　B. 2WL-BV（3×2.5）SC15. WC

C. WL2-BLV（3×2.5）SC15. WC　D. WL2-LV（3×2.5）SC15. WC

7. 消防用电设备应采用专用供电回路，配电线路应按（　　）来划分。

A. 防火分区　B. 使用分区　C. 建筑分区　D. 结构分区

8. 建筑智能化有线电视线路室内应采用暗管敷设，但不得与照明线、电力线（　　）安装。

A. 同出线盒（中间有隔离的除外）、同连接箱

B. 同线槽、同连接箱

C. 同连接箱

D. 同线槽、同出线盒（中间有隔离的除外）、同连接箱

9. 由于流体具有（　　），才能在外力作用下，通过一定的通道将流体输送到指定的地点。

A. 可压缩性　B. 易变性　C. 易流动　D. 可剪切

10. 在工程热力学中，热与功之间的转换常常是通过气体的（　　）变化来实现的。

A. 容积　B. 温度　C. 质量　D. 形态

11. 在建筑电气工程中，为了防止发生用电线路的短路事故，以免损坏电源，常在电路中串接（　　）。

A. 电阻　B. 电压表　C. 事故开关　D. 熔断器

12. 机电工程按材料的（　　）将工程材料分为：金属材料、无机非金属材料、复合材料。

A. 物理化学属性　B. 力学性质　C. 冷弯性能　D. 焊接性能

13. 机电工程材料中，黑色金属按照（　　）质量分数的含量不同，可以分为生铁和钢。

A. 锰　B. 碳　C. 磷　D. 硅

14. 具有密度小，良好的导电性、导热性和塑性，强度、硬度低，耐磨性差，可进行各种冷、热加工的有色金属材料是（　　）。

A. 铜及铜合金　B. 镍及镍合金　C. 镁及镁合金　D. 铝及铝合金

15. 梁的弯曲强度与其所用材料，横截面的形状和尺寸，以及外力引起的（　　）有关。

A. 力矩　B. 弯矩　C. 力偶矩　D. 剪应力

16. 下列建筑构件中，（　　）是专门用来支承门窗洞口以上墙体和楼板荷载的承重构件。

A. 圈梁　B. 过梁　C. 窗台　D. 柱子

17. 以下属于机电工程施工测量前期准备工作的是（　　）。

A. 建设用地规划审批文件分析　B. 施工设计图纸与有关变更文件的分析

C. 测量仪器和工具的检验校正　D. 测量仪器经纬仪、水准仪的使用

18. 机械设备安装测量工作中，基准线放线最常用的方法是（　　）。

A. 画墨线法　B. 经纬仪投点　C. 拉线法　D. 卡箍法

19. 物体在外力作用下，材料产生屈服现象的极限应力值称为屈服强度。若材料没有明显的屈服现象，则国家标准规定残余应力达到（　　）时的应力值作为屈服强度。

A. 2%　B. 3%　C. 4%　D. 5%

20. 无毒、用于输送生活用水，管材的外径与焊接钢管基本一致的塑料自来水管应是（　　）。

A. 聚乙烯塑料管　B. 涂塑钢管

C. ABS 工程塑料管　D. 聚丙烯管（PP）

21. 低碳钢拉伸时的应力-应变曲线上（　　）最高点所对应的应力值是材料所能承受的最大应力。

A. 弹性阶段　B. 屈服阶段　C. 强化阶段　D. 颈缩阶段

22. 下列室内排水系统安装程序中正确的是（　　）。

A. 先安装排出管，再安装排水立管和排水支管，最后安装卫生器具

B. 先安装卫生器具，再安装排水支管和排水立管，最后安装排出管

C. 先安装排水支管和排水立管，再安装卫生器具，最后安装排出管

D. 先安装排出管，再安装卫生器具，连接排水立管和排水支管

23. 有压管道上的减压阀在水平安装时，阀体上的透气孔应朝（　　）；垂直安装时，孔口应置于易观察检查之方向。

A. 上　　B. 下　　C. 左　　D. 右

24. 室外给水管道试压时，所用压力表应在检定合格期内，压力表精度不低于（　　）量程，试压系统中的压力表不得少于2块。

A. 1.0级　　B. 1.5级　　C. 1.6级　　D. 2.0级

25. 氧气管道系统的阀门安装前如设计无要求，则应以（　　）的气压进行气密性试验，用肥皂水（氧气阀门是无油肥皂水）检查，10分钟内不降压、不渗漏为合格。

A. 工作压力　　B. 1.1倍工作压力

C. 1.15倍工作压力　　D. 1.2倍工作压力

26. 通风空调系统气流速度分布的测定时，测点的方法是将测杆头部绑上风速仪的测头和一条纤维丝，在风口直径倍数的不同断面上（　　）逐点进行测量。

A. 从下至上　　B. 从上至下　　C. 沿水平方向　　D. 随机

27. 下列属于风管配件的是（　　）。

A. 风管系统中的风管、风管部件、法兰和支吊架等

B. 风管系统中的各类风口、阀门、排气罩、风帽、检查门和测定孔等

C. 风管系统中的吊杆、螺丝、风机、电动机等

D. 风管系统中的弯管、三通、四通、各类变径及异形管、导流叶片和法兰等

28. 电杆的拉线坑应有斜坡，回填土应将土块打碎后夯实。拉线坑宜设（　　）。

A. 防腐层　　B. 防潮层　　C. 防冻层　　D. 防沉层

29. 建筑电气工程中，接户线安装适用于（　　）以下架空配电线路自杆上线路引至建筑物墙外第一支持物线路。

A. 0.5kV　　B. 1kV　　C. 1.5kV　　D. 10kV

30. 室内配线导线的线芯连接，一般采用（　　）、压板压接或套管连接。

A. 搭接　　B. 绑扎　　C. 缠绕　　D. 焊接

31. 建筑电气工程中，架空导线连接时，导线接头处的机械强度，不应低于原导线强度的（　　），电阻不应超过同长度导线的1.2倍。

A. 80%　　B. 85%　　C. 90%　　D. 95%

32. 焊接技术是机电安装工程施工的重要工艺技术之一。焊接方法种类很多，机电安装工程在施工现场最常用的有（　　）。

A. 压力焊　　B. 爆炸焊

C. 熔化焊　　D. 钎焊

33. 室内配线导线与设备、器具的连接，符合要求的有（　　）。

A. 导线截面为$8mm^2$及以下的单股铜（铝）芯线可直接与设备、器具的端子连接

B. 导线截面为$4mm^2$及以下多股铜芯线的线芯应先拧紧搪锡或压接端子后再与设备、

器具的端子连接

C. 多股铝芯线和截面大于 $4mm^2$ 的多股铜芯线的终端。除设备自带插接式端子外，应先焊接或压接端子再与设备、器具的端子连接

D. 导线连接熔焊的焊缝焊接后应清除残余焊药和焊渣，焊缝严禁有凹陷、夹渣、断股、裂缝及根部未焊合等缺陷

34. 直径≥$DN25$ 管径的暗配厚壁管用套管套在需连接的两根管线外，并把套管周边与连接管焊接起来，如下图所示，套管的长度应为连接管外径的（　　）倍，连接时应把连接管的对口处放在套管的中心处，应注意两连接管的管口应光滑、平齐，两根管对口应吻合，套管的管口也应平齐、要焊接牢固，并且没有缝隙。

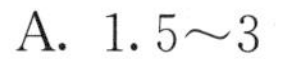

A. 1.5～3　　　B. 1.0～3　　　C. 1.5～4　　　D. 1.0～5

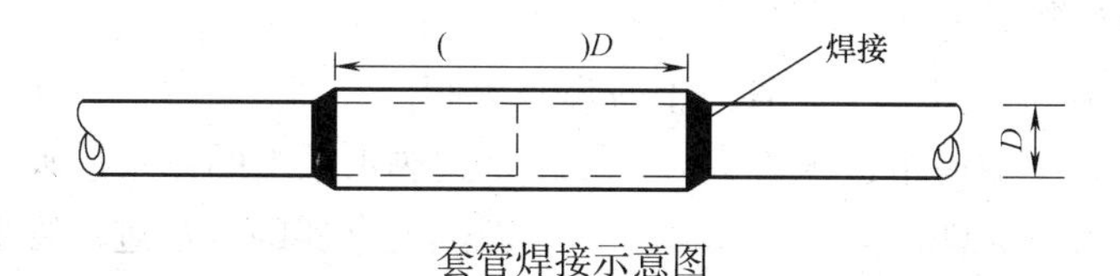

套管焊接示意图

35. 建筑智能化综合布线系统是建筑物内部或建筑群之间的（　　）。

A. 通信设备　　B. 传输网络　　C. 管理设备　　D. 信息设备

36. 下列关于电梯井道测量施工程序说法正确的是（　　）。

A. 样板就位，挂基准线→搭设样板架→测量井道、确定基准线→机房放线→使用激光准直定位仪确定基准线

B. 搭设样板架→样板就位，挂基准线→机房放线→使用激光准直定位仪确定基准线→测量井道、确定基准线

C. 搭设样板架→测量井道、确定基准线→样板就位，挂基准线→机房放线→使用激光准直定位仪确定基准线

D. 搭设样板架→测量井道、确定基准线→样板就位，挂基准线→使用激光准直定位仪确定基准线→机房放线

37. 导轨支架和导轨的安装施工工艺流程说法正确的是（　　）。

A. 安装导轨支架→确定导轨支架位置→安装导轨→调校导轨

B. 确定导轨支架位置→安装导轨支架→调校导轨→安装导轨

C. 确定导轨支架位置→安装导轨支架→安装导轨→调校导轨

D. 安装导轨→确定导轨支架位置→安装导轨支架→调校导轨

38. 横道图计划表中的进度线与时间坐标相对应，这种表达方式的优点是（　　）。

A. 工序（工作）逻辑关系法表达很清楚

B. 可进行进度计划时间参数计算，确定计划的关键工作．关键路线与时差

C. 较直观，易看懂，具有简洁性

D. 适用大型．复杂的进度计划系统

39. 质量管理的全过程就是反复按照 PDCA 的循环周而复始地运转，每运转一次，工程质量就提高一步。PDCA 循环原理是（　　）。

A. 计划、检查、实施、处理　　　　B. 计划、实施、检查、处理

C. 检查、计划、实施、处理　　　　　　D. 检查、计划、处理、实施

40. 正确行使职业权力的首要要求是（　　）。

A. 要树立一定的权威性　　　　　　　　B. 要求执行权力的尊严

C. 要树立正确的职业权力观　　　　　　D. 要能把握恰当的权力分寸

二、多项选择题（以下各题的备选答案中都只有两个或两个以上是最符合题意的，请将它们选出，并在答题卡上将对应题号后的相应字母涂黑。多选少选错选均不得分。每题1分，共20分）

41. 在房屋构造中，需设置构造柱的是（　　）。

A. 抗震设防地区，多层砖混结构房屋　B. 内墙四角及楼梯间四角

C. 错层部位横墙与内纵墙交接处　　　D. 较大洞口两侧

E. 大房间内外墙交接处

42. 热水管网在下列（　　）管段上应设止回阀。

A. 闭式热水系统的冷水进水管上　　　B. 闭式热水系统的热水进水管上

C. 强制循环的回水总管上　　　　　　D. 冷热混合器的冷水进水管上

E. 冷热混合器的热水进水管上

43. 当建筑物层数较多时，其给排水系统可以采用系统原理图来绘制。系统原理图表达的内容与系统轴测图基本相同，不同点为（　　）。

A. 以立管为主要表达对象，按管道类别分别绘制立管系统原理图

B. 以平面图左端立管为起点，顺时针自左向右按编号依次顺序排列，不按比例绘制

C. 横管以首根立管为起点，按平面图的连接顺序，水平方向在所在层与立管连接

D. 夹层、跃层、同层升降部分应以楼层线反映，在图样上注明楼层数和建筑标高

E. 管道附件、各种设备、构筑物等根据需要绘出

44. 以下属于防火排烟方式的有（　　）。

A. 机械加压方式　　　　　　　　　　B. 机械减压方式

C. 自然排烟方式　　　　　　　　　　D. 空调系统在火灾时改作排烟系统

E. 防火卷帘方式

45. 电气工程强电系统包括（　　）等。

A. 变配电系统　　　　　　　　　　　B. 动力系统

C. 照明系统　　　　　　　　　　　　D. 防雷系统

E. 应急系统

46. 建筑电气工程中，电路在工作时有（　　）等工作状态。

A. 通路　　　　　　　　　　　　　　B. 短路

C. 断路　　　　　　　　　　　　　　D. 回路

E. 跳路

47. 在机电工程材料中，结构陶瓷的特性说法正确的是（　　）。

A. 耐高温　　　　　　　　　　　　　B. 耐腐蚀

C. 耐磨损　　　　　　　　　　　　　D. 强度低

E. 硬度低

48. 机电工程材料工艺性能有（　　）和粘结性。

A. 可焊性　　B. 切割性

C. 可锻性　　D. 铸造性

E. 热处理性

49. 工程构件用钢类型，主要有（　　）。

A. 碳素结构钢　　B. 高合金结构钢

C. 特殊性能低合金结构钢高强度钢　　D. 低合金结构钢

E. 特殊性能高合金结构钢高强度钢

50. 铝塑复合管给水立管安装时正确的操作要求是（　　）。

A. 铝塑复合管明设部位应远离热源，无遮挡或隔热措施的立管与炉灶的距离不得小于500mm，距燃气热水器的距离不得小于0.2m，不能满足此要求时应采取隔热措施

B. 铝塑管穿越楼板、层面、墙体等部位，应按设计要求配合土建预留孔洞或预埋套管，孔洞或套管的内径宜比管道公称外径大30～40mm

C. 冷、热水管的立管平行安装时，热水管应在冷水管的左侧

D. 铝塑复合管可塑性好，易弯曲变形，因此安装立管时应及时将立管卡牢，以防止立管位移，或因受外力作用而产生弯曲及变形

E. 暗装的给水立管，在隐蔽前应做满水试验，合格后方可隐蔽

51. 建筑电气工程关于隔离开关与闸刀开关安装正确的是（　　）。

A. 开关应垂直安装在开关板上（或控制屏、箱上），并应使夹座位于下方

B. 开关在不切断电流、有灭弧装置或用于小电流电路等情况下，可水平安装。水平安装时，分闸后可动触头不得自行脱落，其灭弧装置应固定可靠

C. 可动触头与固定触头的接触应密合良好。大电流的触头或刀片宜涂电力复合脂。有消弧触头的闸刀开关，各相的分闸动作应迅速一致

D. 双投刀开关在分闸位置时，刀片应可靠固定。不得自行合闸

E. 安装杠杆操作机构时，应调节杠杆长度，使操作到位、动作灵活、开关辅助接点指示应正确

52. 通风空调系统中，风管系统上安装蝶阀、多叶调节阀等各类风阀的安装应注意以下要点：（　　）。

A. 应注意风阀安装的部位，使阀件的操纵装置要便于操作

B. 应注意风阀的气流方向，不得装反，应按风阀外壳标注的方向安装

C. 安装在高处的风阀，其操纵装置应距地面或平台1.5～1.8m

D. 输送灰尘和粉屑的风管，不应使用蝶阀，可采用密闭式斜插板阀。斜插板阀应顺气流方向与风管成45°角，在垂直管道上（气流向上）的插板阀以45°角逆气流方向安装

E. 余压阀的安装应注意阀板的平整和重锤调节杆不受撞击变形。使重锤调整灵活

53. 以下关于火灾自动报警系统的施工安装说法正确的是（　　）。

A. 安装队伍的应经城市市政管理机构批准，并由具有许可证的安装单位承担

B. 安装单位应按设计图纸施工，如需修改应征得原设计单位同意，并有文字批准手续

C. 火灾自动报警系统的施工安装应符合国家标准《火灾自动报警系统施工验收规范》的规定，并满足设计图纸和设计说明书的要求

D. 火灾自动报警系统的设备应选用经国家消防电子产品质量监督检验测试中心检测合格的产品（检测报告应在有效期内）

E. 火灾自动报警系统的探测器、手动报警按钮、控制器及其他所有设备，安装前均应妥善保管，防止受潮，受腐蚀及其他损坏；安装时应避免机械损伤

54. 电梯工程中，电梯厅门安装施工中安全注意事项有（　　）。

A. 井道施工特别是吊运导轨时，应仔细检查吊具、卷扬机等设备，防止意外发生

B. 在安装轿厢过程中，如需将轿厢整体吊起后用倒链悬停时，不应长时间停滞，且禁止人员站在轿箱上进行安装作业

C. 井道内施工注意安全保护，防止坠落，施工人员系好安全带、佩戴安全帽

D. 各层厅门在安装后，必须立刻安装强迫关门装置及机械门锁，防止无关人员随意打开厅门坠入井道。电气安全回路未安装完不得动慢车

E. 在建筑物各层安装厅门使用电动工具时，要使用专用电源及接线盘，禁止随意从就近各处私拉电线，防止触电、漏电

55. 建筑电气工程被安装的设备，其（　　）必须符合施工设计图纸的要求。

A. 大小　　B. 规格

C. 型号　　D. 性能

E. 重量

56. 管道工程施工中，应遵循（　　）的配管原则。

A. 小管让大管　　B. 大管让小管

C. 有压管让无压管　　D. 无压管让有压管

E. 水管让风管

57. 在机电工程施工现场，当出现以下（　　）情况之一时，如未采取适当的防护措施时，应立即停止焊接工作。

A. 风速 8m/s　　B. 噪声 55dB

C. 相对湿度 60%　　D. 下雨

E. 下雪

58. 一般家庭和办公室照明通常采用（　　）作为电源连接线。

A. BV 型聚氯乙烯绝缘铜芯线　　B. BX 型聚氯乙烯绝缘铜芯线

C. BLX 型铝芯电线　　D. RV 型铜芯软线

E. BLV 型铝芯电线

59. 在双代号网络计划中，关键路线说法正确的是指（　　）。

A. 网络计划中总时差最小的工作

B. 当计划工期等于计算工期时，总时差为零的工作

C. 总的工作持续时间最长的线路

D. 一个网络计划关键路线只有一条

E. 在网络计划执行过程中，关键路线总是固定不变的

60. 机电工程生产经营单位对从业人员要求有（　　）。

A. 进行安全生产教育和培训，保证从业人员具备必要的安全生产知识

B. 熟悉有关的安全生产规章制度和安全操作规程

C. 掌握本岗位的安全操作技能

D. 未经安全生产教育和培训合格的从业人员，不得上岗作业

E. 了解本岗位的安全操作技能

三、判断题（判断下列各题对错，并在答题卡上将对应题号后的相应字母涂黑。正确的涂 A，错误的涂 B。每题 0.5 分，共 8 分）

61. 空调用变流量水系统的输送能耗随负荷的减少而降低，配管设计时，可以考虑同时使用系数，管径相应减小，水泵容量、电耗也相应减少。（ ）

62. 建筑物高度>100m 时，不论住宅或公共建筑均为超高层建筑。（ ）

63. 在机械设备安装前须对设备基础进行测量控制网复核和控制点外观检查、相对位置及标高复查，检查合格后才能进行交接工序，开始机械设备的安装。（ ）

64. 使物体逆时针方向转动的力偶矩为负，使物体顺时针方向转动的力偶矩为正。（ ）

65. 机电工程中，直流电桥是精确测量电流的重要仪器。（ ）

66. 塑料是以合成的或天然的树脂作为主要成分，添加一些辅助材料如填料、增塑剂、稳定剂、防老剂等，在一定温度、压力下加工成型。按照成型工艺不同，分为热固性塑料、热塑性塑料。（ ）

67. 直埋电缆进出建筑物，室内过管口低于室外地坪者，对其过管应按设计要求做好防水处理。（ ）

68. 较重的阀门吊装时，绝不允许将钢丝绳拴在阀杆手轮及其他传动杆件和塞件上，而应拴在阀体的法兰处。（ ）

69. 不易得到顶点的正心圆形变径管，其大口直径和小口直径相差很少，可采用近似的画线法作展开图。（ ）

70. 消防自动报警系统传输线路采用绝缘导线时，应采用金属管、阻燃硬质塑料管、阻燃半硬质塑料管或封闭式线槽等保护方式进行布线。（ ）

71. 电梯固定式导靴安装时要保证内衬与导轨端面间隙上下一致，若达不到要求应用垫片进行调整。（ ）

72. 在双代号网络计划中关键线路上的工作一定不是关键工作。（ ）

73. 项目开工后应由项目技术负责人向承担施工的负责人或分包人进行书面技术交底，技术交底资料应办理签字手续并归档保存。（ ）

74. 对操作者本人和其他工种作业人员以及对周围设施的安全有重大危险因素的作业人员，必须经过专门培训，并取得特种作业资格。（ ）

75. 机电安装工程信息化管理基于信息技术提供的可能性，对管理过程中需要处理的所有信息进行高效地采集、加工、传递和实时共享，减少部门之间对信息处理的重复工作。（ ）

76. 生产经营单位发生重大生产安全事故时，单位的主要负责人应当立即组织抢救，并不得在事故调查处理期间擅离职守。（ ）

四、案例或计算题（请将以下各题的正确答案选出，并在答题卡上将对应题号后的相应字母涂黑。多选少选错选均不得分。每大题 6 分，共 12 分）

（一）某施工单位承接一综合性社区给排水工程，给水干管采用涂塑无缝钢管沟槽连

接，给水支管采用PP-R管道热熔连接，排水管道排出管采用承插排水铸铁管，立管采用螺旋消音UPVC管，横支管采用普通UPVC管；雨水管道采用内排雨水，管道材质为镀锌钢管。施工时施工单位应如何处理如下遇到的问题？

77. 截止阀安装时需注意的问题为（　　）。(单项选择题，1分)

A. 低进高出　　B. 高进低处　　C. 平进平出　　D. 任何方向均可

78. 卫生器具安装完毕后应做（　　）试验。(多项选择题，2分)

A. 泄水　　B. 满水　　C. 注水　　D. 强度　　E. 严密性

79. 铸铁排水管的连接方式有哪几种？（　　）。(多项选择题，2分)

A. 承插连接　　B. 抱箍连接　　C. 沟槽连接　　D. 螺纹连接　　E. 法兰连接

80. PP-R管道安装时错误的做法是（　　）。(单项选择题，1分)

A. 水平干管与水平支管连接、水平干管与立管连接、立管与每层支管连接，应考虑管道互相伸缩时不受影响的措施。如：水平干管与立管连接，立管与每层支管连接可采用2个90°弯头和一段短管后接出

B. 管道嵌墙暗敷时，宜配合土建预留凹槽，其尺寸设计无规定时，嵌墙暗管墙槽尺寸的深度为管外径D+20mm。宽度为D+40～60mm。凹槽表面必须平整，不得有尖角等突出物，管道试压合格后，墙槽用M7.5水泥砂浆填补密实

C. 管道安装时，不得有轴向扭曲，穿墙或穿楼板时，必须强制校正

D. 热水管道穿墙壁时，应配合土建设置钢套管；冷水管道穿墙时可预留洞，洞口尺寸较管外径大50mm

(二）某建筑面积为23000m^2的18层住宅工程，施工现场的供、配电干线采用架空线路敷设，支线采用铠装电缆直埋，请回答以下问题。

81. 关于架空线路敷设的基本要求说法错误的是（　　）。(单项选择题，1分)

A. 架空线路必须采用绝缘导线

B. 架空线路必须有过载保护

C. 架空线路必须有短路保护

D. 架空线路三相四线制的N线和PE线截面积应不大于相线的50%

82. 当明敷绝缘导线长期连续负载允许载流量为215A，架空线路短路保护熔断器的熔体额定电流为（　　）A。(单项选择题，1分)

A. 350　　B. 300　　C. 322.5　　D. 200

83. 电缆线必须包含全部工作芯线和保护零线芯线，即五芯电缆。（　　）(判断题，1分)

A. 正确　　B. 错误

84. 电工接线时，把黄绿双色芯线用作N线。（　　）(判断题，1分)

A. 正确　　B. 错误

85. 施工现场临时用电工程电源中性点直接接地220V/380V三相四线制低压电力系统，做法正确的有（　　）。(多项选择题，2分)

A. 采用TN-S接零保护系统

B. 采用三级配线系统

C. 采用二级漏电保护系统

D. 当施工现场与外电线路共用同一供电系统，可以采用将一部分设备做保护接地，另一部分作保护接零

E. 配电柜应装设电源隔离开关及短路、过载、漏电保护器

第二部分　专业管理实务（共 90 分）

一、单项选择题（以下各题的备选答案中都只有一个是最符合题意的，请将其选出，并在答题卡上将对应题号后的相应字母涂黑。每题 1 分，共 30 分。）

86. 住宅工程塑料排水管道与室外塑料雨水管道用材应区别检查、验收，同时按照同品牌、同批次进行不少于 2 个规格的见证取样（　　）进行复试，合格后方可使用。

A. 委托监理单位　　B. 委托法定检测单位

C. 委托建设单位　　D. 委托施工单位

87. 住宅工程给水系统同品牌、同批次进场的阀门应对其强度和严密性能进行抽样检验，抽检数量为同批进场总数的（　　）%，且每一个批次不少于 2 只。安装在主干管上起切断作用的闭路阀门，应逐个作强度和严密性检验，有异议时可见证取样委托法定检测单位进行复试。

A. 10　　B. 15　　C. 20　　D. 30

88. 地下室或地下构筑物外墙有管道穿过的，应采取防水措施。对有严格防水要求的建筑物，必须采用（　　）。

A. 刚性防水套管　　B. 柔性防水套管

C. 水泥砂浆封堵　　D. 防水材料封堵

89. 住宅工程顶层塑料排水立管必须安装（　　），管道出屋面处应设固定支架。

A. 滑动支架　　B. 接头　　C. 伸缩节　　D. 固定支架

90. 给水排水管道穿越基础预留洞时，给水引入管管顶上部净空一般不小于（　　）mm。

A. 200　　B. 150　　C. 100　　D. 50

91. 住宅工程洗面盆排水管水封宜设置在（　　）。

A. 下一层　　B. 本层内

C. 楼层混凝土板内　　D. 不受限制

92. 中水管道与生活饮用水管道平行埋设时，其水平净距离不得小于（　　）m。

A. 0.3　　B. 0.5　　C. 0.6　　D. 1.0

93. 对有防水、排水要求的房间进行蓄水试验，蓄水深度最浅处应大于 20mm，蓄水时间不少于（　　）h。

A. 6　　B. 10　　C. 12　　D. 24

94. 太阳能热水系统调试完成后，系统连续运行（　　）h，设备及主要部件的联动必须协调动作正确，无异常现象。

A. 8　　B. 24　　C. 48　　D. 72

95. 室外给水管道在无冰冻地区埋地敷设时，管顶的覆土埋深不得小于 500mm，穿越道路部位的埋深不得小于（　　）mm。

A. 600　　B. 800　　C. 700　　D. 900

96. 住宅工程雨水管道（　　）与生活污水管道相连接。

A. 必须　　B. 可以　　C. 不能　　D. 不作要求

97. 室内消火栓系统安装完成后，应取屋顶层（或水箱间内）试验消火栓和（　　）消火栓做试射试验，达到设计要求为合格。

A. 每层一处　　B. 每隔二层一处

C. 首层一处　　D. 首层二处

98. 住宅工程埋地及（　　）的排水管道，应在隐蔽或交付前做灌水试验并合格。

A. 屋顶通气管　　B. 塑料管材水平安装

C. 立管垂直安装　　D. 所有可能隐蔽

99. 住宅工程在分户验收时应检查安装在楼板内的套管，其顶部应高出装饰地面（　　）mm;安装在卫生间及厨房内的套管，其顶部应高出装饰地面50mm。

A. 10　　B. 20　　C. 30　　D. 40

100. 按《建筑节能工程施工质量验收规范》要求，同一厂家同材质的保温材料见证取样送检的次数不得少于（　　）次。

A. 1　　B. 2　　C. 3　　D. 4

101. 通风机试运转应无异常振动，滑动轴承最高温度不得超过70℃，滚动轴承最高温度不得超过（　　）℃。

A. 60　　B. 70　　C. 75　　D. 80

102. 镀锌钢管或薄壁钢管、可挠金属电线保护管的跨接线易采用专用接地卡，不应采用（　　）连接。

A. 熔焊　　B. 电线　　C. 镀锌扁钢　　D. 导电胶

103. 室外埋地敷设的电缆导管，埋深不应小于（　　）m。壁厚小于2mm的钢电线导管不应埋设于室外土壤内。

A. 0.5　　B. 0.6　　C. 0.7　　D. 0.8

104. 接地装置的焊接采用搭接焊，圆钢与圆钢搭接为圆钢直径的（　　）倍，双面施焊。

A. 2　　B. 3　　C. 4　　D. 6

105. 照明箱（盘）、灯具、开关、插座的绝缘电阻测试（　　）完成。

A. 在就位前或接线前　　B. 在就位后或接线后

C. 在就位时　　D. 分部工程验收前

106. 当灯具距离地面高度小于（　　）m时，灯具的可接近裸露导体必须接地或接零可靠，并应有专用接地螺栓，且有标识。

A. 2.5　　B. 2.4　　C. 2.0　　D. 2.2

107. 大型花灯的固定及悬吊装置，应按灯具重量的（　　）倍做过载试验。

A. 1　　B. 2　　C. 3　　D. 4

108. 成套灯具的绝缘电阻、内部接线等性能应在进场时现场抽测，灯具的绝缘电阻值不小于（　　）MΩ。

A. 1　　B. 2　　C. 3　　D. 5

109. 在人行道等人员来往密集场所安装的落地式灯具，无围栏防护，安装高度距地面（　　）m以上。

A. 2　　B. 2.5　　C. 3　　D. 3.5

110. 防雷接地系统测试的条件：（　　）。

A. 接地装置施工完成测试合格后

B. 避雷接闪器安装完成后

C. 引下线安装完成后

D. 接地装置施工完成测试应合格；避雷接闪器安装完成，整个防雷接地系统连成回路，才能系统测试

111. 配电与照明节能工程中，三相照明配电干线的各项负荷的检测在建筑照明通电试运行时开启全部照明负荷，使用三相功率计（　　）检测各相负载电流、电压和功率。

A. 按1/3比例　　B. 按1/2比例　　C. 按1/4比例　　D. 全数

112. 金属电缆桥架及其支架全长应不少于（　　）处与接地（PE）或接零（PEN）干线相连接。

A. 1　　B. 2　　C. 3　　D. 4

113. 建筑工程各专业工程施工质量验收规范必须与（　　）配合使用。

A. 建筑工程施工质量验收统一标准　　B. 控制标准

C. 方法标准　　D. 管理标准

114. 单位工程完工后，（　　）应自行组织有关人员进行检查评定并向建设单位提交工程验收报告。

A. 施工单位　　B. 建设单位　　C. 监理单位　　D. 设计单位

115. 分部工程的验收应由（　　）组织。

A. 监理单位　　B. 建设单位

C. 监理工程师　　D. 总监理工程师（建设单位项目负责人）

二、多项选择题（以下各题的备选答案中都有两个或两个以上是最符合题意的，请将它们选出，并在答题卡上将对应题号后的相应字母涂黑。多选、少选、选错均不得分。每题1.5分，共30分。）

116. 排水通气管不得与风道或烟道连接，且应符合（　　）。屋顶有隔热层的通气管高度应从隔热层板面算起。

A. 通气管应高出屋面300mm，但必须大于最大积雪厚度

B. 在通气管出口4m以内有门、窗时，通气管应高出门、窗顶600mm或引向无门、窗一侧

C. 在经常有人停留的平屋顶上，通气管应高出屋面2m，并应根据防雷要求设置防雷装置

D. 在经常有人停留的平屋顶上，通气管应高出屋面1.5m，并应根据防雷要求设置防雷装置

E. 在通气管出口4m以内有门、窗时，通气管应高出门、窗顶200mm或引向无门、窗一侧

117. 自动喷水灭火系统热镀锌钢管安装应采用（　　）连接。

A. 螺纹　　B. 沟槽式管件　　C. 焊接　　D. 法兰　　E. 承插

118. 管道在穿过结构伸缩缝、抗震缝及沉降缝时，管道系统应采取（　　）措施。

A. 在结构缝处应采取柔性连接

B. 管道在结构缝处采用可拆卸接头

C. 管道或保温层的外壳上、下部均应留有不小于150mm可位移的净空

D. 在位移方向按照设计要求设置水平补偿装置

E. 在伸缩缝处采取加强措施

119. 高层建筑中明设排水塑料管道立管穿越楼层处或防火墙应按设计要求设置（　　）。

A. 阻火圈　　B. 阀门　　C. 防火套管　　D. 防火阀　　E. 检查口

120. 室内排水系统安装，施工做法正确的有（　　）。

A. 埋地的排水管道在隐蔽前做灌水试验

B. 住宅卫生间排水立管在穿越楼板后，楼板洞口用细石砼封堵严密，在距地面1.5m处设一个固定支架，伸缩节安装在楼层顶板下0.6m处

C. 立管每隔一层设置一个检查口，在最底层和有卫生器具的最高层设置检查口

D. 由室内通向室外排水检查井的排水管，井内引入管高出排出管0.5m

E. 通向室外的排水管，穿过墙壁或基础必须下返时，应采用45°三通和45°弯头连接，并应在垂直管段顶部设置清扫口

121. 应做灌水试验的管道有（　　）。

A. 室内安装的雨水管道　　B. 吊顶内的排水管道

C. 埋地的排水管道　　D. 室外的雨水管道

E. 明装的污水管道

122. 当设计未注明时，下列水压试验压力符合规范的有（　　）。

A. 室内外给水管道系统和室外供热管道的水压试验压力为工作压力的1.5倍，但不得小于0.6MPa

B. 室内热水供应系统水压试验压力应为系统顶点的工作压力加0.1MPa，同时在系统顶点的试验压力不小于0.3MPa

C. 室内热水供应系统水压试验压力应为系统顶点的工作压力加0.4MPa，同时在系统顶点的试验压力不小于0.6MPa

D. 室内高温热水采暖系统，试验压力应为系统顶点工作压力加0.4MPa；使用塑料管及复合管的热水采暖系统，应以系统顶点工作压力加0.2Ma，同时在系统顶点的试验压力不小于0.4MPa

E. 阀门的强度试验压力为公称压力的1.5倍，严密性试验压力为公称压力的1.0倍

123. 避雷带的固定间距应符合（　　）。

A. 水平直线部分间距为2m　　B. 弯曲部分0.3m

C. 垂直直线部分1.5～2m　　D. 水平直线部分间距为1m

E. 弯曲部分1m

124. 芯线与电器设备的连接应符合（　　）规定。

A. 多股铜芯线与插接式端子连接前，端部拧紧搪锡

B. 截面积在 10mm^2 及以下的单股铜芯线和单股铝芯线直接与设备、器具的端子连接

C. 截面积在 2.5mm^2 及以下的多股铜芯线拧紧搪锡或接续端子后与设备、器具的端子连接

D. 截面积大于 2.5mm^2 的多股铜芯线，除设备自带插接式端子外，接续端子后与设备或器具的端子连接

E. 多股铝芯线接续端子后与设备、器具的端子连接；每个设备和器具的端子接线不多于 2 根电线

125. 线槽敷线应符合（　　）规定。

A. 电线在线槽内有一定余量，不得有接头

B. 同一回路的相线和零线，敷设于同一金属线槽内

C. 同一电源的不同回路无抗干扰要求的线路可敷设于同一线槽内

D. 敷设于同一线槽内有抗干扰要求的线路用隔板隔离，或采用屏蔽电线且屏蔽护套一端接地

E. 电线按回路编号分段绑扎，绑扎点间距不应大于 2m

126. 配电与照明节能工程中低压配电系统选择的（　　）进场时应进行见证取样送检。

A. 电缆　　B. 电压　　C. 电表　　D. 电线　　E. 电流

127. 当设计无要求时，灯具的安装高度和使用电压等级应符合（　　）规定。

A. 在室外墙上安装的灯具，灯头对地面距离不小于 2.5m（采用安全电压时除外）

B. 在厂房内安装的灯具，灯头对地面距离不小于 2.5m（采用安全电压时除外）

C. 在室内安装的灯具，灯头对地面距离不小于 2m（采用安全电压时除外）

D. 在危险性较大及特殊危险场所，当灯具距地面高度小于 2.4m 时，使用额定电压为 36V 及以下的照明灯具

E. 在危险性较大及特殊危险场所，当灯具距地面高度小于 2.4m 时，有专用保护措施

128. 建筑物照明通电试运行，下列（　　）试运行方法符合规范要求。

A. 照明系统通电，灯具回路控制与照明配电箱及回路的标识一致

B. 公用建筑照明系统所有照明灯具全开启，通电连接试运行 16h 无故障，且每 2h 记录运行状态 1 次

C. 民用住宅照明系统所有照明灯具全开启，通电连接试运行 8h 无故障，且每 2h 记录运行状态 1 次

D. 民用住宅照明系统所有照明灯具全开启，通电连接试运行 8h 无故障，且每 4h 记录运行状态 1 次

E. 民用住宅照明系统所有照明灯具全开启，通电连接试运行 16h 无故障，且每 4h 记录运行状态 1 次

129. 当参加验收各方对工程质量验收意见不一致时，可请（　　）协调处理。

A. 总监理工程师　　B. 建设单位

C. 工程质量监督机构　　D. 当地建设行政主管部门

E. 设计单位

130. 分户验收人员应具备相应资格，施工单位应该具备（　　）等执业资格。

A. 建造师　　B. 质量检查员　　C. 施工员　　D. 预算员　　E. 安全员

131. 桩基工程验收前，按规范和相关文件规定进行（　　）检验。检验结果不符合要求的，在扩大检测和分析原因后，由设计单位核算认可或出具处理方案进行加固处理。

A. 桩身质量　　B. 桩身强度　　C. 承载力　　D. 钢筋笼深度

132. 在生活污水管道上设置的检查口或清扫口，当设计无要求时应符合下列（　　）规定。

A. 在立管上应每隔一层设置一个检查口，但在最底层和有卫生器具的最高层必须设置。暗装立管，在检查口处应安装检修门

B. 在连接 2 个及 2 个以上大便器或 3 个及 3 个以上卫生器具的污水横管上应设置清扫口

C. 在转角小于 90°的污水横管上，应设置检查口或清扫口

D. 污水横管的直线管段，应按设计要求的距离设置检查口或清扫口

E. 在连接 3 个及 3 个以上大便器或 2 个及 2 个以上卫生器具的污水横管上应设置清扫口

133. 应急照明在正常电源断电后，其电源转换时间，下列（　　）符合规范要求。

A. 疏散照明≤15s　　B. 金融商店交易场所的备用照明≤1.5s

C. 一般备用照明≤15s　　D. 安全照明≤1.0s

134.（　　）属国家强制性产品认证（3C 认证）的产品。

A. 灯具（电压大于 36V）　　B. 插头插座

C. 穿线钢管　　D. 电线电缆

E. 漏电开关

135. 建设单位在收到工程竣工报告后，对符合竣工验收要求的工程组织（　　）等单位和其他有关方面的专家组成验收组制定验收方案。

A. 勘察设计　　B. 施工单位

C. 监理单位　　D. 工程质量监督站

E. 建筑管理处（站）

三、判断题（判断下列各题对错，并在答题卡上将对应题号后的相应字母涂黑。正确的涂 A，错误的涂 B；每题 0.5 分，共 10 分。）

136. 给水管道必须采用与管材相适应的管件，生活给水系统所涉及的材料必须达到饮用水卫生标准。（　　）

137. 建筑物顶部彩灯采用有防雨性能的专用灯具，配线管路按暗配管方式敷设，可接近裸露导体接地（PE）或接零（PEN）可靠。（　　）

138. 对未执行江苏省工程建设标准《住宅工程质量通病控制标准》或不按《住宅工程质量通病控制标准》规定进行验收的工程，可由建设主管部门确定是否能组织竣工验收。（　　）

139. 室外管道接口法兰、卡扣、卡箍等应安装在检查井或地沟内，不应埋在土壤中。（　　）

140. 生活给水系统管道在交付使用前是否进行冲洗和消毒，由当地有关部门决定。（　　）

141. 住宅工程质量在分户验收前所含（子）分部工程的质量均验收合格。（ ）

142. 人工接地装置或利用建筑物基础钢筋的接地装置，必须在地面以上按设计要求的位置设置测试点。（ ）

143. 安装大型灯具的预埋螺栓、吊杆和吊顶上嵌入式灯具安装专用骨架等完成后，按设计要求做承载试验合格，才能安装灯具。（ ）

144. 住宅电气工程中设有洗浴设备的卫生间应预设局部等电位联结板（盒）做局部等电位联结，并应在设计平面图中标明所有外露、外部可导电部分与其联结。（ ）

145. 通风与空调工程管道与设备的连接，应在设备安装完毕后进行，与水泵、制冷机组的接管必须为柔性接口。柔性短管不得强行对口连接，与其连接的管道应设置独立支架。（ ）

146. 主体结构工程被评为优质工程时即为优质结构工程。（ ）

147. 各类建筑±0.000 以上墙体禁止使用黏土实心砖作为砌体。（ ）

148. 钢筋混凝土结构中禁止使用氯盐类、高碱类混凝土外加剂。（ ）

149. 水泥楼地面宜采用早强型的硅酸盐水泥和普通硅酸盐水泥。（ ）

150. 楼梯踏步应在阳角处增设护角。（ ）

151. PVC 管道穿过楼面时，宜采用预埋接口配件的方法。（ ）

152. 膨胀水箱的膨胀管及循环管上可以安装阀门。（ ）

153. 在高温水系统中，循环水泵和换热器的相对安装位置应按设计文件施工。（ ）

154. 蒸汽锅炉安全阀的排气管口可安装在室内。（ ）

155. 非承压锅炉，锅筒顶部必须敞口或装设大气连通管，连通管上可安装阀门。（ ）

四、案例题（请将以下各题的正确答案选出，并在答题卡上将对应题号后的相应字母涂黑。共 20 分。）

（一）某幼儿园教学楼电气工程开关、插座均已安装完成，部分房间装有吊扇。施工单位质检员根据下表提供的内容，对开关、插座、风扇安装分项工程检验批质量（156～164 题）给出相应的检查评定意见。

开关、插座、风扇安装分项工程检验批质量验收记录表

单位(子单位)工程名称	某幼儿园教学楼	检验批部位	开关、插座、风扇安装分项工程检验批
子分部工程名称	电气照明安装	项目经理	—
施工单位	—	分包项目经理	—
分包单位	—	专业工长(施工员)	—
施工执行标准名称及编号	* * 规程	施工班组长	—

序号		GB 50303—2002 的规定	施工单位检查评定记录		监理(建设)单位验收记录
主控项目	1	交流、直流或不同电压等级在同一场所的插座	A. 合格 B. 不合格	教学楼的插座选用了同一种型号的安全插座	

续表

序号		GB 50303—2002的规定	施工单位检查评定记录		监理(建设)单位验收记录
主控项目	2	插座的接线	A. 合格 B. 不合格	1. 单相两孔插座,面对插座的左孔或上孔与相线连接,右孔或下孔与零线连接;单相三孔插座,面对插座的左孔与相线连接,右孔与零线连接; 2. 单相三孔、三相四孔及三相五孔插座的接地(PE)或接零(PEN)线接在上孔。插座的接地端子不与零线端子连接。同一场所的三相插座,接线的相序一致; 3. 有二处插座接地(PE)或接零(PEN)线在插座间进行串联连接	
	3	特殊情况下的插座安装	A. 合格 B. 不合格	1. 当接插有触电危险家用电器的电源时,采用能断开电源的带开关插座,开关断开零线; 2. 潮湿场所采用密封型并带保护地线触头的保护型插座,安装高度为1.3m	
	4	照明开关的选用、开关的通断位置	A. 合格 B. 不合格	1. 开关采用ABB同一系列的产品,开关的通断位置一致,操作灵活、接触可靠; 2. 相线经开关控制	
	5	吊扇的安装高度、挂钩选用和吊扇的组装机试运转	A. 合格 B. 不合格	1. 吊扇挂钩安装牢固,吊扇挂钩的直径为4mm,且有防振橡胶垫;挂销的防松零件齐全、可靠; 2. 吊扇扇叶距地高度1.9m; 3. 吊扇组装不改变扇叶角度,扇叶固定螺栓防松零件齐全; 4. 吊杆间、吊杆与电机间螺纹连接,啮合长度为25mm,且防松零件齐全紧固; 5. 吊扇接线连接正确,当运转时扇叶无明显颤动和异常声响	
一般项目	1	插座安装和外观检查	A. 合格 B. 不合格	1. 采用了安全型插座; 2. 暗装的插座面板紧贴墙面,四周无缝隙,安装牢固,表面光滑整洁,无碎裂、划伤,装饰帽齐全; 3. 同一室内插座安装高度一致	
	2	照明开关的安装位置、控制顺序	A. 合格 B. 不合格	1. 开关安装位置便于操作,开关边缘距门框边缘的距离0.18m,开关距地面高度1.3m; 2. 相同型号并列安装及同一室内开关安装高度一致,且控制有序不错位; 3. 暗装的开关面板紧贴墙面,四周无缝隙,安装牢固,表面光滑整洁,无碎裂、划伤,装饰帽齐全	

续表

序号		GB 50303—2002 的规定	施工单位检查评定记录		监理（建设）单位验收记录
一般项目	3	吊扇的吊杆、开关和表面检查	A. 合格 B. 不合格	1. 涂层完整，表面无划痕、无污染，吊杆上下扣碗安装牢固到位； 2. 同一室内并列安装的吊扇开关高度一致，且控制有序不错位	
施工单位检查评定结果		A. 合格 B. 不合格 项目专业质量检查员（盖章）： 年 月 日			
监理（建设）单位验收结论		监理工程师： （建设单位项目专业技术负责人） 年 月 日			

156. 主控项目 1　交流、直流或不同电压等级在同一场所的插座。（2 分）（　　）

A. 合格　　　　B. 不合格

157. 主控项目 2　插座的接线。（1 分）（　　）

A. 合格　　　　B. 不合格

158. 主控项目 3　特殊情况下的插座安装。（2 分）（　　）

A. 合格　　　　B. 不合格

159. 主控项目 4　照明开关的选用、开关的通断位置。（2 分）（　　）

A. 合格　　　　B. 不合格

160. 主控项目 5　吊扇的安装高度、挂钩选用和吊扇的组装试运转。（1 分）（　　）

A. 合格　　　　B. 不合格

161. 一般项目 1　插座安装和外观检查。（2 分）（　　）

A. 合格　　　　B. 不合格

162. 一般项目 2　照明开关的安装位置、控制顺序。（1 分）（　　）

A. 合格　　　　B. 不合格

163. 一般项目 3　吊扇的吊杆、开关和表面检查。（2 分）（　　）

A. 合格　　　　B. 不合格

164. 施工单位检查评定结果：（1 分）（　　）

A. 合格　　　　B. 不合格

（二）室内消火栓系统安装工程检验批质量验收，施工单位视以下情况，请给出相应的检查评定结论意见。

主控项目

165. 某一学校四层教学楼，两个楼梯间均设有室内消火栓系统，取屋顶和一层各一处的消火栓做试射试验，均达到设计要求。（1 分）（　　）

A. 合格　　　　B. 不合格

166. 消火栓水龙带与水枪及快速接头绑扎好挂放在箱内的支架上。（1 分）（　　）

A. 合格　　　　B. 不合格

167. 箱式消火栓栓口朝外，并装在开门侧，栓口中心距地面为 1.09m，阀门中心距箱侧面为 135mm，距箱后内表面为 106mm，消火箱安装的垂直度偏差为 2mm。（2 分）（　　）

A. 合格　　　　B. 不合格

168. 施工单位检查评定结论。（2 分）（　　）

A. 合格　　　　B. 不合格